高等学校"十三五"规划教材

测量学基础与矿山测量

（第2版）

主　编　蔡文惠

副主编　聂卫东　高永甲　王治中

　　　　李志海　谢峰震　王小于

U0381842

西北工业大学出版社

西　安

【内容简介】 本书是在《测量学基础与矿山测量》第 1 版的基础上修订而成的。全书共分 13 章,内容包括测量学的基础知识、水准测量、角度测量、距离测量、控制测量、地形图测绘、全站仪测量、地形图的应用和数字化测图、建筑工程控制测量与施工测量、矿井测量、MAPGIS 在矿山测量中的应用、摄影测量在矿山测量中的应用,以及变形测量等。

本书可作为高等学校规划、土木工程、农林、地质、矿产、采矿等专业的教材,也可供相关技术人员参考。

图书在版编目(CIP)数据

测量学基础与矿山测量/蔡文惠主编 . —2 版 . —
西安:西北工业大学出版社,2019.1
ISBN 978 - 7 - 5612 - 6387 - 7

Ⅰ.①测… Ⅱ.①蔡… Ⅲ.①测量学-高等学校-教材 ②矿山测量-高等学校-教材 Ⅳ.①P2 ②TD17

中国版本图书馆 CIP 数据核字(2018)第 271314 号

CELIANGXUE JICHU YU KUANGSHAN CELIANG

测 量 学 基 础 与 矿 山 测 量

责任编辑:杨 军		策划编辑:杨 军	
责任校对:万灵芝		装帧设计:李 飞	

出版发行:西北工业大学出版社
通信地址:西安市友谊西路 127 号　　　　邮编:710072
电　话:(029)88491757,88493844
网　址:www.nwpup.com
印 刷 者:兴平市博闻印务有限公司
开　本:787 mm×1 092 mm　　　1/16
印　张:17
字　数:446 千字
版　次:2010 年 9 月第 1 版　2019 年 1 月第 2 版　2019 年 1 月第 1 次印刷
定　价:49.80 元

前　言

本书是在西北工业大学出版社 2010 年出版的《测量学基础与矿山测量》第 1 版的基础上进行了修订,同时为每章增加了相应的习题。

本书共 13 章,第一～六章属于测量学的基本内容,主要介绍测量学的基本理论和基础知识,如高斯投影、水准测量、角度测量、距离测量、控制测量和地形图测绘等基础内容,第七～十三章属于矿山工程测量内容,主要介绍全站仪测量、建筑工程控制测量与施工测量、地形图的应用和数字化测图、矿井测量以及 MAPGIS 与摄影测量在矿山测量中的应用等。本书结构合理,层次清晰,内容详细。

本书编写人员为来自高校的教师和一线企业的测绘高级工程师,在编写上特别注重概念的准确性,尽量把每个概念给以确切的定义。本书编入了许多测绘相关图片,以增强学生对测绘知识的感性认知,提高学生的学习积极性。同时本书也编入了一定的课外阅读材料,以扩充学生的测绘知识面,使学生更好地学习和掌握本书的内容。另外,本书为授课教师配有相应的教学课件。如需课件请与出版社联系。

本书可作为高等学校测绘、地质、采矿、规划建筑等专业的学生学习测绘知识的教材,也可作为企事业的测绘人员学习测绘知识的参考书。

本书参编人员及编写分工如下:

蔡文惠(新疆工程学院)主编,编写第一章和第九章;

高永甲(新疆航天经纬测绘技术有限公司)副主编,编写第二章;

王治中(乌鲁木齐鑫疆域测量技术服务有限公司)副主编,编写第三章;

聂卫东(新疆地矿局第六大队)副主编,编写第四章;

李志海(新疆国地测绘有限公司)副主编,编写第五章;

谢峰震(新疆工程学院)副主编,编写第六章;

王小于(新疆工程学院)副主编,编写第七章;

石 磊(新疆工程学院)参编,编写第八章;

姜永涛(新疆工程学院)参编,编写第十章;

张海燕(新疆工程学院)参编,编写第十一章;

王丽美(新疆工程学院)参编,编写第十二章;

张成 (新疆工程学院)参编,编写第十三章。

由于科学技术的进展迅速,加之笔者水平有限,书中难免存在不足之处,恳请使用本书的读者批评指正。

编　者

2018 年 7 月

目　　录

第一章 测量学的基础知识

第一节 绪 论

一、测量学的主要内容及其分支学科

(一)测量学的主要内容

1990 年,国际测绘联合会(IUSM)把当今信息时代的测绘学定义为测绘是采集、量测、处理、分析、解释、描述、利用和评价与地理和空间分布有关的数据的一门科学、工艺、技术和经济实体。它的主要内容包括确定地球的形状和大小、地理信息的采集、应用和各种工程设计的施工放样、竣工测量以及变形观测。测量学是测绘学科中的一门基础技术学科,也是采矿工程、地质工程、土木工程、交通工程、测绘工程和土地管理专业的一门必修课。学习本课程的目的是为了掌握地形图测绘、地形图应用和矿产资源开发建设工程、基础建设等工程的施工放样的基本理论和方法。

信息采集(测定)就是使用测量仪器和工具,应用测量技术和测量软件,通过测量和计算,确定地球表面的地物(房屋、道路、河流、桥梁等人工构筑物体)和地貌(山地、丘陵等地表自然起伏形态)的位置,求得点在规定坐标系中的坐标值,按一定比例缩绘成地形图,为各种工程的规划、设计提供图纸和资料,供科学研究、航空航天、经济建设和国防建设使用。

施工放样(测设)就是将图纸上已设计好的建筑物或构筑物的平面和高程位置标定到实地,以便施工,为各种工程提供"眼睛"服务。严把质量关,保证施工符合设计要求。

竣工测量,为工程竣工验收、以后扩建和维修提供测绘资料。

变形观测,对于一些重要的建(构)筑物,在施工和运营期间,定期进行变形观测,以了解其变形规律,确保工程的安全施工和运营,促进和谐发展。

测量学的历史久远,是一门古老的科学,早在公元前 21 世纪大禹治水时就有了早期的"左准绳,右规距"测量技术。随着社会的发展和科学的进步,测量学应用范围越来越广泛,测绘技术也得以飞速发展,并派生出许多分支学科。

(二)测量学的分支学科

1. 大地测量学

大地测量学是一门研究地球的形状、大小,地壳板块的运动,地震预测,重力场的时空变化,地球的潮汐、自转,通过建立区域和全球的三维控制网、重力网,利用卫星测量等方法测定地球各种动态的理论和技术的学科。其基本任务是建立控制网、重力网,精确测定控制点的空

间三维位置,为地形测量提供控制基础,为各类工程建设施工测量提供依据,为研究地球形状大小、重力场及其变化、地壳变形及地震预报提供信息。

2.摄影测量与遥感学

摄影测量与遥感学是一门研究利用摄影和遥感的手段获取研究目标的影像数据,从中提取几何或物理信息,并用图形、图像和数字形式表达的理论和方法的学科。它主要包括航空摄影测量、航天摄影测量、地面摄影测量等。航空摄影测量是根据在航空飞行器上拍摄的像片获取地面信息,测绘地形图。航天摄影是在航天飞行器(卫星、航天飞机、宇宙飞船)中利用摄影机或其他遥感探测器(传感器)获取地球的图像资料和有关数据的技术,是航空摄影的扩充和发展。地面摄影测量是利用安置在地面基线两端点处的专用摄影机拍摄的立体像对所摄目标物进行测绘的技术。

3.工程测量学

工程测量学是一门研究在工程建设和自然资源开发中各个阶段进行控制策略、地形测量、施工放样和编写监测的理论和技术的学科,是测绘学科在国民经济和国防建设中的直接应用。它包括规划设计阶段的测量、施工兴建阶段的测量和竣工后运营管理阶段的测量。规划设计阶段的测量主要是提供地形资料;施工兴建阶段的测量主要是按设计要求在实地准确地标定出建筑物各部位的平面和高程位置,作为施工和安装的依据;运营管理阶段的测量是工程竣工后的测绘,以及为监视工程的状况,进行周期性的重复测量,即变形观测。高精度的工程测量(或称精密工程测量)是指采用非常规的测量仪器和方法以使其测量的绝对精度达到毫米级以上要求的测量工作,用于大型、精密工程和设备的精确定位和变形观测等。

4.海洋测绘学

海洋测绘学是一门研究以海洋水体和海底为对象所进行的测量理论和方法的学科。其主要成果为航海图、海底地形图、各种海洋专题图和海洋重力、磁力数据等。与陆地测量相比,海洋测绘的基本理论、技术方法和测量仪器设备等有许多特点,主要是测区条件复杂,海水受潮汐、气象等影响而变化不定,透明度差,大多数为动态作业,综合性强,需多种仪器配合,并同时完成多项观测项目。一般需采用无线电卫星组合导航系统、惯性组合导航系统、天文测量、电磁波测距、水声定位系统等方法进行控制点的测定;采用水声仪器、激光仪器以及水下摄影测量方法等进行水深和海底地形测量;采用卫星技术、航空测量、海洋重力测量和磁力测量等进行海洋地球物理测量。

5.地图制图学

地图制图学是一门研究模拟地图和数字地图的基础理论、设计、编绘、复制的技术的学科。它主要包括地图投影、地图编制、地图整饰、地图制印、计算机制图技术等内容。

二、测量学的基本任务及其工作原则

(一)测量学的基本任务

(1)测定地球的形状和大小、地球重力场,建立统一的空间坐标系统,用以表示地表任一点在地球坐标系统中的准确几何位置。

(2)进行控制测量,建立控制网,并在此基础上进行详细的地形测绘工作,包括地表的各种自然形态、土壤植被的分布以及人类活动产生的各种人工形态,如居民地、交通线和其他各种工程建筑物的位置、行政和权属界线等,绘制各种全国性的和地方性的地形图,数字化城镇和农村,全面建立"数字化地球"的基础信息部分。

(3)为发展规划、资源调查、开发与利用、环境保护、城市、交通、水利、能源、通信等建设工程提供准确的测绘保障,为国家经济建设提供精确、实时的数据资料。在国防建设和公众安全保障中,测绘提供准确、及时的定位和相关保障。对个人财产或监控物的动态监控,对财产定位及其必要的跟踪,对出游进行定位和指引。为经济社会发展中提供自然和社会经济要素的分布状况及其变化特征,预告自然、社会危机和风险事件。这些工作总称为"工程测量"。

(4)测量的基本工作。地面点的空间位置是以投影平面上的坐标(x,y)和高程H决定的,而点的坐标一般是通过水平角测量和水平距离测量来确定的,点的高程是通过测定高差来确定的,所以,测量的基本工作是测角、量距和测高差,观测、计算、绘图是测量工作的基本技能。

测量工作一般分为外业和内业两种。外业工作的主要内容是应用测量仪器和工具在测区内所进行的各种信息的采集和各种工程的施工放样;内业工作的主要内容是将外业采集的各种信息加以整理、计算,并绘制成图以便使用。

(二)测量工作的基本原则

1.整体原则

整体原则,即从整体到局部原则。任何测量工作都必须先总体布置,然后分期、分区、分项实施,任何局部的测量过程必须服从全局的定位要求。

2.控制原则

控制原则,即先控制后碎部原则。先在测区内选择一些有控制意义的点(控制点),把它们的平面位置和高程精确地测量出来,然后根据这些控制点测定出附近碎部点的位置。这种测量方法不仅可以减少误差积累,而且可以同时在几个控制点上进行测量,加快工作进程。

3.检核原则

检核原则,即前一步工作未作检核,不进行下一步工作的原则。在控制测量或碎部测量工作中都有可能发生错误,小错误影响到成果质量,严重错误则造成返工浪费,甚至造成不可挽回的损失。

任何工作都必须遵循一定的原则,按照一定的步骤进行,这样才能做到有条不紊,保质保量,测量工作更是如此。

三、工程测量学的发展与现状

(一)工程测量学的发展简史

工程测量学历史悠久,成果不胜枚举,如:埃及金字塔(见图1-1)建于公元前27世纪,边长230 m,高146.5 m;中国的都江堰工程是现存世界上历史最长的无坝引水工程,利用水测衡量水位高低与大小。

(1)公元前21世纪,中国建周公测景台,测量在建筑中已应用。

(2)公元前14世纪,在幼发拉底河和尼罗河流域,进行过地籍测量。

(3)公元前1世纪,中国《周髀算经》发表,书中阐述了用直角三角形的性质测算高度、距离

图 1-1 埃及金字塔

的方法。

(4)263 年,中国刘徽撰《海岛算经》,叙述求海岛高度和距离的各种测量方法。

(5)400 年,中国发明记里鼓车,用于测量距离。

(6)1667 年,法国首次在全圆分度器上安装望远镜进行测角。

(7)1783 年,英国制造度盘直径为 90 cm、质量为 91 kg 的经纬仪,用特制的四轮弹簧马车运输。

(8)1794 年,德国高斯提出最小二乘法。

(9)1964 年,FIG(国际测量师联合会)成立第六委员会即工程测量委员会。

(二)目前工程测量科学技术发展的概况和主要成就

(1)随着测绘科技的飞速发展,工程测量的技术面貌发生了深刻的变化,并取得了很大的成就。

科学技术的新成就,电子计算机技术、微电子技术、激光技术、空间技术等新技术的发展与应用,以及测绘科技本身的进步,为工程测量技术飞速发展提供新的方法和手段。

改革开放以来,随着我国经济发展和社会进步,可持续发展战略(西部大开发、振兴东北老工业区、中部崛起)的实施,城市建设不断扩大,能源、环保、交通各种大型建筑物和构筑物的建设工程、特种精密建设工程等不断增多,对工程测量不断提出新任务、新课题和新要求,有力地推动和促进了工程测量事业的进步与发展。

我国近年来的建设规模和速度不但令国人瞩目,在国际上也引起了极大的震撼。

北京、广州、深圳、珠海、厦门、上海的市区和浦东、湖北省的宜昌和武汉、西安等正在发生着日新月异的变化。

长江上的武汉二桥、九江大桥、铜陵大桥、江阴大桥、苏通大桥,黄浦江上的南浦和杨浦大桥,跨海的杭州湾大桥、虎门大桥,等等,正以其各自的特征(长度、跨度、结构、难度)竞争着亚洲之最。

城市中超高层建筑如雨后春笋,已建的百米楼厦已达 200 座之多。各大城市的电视塔(有些城市有 2～3 座)正竞相创造高度亚洲之冠,当前上海的东方明珠电视塔以 454 m 的高度暂时领先。

几个特大城市的地面下,则展开着地下铁道与地下管道的争冠。地铁通过时,还要保障已有地面建筑的安全,在不得已而需切割地面建筑在地下深部的桩基时,广州成功地采用了"偷梁换柱"的方法。

连续几年的水灾,正使人们对水利枢纽备加青睐,从而保障水利设施的安全监测亦日益发展。

核电工程方兴未艾,大亚湾二号,秦山二号、三号,福建核电和辽宁核电等都已在积极进行,有关地质灾害的监测万不可掉以轻心,兴建核电站的地基可来不得半点马虎!

京九铁路与若干大型引水渠道的建成,以及若干大型国际机场的兴建,正使工程测量界对GPS定位与高程测定备感兴趣。

可见,随着我国大工程建设的蓬勃发展,工程测量的任务正成倍增长。使我们感到骄傲的是,尽管上述大工程中很多是由国外提供设计,引进外资兴建的,但所有的测量工作却无一不是由我国的测绘工作者独立承担的。这从一个侧面证明了我国测绘工作者在精密工程测量领域的高超水平。他们积累了丰富的工作经验,取得了卓越的研究成果。

面向21世纪的我国工程测量技术的发展趋势和方向是测量数据采集和处理的自动化、实时化、数字化,测量数据管理的科学化、标准化、信息化,测量数据传播与应用的网络化、多样化、社会化。GPS技术、RS技术、GIS技术、数字化测绘技术及其集成化与先进地面测量仪器等新技术将广泛应用于工程测量中,并发挥其主导作用。

(2)信息时代的工程测量新技术主要表现在测量仪器和测量系统已形成数字化、智能化和集成化的新的发展态势,空间测量和地面测量仪器和测量系统出现互补共荣的新的发展格局,工程测量新技术极大地推动测绘学科向前发展。

随着计算机技术、微电子技术、激光技术及空间技术等新技术的发展,传统的测绘仪器体系正在发生根本性的变化。20世纪80年代以来出现了许多先进的光电子大地测量仪器,如红外测距仪、电子经纬仪、全站仪、电子水准仪、激光扫平仪、GPS接收机等,现在则是单功能传统产品发展为多功能高效率光、机、电、算一体化产品及数字化测绘技术体系,为测量工作向自动化、智能化等现代化方向发展创造了良好的条件。

1)产生的原因。

a.信息时代的测绘学对测绘仪器的要求。

1990年,国际测绘联合会把当今信息时代的测绘学定义为测绘是采集、量测、处理、分析、解释、描述、分析、利用和评价与地理和空间分布有关的数据的一门科学、工艺、技术和经济实体。国际标准化组织(ISO)简明定义为地理空间信息学(Geomatics)是一个现代的科学术语,表示测量、分析、管理和显示空间数据的研究方法。

上述定义清楚地表明,信息时代的测绘学已经不是单纯测定测站点位位置的几何科学,而是一门研究空间数据的信息科学。这里所说的空间数据或与地理和空间分布有关的数据是指一种信息,它除了具有空间位置特征外,还具有属性特征。比如地籍测量涉及的信息除了土地的几何位置之外,还加上了有关土地利用、建筑设施以至于自然资源等属性数据。这就意味着传统测绘和大地测量已从单纯的几何测量发展到信息科学,将会实现从模拟到数字,从静态到动态,从后处理到实时处理,从离线到在线,从分散到集成,从局域到全球的转变。

从这个意义上说,现在测绘学不仅要解决空间位置的测定问题,还要解决地理位置上的属性数据的采集和管理等问题。测绘仪器主要解决空间定位问题,空间位置上的属性数据的测量应该说不是测绘仪器的任务。但是信息时代的仪器应该适应和有利于属性数据的采集、储存、管理、分析和利用。也就是说,现在测绘仪器产生的地理空间定位数据应能方便地纳入GIS的范畴,可以与属性数据集成并由计算机进行处理。因此,信息时代的测绘仪器至少应具有以下新的功能:

数字化:数字化并不单纯指数字显示,而是要求仪器应能输出可以由计算机进一步处理、传送、通信的数字表示的地理数据,仪器应具备通信接口,这是测绘仪器实现内外一体化的基础。

实时化:现代测绘仪器具有实时处理的功能,一方面实时计算并判断测绘质量,另一方面可以在现场按设计图图样实施施工放样和有关计算、显示及修改等功能。这就是说,仪器能在线处理测量数据,提高测绘质量和效率,并能通过现代通信工具及时更新GIS数据库。

集成化:随着测绘高技术的发展,传统的测绘分工被打破,各种测量互相渗透,要求测绘仪器在硬件上集成多种功能,软件上则要更具有开放性,使各种仪器采集的数据可以通信和共享。

除了上述这些传统测绘仪器无法比拟的功能外,现在测绘仪器还突显并具有如下特点:

多学科成果的结晶:与当今仪器发展趋势一样,现代测绘仪器几乎无一不是高科技的综合,我们通常说光、机、电、算一体化,其实还应该包括通信、空间技术、自动控制等方面的最新成就。

更新周期越来越短:光学经纬仪、水准仪、平板仪等传统测绘仪器曾经有30年不衰的历史,但是近年来发展的电子经纬仪、全站仪、GPS接收机技术更新速度大大加快,几乎是每两三年出现一个型号,特别是软件产品的升级更快。

仪器操作更容易,使用更方便:仪器内置的专业软件使得非专业人员也能操作仪器,他只要有基本的计算机操作技能就能使用仪器,或者说仪器越来越智能化了。

b.空间测量和地面测量仪器和测量系统出现互补共荣的新的发展格局。

经过观察和研究,我们认为测绘仪器正在形成一种由多种传感器互相集成和相互补充的新格局。问题不是谁代替谁、谁淘汰谁,而是各自调整性能找到最佳位置以及合理集成的问题。事实上,数字地面一体化测量系统与空间定位技术手段形成了极好的互补关系,从而形成了测绘仪器的新格局。具体表述如下:

GPS技术的发展和普及给大地控制测量仪器领域注入了新的活力,开创了新局面。GPS接收机单点定位技术、相对定位技术以及差分RTK技术已发展到相当成熟的阶段,各种类型的GPS接收机在市场上争芳斗艳,此外还出现了既能接收GPS信号又能接收GLONASS信号的所谓多信号接收机,随着其他卫星定位系统的出现,今后必将出现相应的新型卫星定位接收机。这就是说,GPS技术必将成为大地测量、控制测量以及GIS数据获取的重要手段。接收机市场上,LeicaGPS1200接收机代表了当今的发展水平。

2)全站仪仍是数字化地面测量的主要仪器。它将完全取代光学经纬仪和红外测距仪,成为地面测量的常规仪器。在高等级大范围的控制测量中它也许要让位于GPS,而在工程测量、建筑施工测量、城市测量中仍将发挥主要作用。

全站仪(Total Station)又称全站型电子速测仪(Electronic Tachometer Total Station)。在当前测绘仪器市场上,有许多仪器厂家生产和提供各种门类的全站仪,比如瑞士的徕卡公司,日本拓普康、索佳公司以及我国北京光学测绘仪器公司、南方测绘公司等。

1995 年徕卡公司首先推出 TPS1000 系列产品。所谓 TPS,是全站仪定位系统(Positioning System)的缩写,也可以把"T"解释为"Terrestrial"的第一个字母,意为"地面上的"或"大地的"。它的基本特点是通过使用统一标准的数据记录介质、接口和数据格式,把该公司的不同类型的全站仪的测量和数据处理系统有机地结合起来,实现仪器的相互兼容和数据共享,实现真正意义的地面三维空间定位系统。

进入新世纪,徕卡公司又推出系统 1200 -斯美特全站仪(System 1200 - SmartStation)。该全站仪主要特点是它在世界上第一次将全站仪同 GPS 整合在一起,从而开辟了一些新的测量观念和测量方法,使测量更容易、更快速和更简单。

因此,徕卡全站仪采用以计算机技术、微电子技术和精湛工艺为核心的高新技术,使该公司全站仪在集成化、自动化和信息化等方面具有许多卓越特性。

3)电子数字水准仪和自动置平水准仪仍是高程测量中不可替代并大量需要的水准测量仪器。

徕卡公司于 20 世纪 80 年代末,推出了世界上第一台数字水准仪——NA2000 型工程水准仪,采用 CCD 线阵传感器识别水准尺上的条码分划,用影像相关技术,由内置的计算机程序自动算出水平视线读数及视线长度,并记录在数据模块中,像元宽度 $25~\mu m$,每千米往返水准测量高差中数的中误差为 $\pm 1.5~mm$。该公司又于 1991 年推出了新型号 NA3000 型精密水准仪,每千米往返水准测量高差中数的中误差为 $\pm 0.3~mm$。为了满足市场对高精度数字水准仪的需求,最近又推出了第二代数字水准仪 DNA03。

4)随着国家和地方基础建设事业的发展,专用的工程测量仪器应运而生。

这类仪器往往带有激光,所以很多厂商把它们叫作激光仪器。它们包括激光扫平仪、激光垂准仪、激光经纬仪、三维激光扫描仪等等,主要应用于建筑和结构上的准直、水平、铅垂以及建立三维立体模型等测量工作,使用很方便。

5)测量用软件已成为一种与仪器一起销售的产品。

仪器内置的软件当然属于仪器的一部分,但像 GPS 后处理软件、GIS 软件以及各种各样的图像处理软件等则是单独销售的软件。

数据的处理主要有后处理和实时处理两种方式。在采用后处理方式时,一般使用记录器、记录卡和记录模块等记录设备来记录数据,然后用读卡器和计算机进行数据读取及处理。现今流行的记录设备是 PCMCIA 卡,它不仅体积小、储存量大、储存速度快,更重要的是它已成为一种标准设备,可以直接被计算机读取并方便地进行数据交换。当采用实时处理方式时,一般有两种途径:一由外接的计算机处理观测数据,仪器通过接口,与计算机串口相连,将观测数据实时传送到计算机中进行处理,如目前广泛使用的电子平板测图;二由仪器中的内置程序进行处理,这些或由厂家开发,或由用户自行开发适用于不同目的和用途的程序,既保证了外业操作的规范化,同时也保证了现场成果的正确性。目前,内置程序正随着软件版本的升级而不断增多,并逐渐成为衡量全站仪性能的指标之一。

数据的共享是厂家和用户十分重视的又一重要问题。数据共享是指同类仪器之间或不同类仪器之间的数据交换和共享,其目的是最大限度地提高测量工作的效率。由于测绘仪器或系统的发展目标之一是内外一体化,因此应提倡基础数据记录设备和数据记录格式要标准化和统一。但国际上,软件五花八门,自成系统,致使用户在选择集成仪器系统时左右为难。因此,目前的数据交换还只是通过计算机进行数据格式转化和间接地进行。同时,市场呼唤统一的现场工作标准和统一的数据格式、载体和接口。

6)仪器的集成是新世纪测绘仪器发展的又一热门话题,目前已有许多集成式的测绘仪器投入市场和在生产实践中得到使用。

在集成式的测绘仪器中,仪器是作为传感器存在的。从硬件来说,仪器可以包括两三个传感器,可以是整体式的,也可以是堆砌式的集成。从软件来说,集成式软件应具有同一数据载体、接口和统一的数据格式,不仅要实现系统内的仪器可以互相交换信息,而且还能与别的仪器系统连接和交换数据。集成式的测绘仪器目前主要体现在地面测绘技术和空间定位技术的结合。

电子经纬仪与电磁波测距仪的集成产生了电子全站仪。这种电子全站仪在大地测量及工程测量中发挥着重要作用,但也有一定的局限性。比如,必须在有控制点的情况下才能进行施工放样及测图等,另外,作业影响范围很有限。GPS的优点是大家共知的,但由于其必须保持卫星信号通畅条件下才能作业,因此在楼厦林立的城区,其作业将受到干扰或者不能作业。为了发挥两种技术的优点和补偿各自的缺陷,于是将它们集成在一起的全功能的超站仪就应运而生了。这就是 TPS 和 GPS 的集成——徕卡系统 1200 -斯美特全站仪(SmartStation)(见图 1 - 2)。

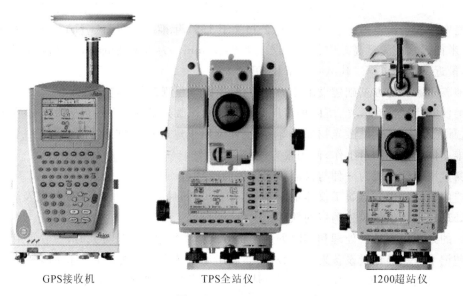

GPS接收机　　　　　　　TPS全站仪　　　　　　　1200超站仪

图 1 - 2　SmartStation

展望未来,今后测绘仪器可能在以下几方面取得新的发展和突破:

a.仪器采集数据的能力将加强。在一些危险和有害的环境中,操作者可利用计算机遥控仪器,以便仪器自动地采集和处理数据。

b.仪器的自我诊断和改正能力将进一步完善,观测数据的精度检查将进一步提高。

c.仪器实时处理数据的能力将提高。内置应用程序将增多。实时处理数据量和速度将可以满足多台仪器的联机作业,以对观测目标进行全面的整体观测和分析。

d.系统集成将受到开发者和使用者的关注。针对某些特殊作业要求所开发出的自动化处理系统,将得到快速发展。

e.仪器间的数据直接交换和共享将成为现实,内业工作将更多地在外业观测的同时予以完成。

（3）工程控制网优化设计理论和方法得到长足发展，测量数据处理和分析理论取得许多新成果。

1）工程控制网优化设计的理论和方法取得长足的发展。

建立在最优化理论和方法基础上的，同近代测量平差理论有密切联系的精密工程测量控制网的优化设计取得了长足的进步和丰硕的成果。尽管人们在很早之前就注意研究观测权的最佳分配、交会图形的最佳选择等问题，但由于当时科学技术和计算工具等条件的限制，优化设计并没得到进一步的发展。20世纪70—80年代，由于电子计算机在测量中的广泛应用和最优化理论进入测量领域的研究，测量控制网优化设计才得到迅速的发展。主要的研究范围包括测量控制网的基准设计、图形设计、权的设计和旧网改造设计；质量标准，其中包括精度标准、可靠性标准、可测定性标准、控制网优化设计的全面质量标准等；控制网优化设计的各种解法，监测网的灵敏度标准以及经济费用标原理基础上的蒙特-卡洛法等，其中包括解析法、人机对话的模拟法和概率抽样法；除一维（水准）网的优化设计外，还包括地面网及空间网的优化设计等，研究二维网、三维网，从而使测量控制网设计在观测前就建立在足够科学依据的基础上。此外，控制网优化设计往往同观测数据的数学处理结合在一起进行。其方法是在统一的多功能的软件包上，既可进行控制网的优化设计，也可实现观测数据的相应处理。

2）测量数据处理和分析的理论和方法取得许多新成果。

首先，人们很关注观测数据性质的研究。把平差模型分为函数模型和随机模型的研究扩展到粗差的探测和系统误差的补偿。对于粗差在函数模型中采用数据探测法予以识别和剔除，引入了可靠性理论和度量平差系统的可靠性指标；或者把粗差纳入随机模型，采用比最小二乘法抗干扰性更强的稳健估计法。对于系统误差，消除影响的比较好的办法就是在平差的函数模型中引入系统参数予以补偿，但要注意系统参数的优选并加以统计检验，以防止和克服可能出现的过渡参数化问题。对于随机模型的研究，人们不但注意观测量随机信息验前特性的分析和确定，而且研究了其验后特性的估计法，其中包括方差分量估计法，这对不同类观测权整体权的选取和确定尤为重要。

其次，从概率论数理统计以及向量空间投影几何原理等多种渠道研究和完善线性模型参数估计方法。除常规的最小二乘法外，还研究了观测值服从正态分布的最大似然估计法、最佳无偏估计法以及基于向量空间投影原理基础上的最小二乘法等，从而大大深化了参数估计原理和方法的研究。从对随机变量的处理，发展到一并处理随机变量和具有各态历经性的平稳随机函数的问题，建立了最小二乘滤波、推估和配置的这类内插外推的数学模型，从而较全面系统地解决了满秩平差的各类问题。另外，人们还深入地研究了不同情况下的非满秩（秩亏）平差问题，其中包括加权秩亏自由网平差、普遍自由网平差以及拟稳平差；具有奇异权、零权以及无限大权的线性模型的参数估计等。

最后，工程建筑物变形观测数据处理的理论和方法（比如回归分析方法、时间序列分析模型、灰色系统分析模型、卡尔曼滤波模型、人工神经网络模型及频谱分析方法等）也有很大发展，在变形的几何解释和物理解释以及分析预报等方面也取得了不少进展。

（4）电子计算机促进控制测量工作旧貌换新颜，其服务领域将更加扩大。

首先，只有当计算机应用在测量中时，才能使各类工程测量控制网优化设计成为现实和可能，这已在前面作了介绍。其次，正在改变人们手算时代的某些观念，比如在电算时代，人们主要考虑的是使全部运算过程适宜电算程序的编写,数据的规律输入和输出以及解的稳定性的保证,而较少研究计算方法的难易、公式的繁简等。最后,也是最重要的一点,即利用计算机可建立专用测量数据库系统,实现数据管理及使用的自动化。大型工程建设历经勘测、设计、施工、设备安装、竣工验收以及变形监测等许多阶段,测量时间长久,有几年、十几年甚至几十年,观测值类别和数据资料繁多,因此,在电子计算机系统上建立专用测量数据库系统是实现测量现代化管理的必由之路。由电子计算机、打印机、数字仪、绘图仪以及软盘等设备建立的测量数据库系统,以测量信息库为核心,兼有对库内数据调用、运算、处理和加工等多种功能,有着成本低、功能全、效益高等优点。测量学除继续在国民经济建设和社会发展中发挥着基础先行的重要保证作用之外,在防灾、减灾、救灾及环境监测、评价及保护中,在发展空间技术及国防建设中,以及在地球科学研究及地球空间信息学等广大领域的应用与发展中,都将有广阔的发展空间。

第二节　地球的形状和大小

测绘学科主要是测定和描绘地球及其表面的各种形态,地球整体的形状和大小与测量工作密切相关。地球的自然表面高低起伏,有高山、丘陵、平原、江河、湖泊和海洋等,是一个凹凸不平的复杂曲面,最高点珠穆朗玛峰海拔 8 844 m,最低点马里亚纳海沟深达 11 022 m,但与6 371 km 的地球半径相比,只能算是极其微小的起伏。地球表面海洋面积约占 71%,陆地面积约占 29%,可以认为地球是一个由水面包围的球体。

地球上自由静止的水面称为水准面,它是一个处处与铅垂线正交的曲面。与水准面相切的平面称为该切点处的水平面。

水准面有无数个,其中一个与平均海水面重合并延伸到大陆内部包围整个地球的水准面,称为大地水准面(见图 1-3)。大地水准面可作为地面点计算高程的起算面,高程起算面也叫作高程基准面。

由大地水准面所包围的形体叫大地体,由于地球内部物质分布不均匀,引起地面各点的铅垂线方向不规则变化,所以大地水准面是一个有微小起伏的不规则曲面,不能用数学公式来表述。参考椭球测量上选用一个和大地水准面形状非常接近的,并能用数学式表达的面作为基准面。这个基准面是一个以椭圆绕其短轴旋转的椭球面,称为参考椭球面,它包围的形体称为参考椭球体或称参考椭球。

我国目前采用的参考椭球体的参数值如下:

长半轴 $a = 6\ 378\ 140$ m;

短半轴 $b = 6\ 356\ 755$ m;

扁率 $\alpha = (a-b)/a = 1/298.257$。

由于参考椭球的扁率很小,因此当测区面积不大时,可以认为地球是半径为 6 371 km 的圆球。

参考椭球面是测量工作的基准面。工程测量地域面积一般不大,对于参考椭球面与大地水准面之间的差距可以忽略不计。在实际测量中是将大地水准面作为测量工作的基准面。即使在精密测量时不能忽略参考椭球面与大地水准面之间的差异,也是经由以大地水准面为依据获得的数据通过计算改正转换到参考椭球面上。

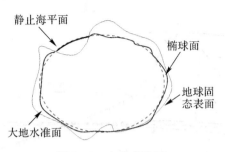

图 1-3　大地水准面

　　地球上的任何物体都受到地球自转产生的离心力和地心吸引力的作用,这两个力的合力称为重力。重力的作用线常称为铅垂线。地面上任意一点的法线和铅垂线一般是不重合的。

　　垂线偏差 θ:过一点的椭球面的法线和铅垂线之间的夹角称为垂线偏差。

　　由于铅垂线与水准面垂直,知道了铅垂线方向,也就知道了水准面方向,而铅垂线又是很容易求得的,所以铅垂线便成为测量工作的基准线。

第三节　确定地面点位的坐标系

　　确定地面点的位置是测量工作的基本任务。

　　一点的位置,需要用三个量来确定。其中两个量用来确定点的平面位置,另一个量用来确定点的高程位置,即某点在基准面上投影位置 (x,y),该点离基准面高度 (H)。

一、地面点的高程系

　　我国在青岛设立验潮站,长期观测黄海海水面的高低变化,取其平均值作为大地水准面的位置(其高程为零),并作为全国高程的起算面。为了建立全国统一的高程系统,在青岛验潮站附近的观象山埋设固定标志,用精密水准测量方法与验潮站所求出的平均海水面进行联测,测出其高程为 72.289 m,将其作为全国高程的起算点,称为水准原点。根据这个面起算的高程称为"1956 年黄海高程系统"。

　　从 1988 年开始我国采用新的高程基准,采用青岛验潮站 1952—1979 年潮汐观测资料计算的平均海水面为国家高程起算面,称为"1985 年国家高程基准"。根据新的高程基准推算的青岛水准原点高程为 72.260 m,比"1956 年黄海高程系统"的高程小 0.029 m。

　　绝对高程(正高):地面上任意一点到大地水准面的铅垂距离,称为该点的绝对高程,简称高程,用字母 H 表示,H_A,H_B 分别表示 A 点的高程和 B 点的高程(见图 1-4)。

　　相对高程:局部地区采用绝对高程有困难或者为了应用方便,也可不用绝对高程,而是假定某一水准面作为高程的起算面。地面点到假定水准面的铅垂距离称为该点的相对高程,如图 1.4 中的 $H_{A'}$,$H_{B'}$。

　　正常高:似大地水准面是苏联人莫洛琴斯基定义的,与大地水准面相比,在海洋部分重合,在陆地有厘米级的差距,在高山区可达 $2\sim3$ m。以似大地水准面为起算基准的高程系统称为正常高系统,正常高记为 $H_常$。我国采用正常高系统。

　　大地高:点沿法线方向到参考椭球面的距离,称为大地高。

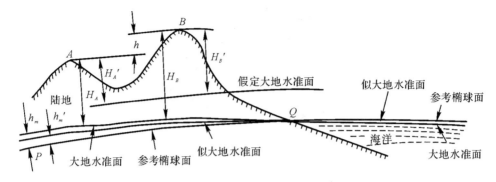

图 1-4 高程系

大地水准面差距 N：大地高与正高之间的差值，称为大地水准面差距。

高程异常 ξ：大地高与正常高之间的差值，称为高程异常。

建筑标高：在建筑设计中，每一个独立的单项工程都有它自身的高程起算面，叫作±0.00。一般取建筑物首层室内地坪标高为±0.00，建筑物各部位的高度都是以±0.00为高程起算面的相对高程，称为建筑标高。

例如某建筑物±0.00的绝对高程为 40.00 m，一层窗台比±0.00高 0.90 m，我们说窗台标高是 0.90 m，而不再写窗台标高是 40.90 m。±0.00的绝对高程是施工放样时测设±0.00位置的依据。

高差：两个地面点之间的高程之差称为高差，常用 h 表示。

$$h_{AB} = H_B - H_A = H_{B'} - H_{A'} \tag{1.1}$$

B 点比 A 点高时，高差 h_{AB} 为正，反之为负。

例如，已知 A 点高程 $H_A = 27.236$ m，B 点高程 $H_B = 18.547$ m，则 B 点相对于 A 点的高差 $h_{AB} = 18.547 - 27.236 = -8.689$ m，B 点低于 A 点；而 A 点相对于 B 点的高差应为 $h_{BA} = 27.236 - 18.547 = 8.689$ m，A 点高于 B 点。

由此可见

$$h_{AB} = -h_{BA} \tag{1.2}$$

二、确定地面点位的坐标系

(一)大地坐标系

大地坐标系又称"地理坐标系"。通过南极点 P_1 和北极点 P 的直线称为地轴，包含地轴的平面称为子午面，子午面与地球的交线称为子午线。通过格林尼治天文台的子午面称为首子午面，过地面上任意一点的子午面与首子午面的夹角称为该点的经度，由首子午面向东量称为东经，向西量称为西经，其取值范围在 0°～180°。

通过地心且垂直于地轴的平面称为赤道面，通过 A 点的法线与赤道面的夹角称为 A 点的纬度。由赤道面向北量称为北纬，由赤道面向南量称为南纬，其取值范围在 0°～90°。

地面点在球面上的位置常采用大地经度 L 和大地纬度 B 来表示，称为大地坐标。经度、纬度若是是用天文测量方法测定的，则分别称为"天文经度 λ"和"天文纬度 φ"(见图 1-5)。

例如北京某点 P 的大地坐标为东经 $116°28'$，北纬 $39°54'$。

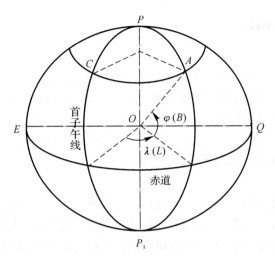

图 1-5 地理坐标

(二)平面直角坐标系

在小区域的范围内,可将大地水准面当作水平面看待,由此而产生的误差不大时,便可以用平面直角坐标来代替球面坐标。

根据研究分析,在以 10 km 为半径的范围内,可以用水平面代替水准面,由此产生的变形误差对一般测量工作而言,可以忽略不计。因此,我们进行一般工程项目的测量工作时,可以采用平面直角坐标系统,即将小块区域直接投影到平面上进行有关计算。

在平面上进行计算要比在曲面上计算简单得多,且又不影响测量工作的精度。规定:坐标纵轴为 x 轴且表示南北方向,向北为正,向南为负;坐标横轴为 y 轴且表示东西方向,向东为正,向西为负。

为了避免测区内的坐标出现负值,可将坐标原点选择在测区的西南角上。坐标象限按顺时针方向编号(见图 1-6),其编号顺序与数学上直角坐标系的象限编号顺序相反,且 x,y 两轴线与数学上直角坐标系的 x,y 轴互换,这是为了使测量计算时可以将数学中的公式直接应用到测量中来,而无须做任何修改。

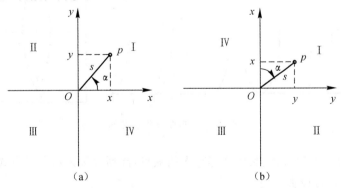

图 1-6 数学坐标系与测量坐标系

(a)数学坐标系;(b)测量坐标系

(三)高斯平面直角坐标系

1.高斯投影

高斯-克吕格投影以椭圆柱面作为投影面,并与椭球体面相切于一条经线上,该经线即为投影带的中央子午线,按等角条件将中央子午线东西一定范围内的区域投影到椭球柱表面上,再展成平面,便构成了横轴等角切椭圆柱投影(见图1-7)。该投影是早在19世纪20年代由德国的高斯最先设计的,后又于1912年经德国的克吕格对投影公式加以补充完善,故后人称该投影为"高斯-克吕格投影",简称"高斯投影"。

2.高斯投影特点

(1)中央子午线的投影为一条直线,且投影之后长度无变形;其余子午线的投影均为凹向中央子午线的曲线,且以中央子午线为对称轴,离中央子午线越远,其长度变形越大。

(2)赤道的投影为直线,其余纬线的投影为凸向赤道的曲线,并以赤道为对称轴。

(3)经、纬线投影后仍保持相互正交的关系,即投影后无角度变形。

(4)中央子午线和赤道的投影相互垂直。

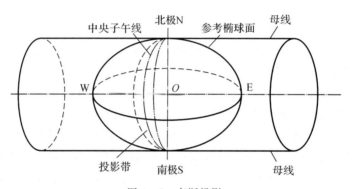

图1-7 高斯投影

高斯投影展开图如图1-8所示。

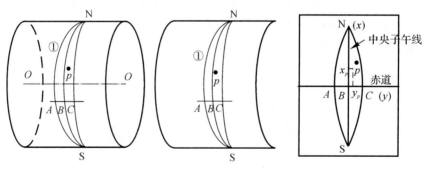

图1-8 高斯投影展开图

为限制离中央子午线愈远、长度变形愈大的缺点,高斯投影采取分带方式进行每一带的投影,有6°带投影和3°带投影。

3.高斯平面直角坐标系

取中央子午线为坐标纵轴 X,取赤道为坐标横轴 Y,两轴的交点为坐标原点 O,组成高斯平面直角坐标系,规定 X 轴向北为正,Y 轴向东为正,坐标象限按顺时针编号。

4.6°带投影

从经度首子午线 0°开始,将整个地球按 6°的经差,分成 60 个带。从首子午线开始自西向东编号,东经 0°~6°为第一带,6°~12°为第二带,以此类推(见图 1-9)。位于每一带中央的子午线称为中央子午线,第一带中央子午线的经度为 3°,每一带代号 N 与中央子午线经度 λ 的关系为

$$\lambda = 6N - 3 \tag{1.3}$$

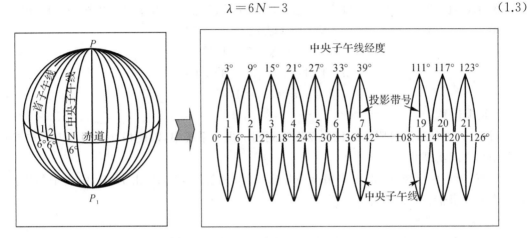

图 1-9　6°带投影

6°带带号 N 的计算式:

$$N = \mathrm{INT}(\lambda/6) + 1 \tag{1.4}$$

其中,INT(　　)为取整函数。

5.3°带投影

当要求投影变形更小时,采用 3°带投影(见图 1-10),从东经 1°30′开始,按经差 3°划分一个带,全球共分为 120 个带。

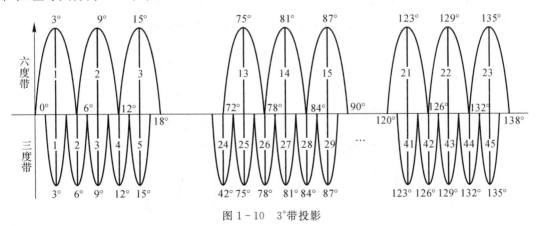

图 1-10　3°带投影

3°带带号与中央子午线经度的关系为

$$L = 3n \tag{1.5}$$

其中,L 为中央子午线经度;n 为投影带号。

带号 n 的计算式为

$$n=\text{INT}[(L-1.5°)/3]+1 \tag{1.6}$$

6. 6°带与 3°带的关系

由图 1-10 可知:带号为奇数的 3°带中央子午线与相应 6°带的中央子午线重合,关系式为

$$n=2N-1 \tag{1.7}$$

带号为偶数的 3°带中央子午线与相应 6°带的分带子午线重合。

例 1.1 已知某点的 $L=113°25'$,求其所在 6°带、3°带带号和中央子午线的大地经度。

解
$$N=\text{INT}(L/6)+1=19$$
$$\lambda=6°N-3°=111°$$
$$n=\text{INT}[(L-1.5°)/3]+1=38$$
$$L=3°n=114°$$

7. 换带计算

目的:为了使带边缘附近的控制点换算到同一坐标系统中,以便相互利用,3°带、6°带或任意带坐标之间实现共享。

计算过程:由已知 X,Y,L 应用高斯投影反算公式求得 L,B;由 L,B,中央子午线经度,应用高斯投影正算公式求得 X',Y'。

8. 投影带的重叠

高斯投影中的各投影带都有自己独立的平面坐标系,相邻两带的坐标虽可以相互换算,但不能同时直接应用。为了便于两带交界处的控制点的应用,按规定每个投影带均应向东延伸经差 $30'$,向西延伸经差 $7.5'$,这样各相邻投影带之间都有宽度为 $37.5'$ 的重叠部分。

此外,又规定凡是在重叠带内的国家等级控制点,必须分别计算出属于相邻两带坐标系的坐标;凡在重叠带内的地形图幅,必须绘制两带的坐标格网。这样一来,应用分带子午线两侧的控制点拼接位于分带子午线两侧的地形图就方便得多了。

9. 国家高斯平面直角坐标

我国位于北半球,地跨 11 个 6°带(13 带~23 带)、21 个 3°带(25 带~45 带),每一带的 X 值均为正值,Y 值却有正有负,为此,每带的纵坐标轴西移 500 km(见图 1-11)。

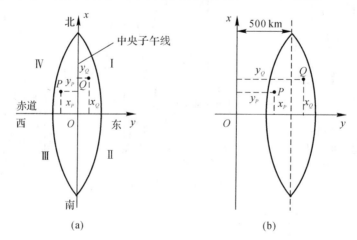

(a)   (b)

图 1-11　国家高斯平面直角坐标

我国高斯平面直角坐标的表示方法:先将自然值的横坐标 Y 加上 500 000 m,再在新的横坐标 Y 之前标以 2 位数的带号。如:某点 P(2 633 586.693,38 514 366.157),表示 P 在高斯平面上至赤道的距离 X=2 633 586.693 m,P 点所在投影带的带号为 38,P 点离 38 带的纵轴 X 轴的实际坐标 Y=514 366.157−500 000=14 366.157 m。

(四)空间三维直角坐标系

空间三维直角坐标系又称"地心坐标系",是以地球椭球的中心(即地球体的质心)O 为原点,起始子午面与赤道的交线为 X 轴,在赤道面内通过原点与 X 轴垂直的轴为 Y 轴,地球椭球的旋转轴为 Z 轴(见图 1−12),Z 轴指向地球北极,X 轴指向首子午面与赤道面的交点,Y 轴垂直于 XOZ 平面,构成右手坐标系。

如:WGS−84(World Geodetic System 1984)协议规定的地球(心)坐标系(见图 1−12)。

坐标原点,地球质心 M,简称 CIO(Conventional International Origin)。

X 轴指向 BIH1984.0 定义的零子午面与 CTP 相应的赤道的交点。

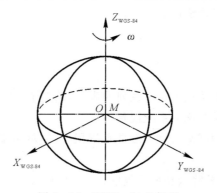

图 1−12 WGS−84 坐标系

第四节 测量误差

一、误差概述及其分类

(一)误差

1.误差

在测量工作中,对某量的观测值与该量的真值间存在着必然的差异,这个差异称为真误差。但有时由于人为的疏忽或措施不周也会造成观测值与真值之间的较大差异,这不属于误差,而是粗差。误差与粗差的根本区别在于前者是不可避免的,而后者是有可能避免的。

2.误差产生的原因

通过测量实践可以发现,无论使用的测量仪器多么精密,观测多么仔细,对同一个量进行多次观测,其结果总存在差异。例如,对两点间的高差进行重复观测,测得的高差往往不相等而有差异;观测三角形三个内角,其和往往不等于理论值180°。这些现象之所以产生,是由于观测结果中存在测量误差。在测量中产生误差的原因一般有以下三个方面。

(1)仪器的原因。每种仪器有一定限度的精密程度,因而观测值的精确度也必然受到一定的限制。同时仪器本身在设计、制造、安装、校正等方面也存在一定的误差,致使仪器或工具制造不够精密,校正不可能十分完善,从而使观测结果产生误差。

(2)人的原因。观测者的感觉器官的鉴别能力有一定的局限性,观测习惯也各异,在仪器安置、照准、读数等方面都可能产生误差,同时观测者的技术水平、工作态度及状态都对测量成果的质量有直接影响。

(3)外界环境的影响。测量过程中外界自然环境,如温度、湿度、风力、阳光照射、大气折光、磁场等因素会给观测结果带来影响,而且外界条件随时发生变化,由此对观测结果的影响也随之变化,观测结果带有误差。

仪器、人本身和外界环境这三方面是引起观测误差的主要因素,总称为"观测条件"。

由上述可知,观测结果不可避免地含有测量误差。测量误差越小,测量成果的精度越高。因此,在测量工作中,必须对测量误差进行研究,以便对不同性质的误差采取不同的措施,提高观测结果的质量,满足各类工程建设的需要。

(二)误差的分类

1.系统误差

在相同的观测条件下,对某量进行一系列的观测,若观测误差的符号及大小保持不变,或按一定的规律变化,则这种误差称为系统误差。

系统误差对测量结果影响较大,且一般具有累积性,应尽可能消除或限制到最低程度,常采用以下方法处理:

(1)检校仪器,把系统误差降低到最低程度;

(2)加改正数,在观测结果中加入系统误差改正数,如尺长改正等;

(3)采用适当的观测方法,使系统误差相互抵消或减弱,如测水平角时采用盘左、盘右观测方法。

2.偶然误差

在相同观测条件下,对某量作一系列的观测,若观测误差的大小及符号变化没有任何规律性,则这种误差称为偶然误差,如估读误差、照准误差等。

从大量的测量实践中发现,虽然偶然误差从表面上看没有任何规律性,但是在相同的观测条件下,当观测次数愈多时,误差群的取值范围却服从一定的正态分布统计规律。

偶然误差的特性如下:

(1)有界性,即在一定的观测条件下,偶然误差的绝对值不会超过一定的界限;

(2)趋向性,即绝对值大的误差比绝对值小的误差出现的可能性要小;

(3)对称性,即绝对值相等的正误差和负误差出现的可能性相等;

(4)抵偿性,即偶然误差的算术平均值,随着观测次数的无限增加而趋向于零。

实践证明,偶然误差不能用计算改正或用一定的观测方法简单地加以消除,只能根据偶然误差的特性来改进观测方法并合理地处理数据,以减少偶然误差对测量结果的影响。

3.测量错误

测量过程中,有时由于人为的疏忽或措施不周可能出现错误。例如,读数错误,记录时误听、误记,计算时弄错符号、点错小数点,等等。

在一定的观测条件下,误差是不可避免的,而产生错误的主要原因是工作中的粗心大意造成的,显然,观测结果中不容许存在错误,并且,错误是可以避免的。如何及时发现错误,并把它从观测结果中清除掉,除了测量人员加强工作责任感,认真细致地工作外,通常还要采取各种校核措施,防止产生观测错误,以便在最终结果中发现并剔除它。

二、误差的精度指标

(一)中误差

1.用真误差来确定中误差

在等精度观测条件下,对真值为 X 的某一量进行 n 次观测,其观测值为 $L_1,L_2,\cdots,L_n$,相应的真误差为 $\Delta_1,\Delta_2,\cdots,\Delta_n$。取各真误差二次方的平均值的二次方根,称为该量各观测值的中误差,以 m 表示,即

$$\Delta_i = X - L_i, \quad i = 1,2,\cdots,n$$

$$m = \pm\sqrt{\frac{\sum_{i=1}^{n}\Delta_i^2}{n}} \tag{1.8}$$

2.用改正数来确定中误差

在实际工作中,未知量的真值往往不知道,真误差也无法求得,所以常用最或是误差即改正数来确定中误差,即

$$V_i = x - L_i, \quad i = 1,2,\cdots,n \tag{1.9}$$

$$m = \pm\sqrt{\frac{\sum_{i=1}^{n}V_i^2}{n-1}} \tag{1.10}$$

x 为最或是值。

例 1.2 设用经纬仪测量某角 5 次,观测值列于表 1-1 中,求观测值的中误差。

表 1-1 角度观测值

观测次数	观测值 L_i	$\Delta L = L_i - L_0$	$V = x - L_i$	V_i^2
1	56°32′20″	+20″	−14″	196″
2	56°32′00″	00″	+6″	36″
3	56°31′40″	−20″	+26″	676″
4	56°32′00″	00″	+6″	36″
5	56°32′30″	+30″	−24″	576″
令:$L_0 = 56°32′00″$ L_0:近似值		$\Sigma\,\Delta L = +30″$	$\Sigma V = 0$	$\Sigma V^2 = 1\,520″$

解 $x = L_0 + \dfrac{\sum\limits_{i=1}^{5} \Delta L_i}{5} = 56°32'06''$，校核

$$\sum_{i=1}^{5} V_i = 0$$

$$m = \pm\sqrt{\frac{\sum\limits_{i=1}^{5} V_i^2}{n-1}} = \sqrt{\frac{1\,520}{5-1}} = \pm 19.49''$$

（二）容许误差

由偶然误差的第一特性可以知道，在一定的观测条件下，偶然误差的绝对值不超过一定的限值。根据误差理论和大量的实践证明，在一系列等精度观测误差中，大于 2 倍中误差的个数占总数的 5%，大于 3 倍中误差的个数占总数的 0.3%，因此，测量上常取 2 倍或 3 倍中误差为误差的限值，称为容许误差，即

$$\left.\begin{array}{l} \Delta_容 = 2m \\ \Delta_容 = 3m \end{array}\right\}$$

(1.11)

（三）相对误差

衡量测量成果的精度，有时用中误差还不能完全表达观测结果的优劣。例如用钢尺分别丈量两段距离，其结果为 100 m 和 200 m，中误差均为 2 cm。显然，后者的精度比前者要高。也就是说，观测值的精度与观测值本身的大小有关。相对误差是中误差的绝对值与观测值的比值，通常以分子为 1 的分数形式来表示，即

$$K = \frac{1}{L / \mid m \mid}$$

(1.12)

如上述前者的相对误差 $K_1 = \dfrac{0.020}{100} = \dfrac{1}{5\,000}$，后者的相对误差 $K_2 = \dfrac{0.020}{200} = \dfrac{1}{10\,000}$，说明后者比前者精度高。

相对误差是个无量纲数，而真误差、中误差、容许误差是带有测量单位的数值。

三、算术平均值

研究误差的目的之一，就是把带有误差的观测值给予适当处理，以求得最可靠值。取算术平均值的方法，就是其中最常见的一种。

在等精度观测条件下对某量观测了 n 次，其观测结果为 $L_1, L_2, \cdots, L_n$。设该量的真值为 X，观测值的真误差为 $\Delta_1, \Delta_2, \cdots, \Delta_n$，即

$$\Delta_1 = X - L_1$$

$$\Delta_2 = X - L_2$$

$$\cdots\cdots$$

$$\Delta_n = X - L_n$$

将上列各式求和得

$$\sum_{i=1}^{n}\Delta_i = nX - \sum_{i=1}^{n}L_i$$

上式两端各除以 n 得

$$\frac{\sum_{i=1}^{n}\Delta_i}{n} = X - \frac{\sum_{i=1}^{n}L_i}{n}$$

令

$$\frac{\sum_{i=1}^{n}\Delta_i}{n} = \delta, \qquad \frac{\sum_{i=1}^{n}L_i}{n} = x$$

代入上式移项后得

$$X = x + \delta$$

δ 为 n 个观测值真误差的平均值,根据偶然误差的第四个性质,当 $n \rightarrow \infty$ 时,$\delta \rightarrow 0$,则有

$$\delta = \lim_{n \to \infty} \frac{\sum_{i=1}^{n}\Delta_i}{n} = 0$$

这时算术平均值就是某量的真值,即

$$x = \frac{\sum_{i=1}^{n}L_i}{n}$$

在实际工作中,观测次数总是有限的,也就是只能采用有限次数的观测值来求得算术平均值,即

$$x = \frac{\sum_{i=1}^{n}L_i}{n} \tag{1.13}$$

x 是根据观测值所能求得的最可靠的结果,称为最或是值或算术平均值。

四、误差传播定律及其应用

在测量工作中,有些未知量不可能直接测量,或者是不便于直接测定,而是利用直接测定的观测值按一定的公式计算出来。如高差 $h = a - b$,就是直接观测值 a,b 的函数。若已知直接观测值 a,b 的中误差 m_a,m_b 后,求出函数 h 的中误差 m_h,即为观测值函数的中误差。阐述观测值中误差与函数中误差之间的数学关系的定律,称为误差传播定律。

(一) 线性函数

$$F = K_1 x_1 \pm K_2 x_2 \pm \cdots \pm K_n x_n \tag{1.14}$$

式中,F 为线性函数;K_i 为常数;x_i 为观测值。

设 x_i 的中误差为 m_i,函数 F 的中误差为 m_F,经推导得

$$m_F^2 = (K_1 m_1)^2 + (K_2 m_2)^2 + \cdots + (K_n m_n)^2 \tag{1.15}$$

即观测值函数中误差的二次方,等于常数 K_i 与相应观测值中误差 m_i 乘积的二次方和。

(二) 非线性函数

$$Z = F(x_1, x_2, \cdots, x_n)$$

其微分为

$$\mathrm{d}Z = \frac{\partial F}{\partial x_1}\mathrm{d}x_1 + \frac{\partial F}{\partial x_2}\mathrm{d}x_2 + \cdots + \frac{\partial F}{\partial x_n}\mathrm{d}x_n$$

$$\Delta Z = \frac{\partial F}{\partial x_1}\Delta x_1 + \frac{\partial F}{\partial x_2}\Delta x_2 + \cdots + \frac{\partial F}{\partial x_n}\Delta x_n$$

可写成

$$\Delta Z = f_1\Delta x_1 + f_2\Delta x_2 + \cdots + f_n\Delta x_n$$

其相应的函数中误差式为

$$m_Z^2 = f_1^2 m_1^2 + f_2^2 m_2^2 + \cdots + f_n^2 m_n^2 \tag{1.16}$$

(三) 误差传播定律的应用

例 1.3 在 $1:500$ 比例尺地形图上，量得 A,B 两点间的距离 $s = 163.6 \text{ mm}$，其中误差 $m_s = 0.2 \text{ mm}$。求 A,B 两点实地距离 D 及其中误差 m_D。

解 $\qquad D = Ms = 500 \times 163.6 \text{ mm} = 81.8 \text{ (m)}$ （M 为比例尺分母）

$$m_D = Mm_s = 500 \times 0.2 \text{ mm} = \pm 0.1 \text{ (m)}$$

所以 $\qquad\qquad\qquad\qquad D = 81.1 \pm 0.1 \text{ (m)}$

例 1.4 在三角形 ABC 中，$\angle A$ 和 $\angle B$ 的观测中误差 m_A 和 m_B 分别为 $\pm 3''$ 和 $\pm 4''$，试推算 $\angle C$ 的中误差 m_C。

解 $\qquad\qquad\qquad \angle C = 180° - (\angle A + \angle B)$

因为 $180°$ 是已知数，没有误差，则得

$$m_C^2 = m_A^2 + m_B^2$$

所以 $\qquad\qquad\qquad\qquad m_C = \pm 5''$

例 1.5 某水准路线各测段高差的观测值中误差分别为 $h_1 = 15.316\text{m} \pm 5\text{mm}$，$h_2 = 8.171\text{m} \pm 4\text{mm}$，$h_3 = -6.625\text{m} \pm 3\text{mm}$，试求总的高差及其中误差。

解 $\qquad h = h_1 + h_2 + h_3 = 15.316 + 8.171 - 6.625 = 16.862 \text{ m}$

$$m_h^2 = m_1^2 + m_2^2 + m_3^2 = 5^2 + 4^2 + 3^2$$

$$m_h = \pm 7.1 \text{ mm}$$

所以 $\qquad\qquad\qquad h = 16.882 \text{ m} \pm 7.1 \text{ mm}$

例 1.6 设对某一未知量 P，在相同观测条件下进行多次观测，观测值分别为 $L_1, L_2, \cdots, L_n$，其中误差均为 m，求算术平均值 x 的中误差 M。

解 $$x = \frac{\sum\limits_{i=1}^{n} L_i}{n} = (L_1 + L_2 + \cdots + L_n) \cdot \frac{1}{n}$$

式中的 $\frac{1}{n}$ 为常数，根据式 (1.16)，算术平均值的中误差为

$$M^2 = \left(\frac{1}{n}m_1\right)^2 + \left(\frac{1}{n}m_2\right)^2 + \cdots + \left(\frac{1}{n}m_n\right)^2$$

因为 $m_1 = m_2 = \cdots = m_n = m$，所以

$$M = \frac{m}{\sqrt{n}} \tag{1.17}$$

由式(1.17)可知,算术平均值中误差是观测值中误差的 $\dfrac{1}{\sqrt{n}}$ 倍,观测次数愈多,算术平均值的误差愈小,精度愈高。但精度的提高仅与观测次数的二次方根成正比,在观测次数增加到一定次数后,精度就提高得很少,所以增加观测次数只能适可而止。

例 1.7 表 1-1 中,观测次数 $n=5$,观测值中误差 $m=\pm19.5''$,求算术平均值的中误差。

解
$$M=\pm\frac{m}{\sqrt{n}}=\pm\frac{19.5}{\sqrt{5}}=\pm8.7''$$

例 1.8 三角形的三个内角之和在理论上等于 $180°$,而实际上由于观测时的误差影响,使三内角之和与理论值会有一个差值,这个差值称为三角形闭合差,求闭合差的中误差。

解 设等精度观测 n 个三角形的三内角分别为 a_i,b_i 和 c_i,其测角中误差均为 $m_\beta=m_a=m_b=m_c$,各三角形内角和的观测值与真值 $180°$ 之差为三角形闭合差 $f_{\beta1},f_{\beta2},\cdots,f_{\beta n}$,即真误差,其计算关系式为

$$f_{\beta i}=a_i+b_i+c_i-180°$$

根据式(1.14)得中误差关系式为

$$m_{f_\beta}^2=m_a^2+m_b^2+m_c^2=3m_\beta^2$$

所以
$$m_{f_\beta}=\pm\sqrt{3}\,m_\beta$$

由此得测角中误差为

$$m_\beta=\pm\frac{m_{f_\beta}}{\sqrt{3}}$$

按中误差定义,三角形闭合差的中误差为

$$m_{f_\beta}=\pm\sqrt{\frac{\sum\limits_{i=1}^{n}f_{\beta i}^2}{n}}$$

将此式代入上式得

$$m_\beta=\pm\sqrt{\frac{\sum\limits_{i=1}^{n}f_{\beta i}^2}{3n}} \tag{1.18}$$

式(1.18)又称菲列罗公式,常用来计算三角测量的测角误差。

第五节　直线定向与罗盘仪使用

一、直线定向

确定地面上两点的相对位置时,仅知道两点之间的水平距离还不够,通常还必须确定此直线与标准方向之间的水平夹角,测量上把确定直线与标准方向之间的角度关系称为直线定向。

(一) 标准方向

1.真子午线方向（真北方向）

过地球南北极的平面与地球表面的交线叫真子午线。通过地球表面某点的真子午线的切

线方向,称为该点的真子午线方向。指向北方的一端叫真北方向,真子午线方向用天文测量方法确定。

2.磁子午线方向(磁北方向)

磁子午线方向是磁针在地球磁场的作用下,自由静止时磁针轴线所指的方向,指向北端的方向称为磁北方向,可用罗盘仪测定。

3.高斯坐标系 X 轴方向(坐标北方向)

坐标北方向就是高斯平面直角坐标系中的纵轴 X 轴方向。

(二)方位角

由标准方向北端起,顺时针方向量至某直线的夹角称为该直线的方位角,方位角取值范围是 $0° \sim 360°$。

1.方位角的种类

(1)真方位角。若标准方向为真子午线方向,则其方位角称为真方位角,用 A 表示。

(2)磁方位角。若标准方向为磁子午线方向,则其方位角称为磁方位角,用 A_m 表示。

(3)坐标方位角。若标准方向是坐标纵轴,则称其为坐标方位角,用 α 表示。

测量工作中,一般采用坐标方位角表示直线的方向,并将坐标方位角简称为方位角。

2.三种方位角之间的关系

(1)磁偏角。由于地球的南、北两极与地球的南、北两磁极不重合,因此地面上同一点的真子午线方向与磁子午线方向是不一致的,两者之间的火角称为磁偏角,用 δ 表示。

(2)子午线收敛角。过同一点的真子午线方向与坐标纵轴方向的夹角称为子午线收敛角,用 γ 表示。

磁子午线北端和坐标纵轴方向偏于真子午线以东叫东偏,δ,γ 为正;偏于西侧叫西偏,δ,γ 为负。不同点的 δ,γ 值一般是不相同的。

三种方位角的关系(见图 1−13)如下:

$$A = A_m + \delta \tag{1.19}$$
$$A = \alpha + \gamma \tag{1.20}$$
$$\alpha = A_m + \delta - \gamma \tag{1.21}$$

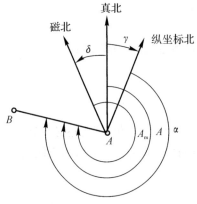

图 1−13 三种方位角的关系

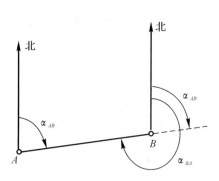

图 1−14 正、反方位角的关系

3.正、反坐标方位角

如图 1-14 所示,A,B 是直线的两个端点,A 为起点,B 为终点。过这两个端点可分别作坐标纵轴的平行线,把图中 α_{AB} 称为直线 AB 的正坐标方位角;把 α_{BA} 称为直线 AB 的反坐标方位角。

同理,若 B 为起点,A 为终点,则把图中 α_{BA} 称为直线 BA 的正坐标方位角;把 α_{AB} 称为直线 BA 的反坐标方位角,正、反方位角相差 180°。

正、反坐标方位角关系:

$$\alpha_{AB} = \alpha_{BA} \pm 180°$$ (1.22)

(三) 象限角

从坐标纵轴的北端或南端顺时针或逆时针起转至直线的锐角称为坐标象限角,用 R 表示,其角值变化从 0°～90°。为了表示直线的方向,应分别注明北偏东、北偏西或南偏东、南偏西,如北东 85°,南西 47°等。显然,如果知道了直线的方位角,就可以换算出它的象限角;反之,知道了象限角也就可以推算出方位角。

坐标方位角与象限角之间的换算关系如表 1-2 所示。

表 1-2　坐标方位角与象限角的关系

直线方向	象　　限	象限角与方位角的关系
北东	I	$\alpha = R$
南东	II	$\alpha = 180° - R$
南西	III	$\alpha = 180° + R$
北西	IV	$\alpha = 360° - R$

(四) 坐标与距离、方位角的关系

1.距离与坐标的关系

当已知地面上 A,B 两点的坐标时,可以用坐标反算两点间的水平距离 D,其计算公式为

$$D = \sqrt{(X_A - X_B)^2 + (Y_A - Y_B)^2}$$ (1.23)

2.方位角与坐标的关系

当已知地面上 A,B 两点的坐标时,可用坐标反算方位角 α_{AB},其计算公式为

$$\alpha_{AB} = \arctan \frac{Y_B - Y_A}{X_B - X_A}$$ (1.24)

二、罗盘仪测量直线的方向

罗盘仪是主要用来测量直线的磁方位角的仪器,也可以粗略地测量水平角和竖直角,还可以进行视距测量。

1.罗盘仪的构造

罗盘仪是利用磁针确定直线方向的一种仪器,通常用于独立测区的近似定向,以及林区线路的勘测定向。如图 1-15 所示,罗盘仪一般由罗盘、望远镜、水准器和安平机构组成。

望远镜是瞄准部件,由物镜、十字丝、目镜组成。使用时转动目镜看清十字丝,用望远镜照准目标,转动物镜对光螺旋使目标影像清晰,并以十字丝交点对准该目标。望远镜一侧装置有竖直度盘,可测量目标点的竖直角。

罗盘盒内磁针安在度盘中心顶针上,自由转动,为减少顶针的磨损,不用时用磁针制动螺旋将磁针托起,固定在玻璃盖上。刻度盘的最小分划为 30′,每隔 10° 有一注记,按逆时针方向由 0° 到 360°,盘内注有 N(北)、S(南)、E(东)、W(西),盒内有两个水准器用来使该度盘水平。基座是球状结构,安在三脚架上,松开球状接头螺旋,转动罗盘盒使水准气泡居中,再旋紧球状接头螺旋,此时度盘就处于水平位置。

磁针的两端由于受到地球两个磁极引力的影响,并且考虑到我国位于北半球,所以磁针北端要向下倾斜,为了使磁针水平,常在磁针南端加上几圈铜丝,以达到平衡的目的。

图 1-15 罗盘仪

2.直线磁方位角的测量

(1)将仪器搬到测线的一端,并在测线另一端插上花杆。

(2)安置仪器。

1)对中。将仪器装于三脚架上,并挂上锤球后,移动三脚架,使锤球尖对准测站点,此时仪器中心与地面点处于同一条铅垂线上。

2)整平。松开仪器球形支柱上的螺旋,上、下俯仰度盘位置,使度盘上的两个水准气泡同时居中,旋紧螺旋,固定度盘,此时罗盘仪主盘处于水平位置。

(3)瞄准读数。

1)转动目镜调焦螺旋,使十字丝清晰。

2)转动罗盘仪,使望远镜对准测线另一端的目标,调节调焦螺旋,使目标成像清晰稳定,再转动望远镜,使十字丝对准立于测点上的花杆的最底部。

3)松开磁针制动螺旋,等磁针静止后,从正上方向下读取磁针指北端所指的读数,即为测线的磁方位角。

4)读数完毕后,旋紧磁针制动螺旋,将磁针顶起以防止磁针磨损。

(4)校核。测得直线的正磁方位角之后,还要测其反磁方位角。若测得正、反磁方位角相差为 ±180°±1′ 之内,可按下式取其平均值,作为最后成果。如误差超出 ±1′,应重新观测。

$$A_m = 1/2[A_{m正} + (A_{m反} \pm 180°)] \tag{1.25}$$

3.使用罗盘仪注意事项

(1)在磁铁矿区或离高压线、无线电天线、电视转播台等较近的地方不宜使用罗盘仪,有电磁干扰现象。

(2)观测时一切铁器等物体,如斧头、钢尺、测钎等不要接近仪器。

(3)读数时,眼睛的视线方向与磁针应在同一竖直面内,以减小读数误差。

(4)观测完毕后搬动仪器应拧紧磁针制动螺旋,固定好磁针以防损坏。

第六节　计算凑整规则及常用的计量单位

一、计算凑整规则

测量计算过程中,一般都存在数值取位的凑整问题。由于数值取位的取舍而引起的误差称为凑整误差。为尽量减弱凑整误差对测量成果的影响,避免凑整误差的累积,在计算中通常采用如下凑整规则:若以保留数字的末位为单位,当其后被舍去的部分大于 0.5 时,则末位进1;当其后被舍去的部分小于 0.5 时,则末位不变;当其后被舍去的部分等于 0.5 时,则末位凑成偶数,即末位为奇数时进 1,为偶数或零时不变(五前单进双不进)。

例如,将下列数据取舍到小数后 3 位:

3.141 59→3.142	3.513 29→3.513	9.750 50→9.750
4.513 50→4.514	2.854 500→2.854	1.258 501→1.258

上述的凑整规则对于被舍去的部分恰好等于 5 时凑成偶数的方法作了规定,其他情况与一般计算数值取位相同,即"四舍五入"。

二、测量常用的计量单位

(1)长度单位:国际通用长度单位为 m(米),1m = 100cm(厘米) = 1 000mm(毫米),1 000m(米) = 1km(千米)。

(2)面积单位:面积单位为 m^2(平方米),大面积用 km^2(平方千米)。

(3)角度单位:60 进位制的度,100 进位制的新度和弧度。

1)60 进位制的度。

1 圆周角 = 360°

1° = 60′

1′ = 60″

2)100 进位制的新度。

1 圆周角 = 400g(新度)

1g(新度) = 100c(新分)

1c(新分) = 100cc(新秒)

3)弧度制。

角度按弧度计算等于弧长与半径之比。与半径相等的一段弧长所对的圆心角作为度量角度的单位,称为一弧度,用 ρ_{rad} 表示。按度分秒表示的弧度如下:

1 圆周角 $=2\pi\rho$(弧度)$=360°$

$\rho°_{rad}=360°/2\pi=57.3°$

$\rho'_{rad}=(180°/\pi)/\pi=3\,438'$

$\rho''_{rad}=(180°/\pi)\times60'\times60''=206\,265''$

阅读材料

人类认识地球的发展简史

1.地球球形模型期简史

(1)公元前 582 年毕达哥拉斯提出球形说。

(2)公元前约 600 年米累特城的希脂哲学家塔累斯(Thales)的球形说。

(3)公元前 384—322 年亚里士多德发表过地球是球形之说。

(4)公元前 276—195 年亚历山大人埃拉托色尼(Eratosthenes,希腊)是科学大地测量学的创始人,在球形地球模型的假设下,用大地测量方法测定子午弧长度 Δs,天文观测提供对应的中心角 $\Delta\varphi$,由此导出地球半径 R。他发现在色尼(今阿斯近,纬度 23°27′)夏至正午阳光垂直射入井内,而同时在同子午线上的亚历山大,阳光则与垂线有角度,他立竿见影得该角度为 $\Delta\varphi=7°12'$。两地距离由驼队行进时间估计,每天行程 100 stadia(古希腊长度单位,1 stadia = 172 m),共 50 天,则 $\Delta s=5\,000$ stadia。由 $R=\Delta s/\Delta\varphi$ 得地球半径为 6 844 km,该值与平均地球半径 6 371km 的差值约为 $+7\%$。

(5)公元前 135—51 年波西多宁斯(Posidonius,希腊)根据船只航行时间估计出亚历山大至罗得岛之间的子午弧长,同时测量老人星的高度求纬差,导出偏差为 $+11\%$ 的地球半径。

(6)827 年国王阿洛曼孟(al-Mamun,阿拉伯)在巴格达西北进行了弧度测量(偏差为 $+1\%$)。

(7)1525 年医生费纳(Fernel,法国)在巴黎子午圈上用象限仪观测了巴黎和亚眠的地理纬度,而距离是由车轮的转数获得的(偏差为 0.1%)。

(8)1615 年球形地球弧度测量在仪器技术(1611 年克普勒(Kepler)的望远镜)和研究方法(1589 年丹麦天文学家布腊海(Brahe)的三角测量原理)的支持下,斯涅尔(Snell,荷兰)在荷兰佐姆和阿尔克马尔山之间首次用高精度三角测量代替弧长估计或量测的弧度测量方法,直到现代仍用于弧度测量和基本网的建立。斯涅尔测得的数值相对平均地球半径的偏差为 3.4%。

(9)1669—1670 年在大地测量学处于领先地位的法国科学院(1666 年创建于巴黎)的推动下,神父皮卡德(Picard)用三角测量方法,在巴黎子午圈上进行了马耳瓦辛和亚眠之间的弧度测量,他首次应用了带有十字丝的望远镜。

牛顿用皮卡德所测的地球半径(偏差 $+0.1\%$)检核了 1665—1666 年所导出的引力定律。

2.椭球地球模型期简史

(1)哥白尼(1473—1543,波兰)(1543:《天体远行论》)成功地将托勒密(Ptolmau)地心系转变为曾由阿利斯塔布(Aristarch)(公元前约 320—250 年)提出的日心系。

(2)开普勒(1571—1630)发现了行星运动的规律(1609:《新天文学》,1619:《宇宙谐和论》)。

(3)伽利略(1564—1642)发展了力学(自由落体定律、摆仪定律)。

(4)1666 年天文学家 J.D.卡西尼(Cassini)观测了木星两极地扁率。

(5)1672 年天文学家里希尔（Richer）在开云岛上测定月球视差中发现，为了保持每秒的摆动周期，必须缩短在巴黎已校正过的摆长。根据摆仪定律 $T=2\pi(l/g)-2$，得出重力由赤道向两极增大的结论。这一发现和解释，激怒了巴黎科学院并使其开除了里希尔。

(6)牛顿（Neoton，1643—1727）和惠更斯（Huygrns，1629—1695）在里希尔等的研究和自己工作的基础上，创造了以物理学观点为基础的两极稍扁的地球模型。在万有引力作用下，均质、液态而又旋转着的地球体处于均衡状态时（牛顿，1687：《自然哲学的数学原理》），得出一个旋转椭球体。其扁率：$\alpha=(a-b)/a=1/230$（α 为扁率，a,b 为长、短半径）。同时，牛顿提出自赤道向两极的重力加速度随着 $\sin2\phi$（ϕ 为地理纬度）的增大而增大。

(7)惠更斯（1690：《论重力的起因》）将地球引力源置于地心，从而得到一个扁率 α 为 1：587 的四阶子午线旋转、对称和均衡的形体。

(8)不同纬度弧度测量结果可以在几何学上检验椭球地球模型，椭球参数 a,b 或 a,α 可以根据两处弧度测量的结果来计算。用新的理论对古老的弧度测量（斯涅尔、皮卡德等）结果进行处理，得出一个两极被拉长的地球模型。

(9)1710 年清康熙在东北弧度测量后钦定经线 1 度合 200 里。

(10)1683 年希拉（Hier）和卡西尼（J.D.Cassini）将皮尔德弧延伸到敦刻尔克和科里奥雷（纬度差 8°20′），由于天文纬度测量误差较大，两弧长计算的扁率为 $\alpha=-1/95$。关于地球形状，牛顿和卡西尼的拥护者之间发生激烈争论，法国科学院裁定进行检验性弧度测量。

(11)1735—1737 年莫泊托和克莱劳到拉普兰（平均纬度 66°20′，弧长 57′5）进行弧度测量，果丁（Godin）、布格（Boubuer）和孔达米纳（Condimine）前往秘鲁（今属厄瓜多尔）（平均纬度为南纬 1°31′，弧长为 3°07′），这次用大地测量学方法进行的弧度测量证实了地球两极稍扁（$\alpha=1/304$）。奥里捷尔说"莫泊托既压扁了地球，也压扁了卡西尼"。

(12)克莱劳（1713—1765）创立了克莱劳定理（1743），同时还证明可以用不同纬度的重力测量值计算扁率，为研究椭球，物理学（α）和大地测量学（a）理论交织在一起。

(13)达朗贝尔（Delambre）和麦先（Mechain）受法国国民议会委托，在巴黎子午圈上巴塞罗那和敦刻尔克之间进行大地测量（1792—1798）。这次测量还具有特别重要的意义，即确定米尺长度。

(14)高斯（1821—1825）哥廷根和阿尔托纳之间的弧度测量，按最小二乘法平差。

(15)白塞尔（Dessel）和拜耶尔（Baeyer）弧（1831—1838）东普鲁士与子午圈斜交的弧度测量。

3.大地水准面和椭球模型期简史

(1)正如拉普拉斯（1802）、高斯（1828）、白塞尔（1837）等人已经意识到的那样，当观测精度很高时，椭球状地球模型，不能忽略与测量相关的垂线同椭球法线之间的偏差。在一次为确定椭球参数 a,α 而进行的各种弧度测量的平差中（勒让德 1806 年在他的论文《论最小二乘法》中按最小二乘法进行了第一次平差）出现了远远超过观测精度的不符值。直到 19 世纪中叶，仍把由物理性质引起的垂线偏差当作随机误差来处理。

(2)赫尔默特引用大地水准面建立了现代地球形状的观念。计算椭球参数时均顾及垂线偏差。一百年来，大地水准面的确定是大地测量学的主要目标。自 1954 年起随着直接导出地球物理表面的方法不断进展，大地水准面的意义逐渐降低，但是大地水准面的测定今后仍然是大地测量学的一个重要任务。随着三维大地坐标系和全球坐标系的建立以及海洋大地测量的需要，大地水准面的意义会进一步增强。

人类对地球的认识经历了漫长的几百年,科学知识的获取是艰辛的付出。

习　　题

1.解释概念:测绘学、测定、测设、大地水准面、垂线偏差、正常高、大地高、大地水准面差距、建筑标高、系统误差、偶然误差、方位角、磁偏角、子午线收敛角、象限角。

2.简述测量学的基本任务和测量工作的基本原则。

3.某点的经度 $L=105°$,求其所在 6°带、3°带的带号和中央子午线经度。

4. 国内某地点高斯平面直角坐标 $x=2\,053\,410.714$ m,$y=36\,431\,366.157$ m。问:该高斯平面直角坐标的意义是什么?

5.已知 A,B 点绝对高程是 $H_A=56.564$ m、$H_B=76.327$ m,问:A,B 点相对高程的高差是多少?

6.系统误差有哪些特点?如何预防和减少系统误差对观测成果的影响?

7.写出中误差的表达式;偶然误差有哪些特性?

8.$\triangle ABC$ 中,测得 $\angle A=30°00'42''\pm3''$,$\angle B=60°10'00''\pm4''$,试计算 $\angle C$ 及其中误差 m_C。

9.水准路线 A,B 两点之间的水准测量有 9 个测站,若每个测站的高差中误差为 3 mm,求:1)A 至 B 往测的高差中误差。2)A 至 B 往返测的高差平均值中误差。

10.1.25 弧度等于多少度分秒? 58 秒等于多少弧度?

11. 某直线段的磁方位角 $M=30°30'$,磁偏角 $\delta=0°25'$,求真方位角 A。若子午线收敛角 $\gamma=2'25''$,求该直线段的坐标方位角 α。

12.$S=234.764$ m,坐标方位角 $\alpha=63°34'43''$,求 Δx,Δy。结果取值到 mm。

13.图 1-16 中,A 点坐标 $x_A=345.623$ m,$y_A=569.247$ m;B 点坐标 $x_B=857.322$ m,$y_B=423.796$;水平角 $\beta_1=15°36'27''$,$\beta_2=84°25'45''$,$\beta_3=96°47'14''$。

求:方位角 α_{AB},α_{B1},α_{12},α_{23}。

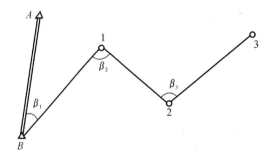

图　1-16

第二章 水准测量

第一节 水准测量原理

一、高程测量

测量地面点的高程的工作称为高程测量。

高程测量按使用的仪器和方法不同,分为水准测量、三角高程测量和气压高程测量、GPS测量等。

(1)水准测量:利用水准仪提供的水平视线,读取竖立在两点的标尺上的读数,以测定两点间的高差方法,精度高,是高程测量的主要方法。

(2)三角高程测量:经纬仪测量已知点与未知点之间的垂直角与距离,计算两点间的高差方法,能达到四等水准测量精度。

(3)GPS测量:利用GPS测量数据,计算未知点大地高程的方法。

物理高程测量有气压高程测量法和重力水准测量法。

每种方法各有千秋,本章主要讲述常用的水准测量方法。

二、水准测量原理

水准测量的基本测法如图2-1所示,已知A点的高程为H_A,只要能测出A点至B点的高程差(简称高差h_{AB}),则B点的高程H_B就可用式(2.1)计算求得

$$H_B = H_A + h_{AB} \tag{2.1}$$

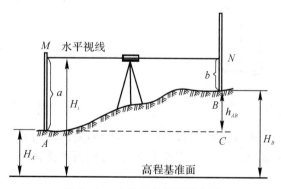

图2-1 水准测量原理示意图

用水准测量方法测定高差h_{AB}的原理如图2-1所示,在A,B两点上竖立水准尺,并在A,

B 两点之间安置一架可以得到水平视线的仪器即水准仪,设水准仪的水平视线截在尺上的位置分别为 M,N,过 A 点作一水平线与过 B 点的竖线相交于 C。BC 的高度就是 A,B 两点之间的高差 h_{AB}。

$$h_{AB} = a - b \qquad (2.2)$$

测量时,a,b 的值是用水准仪瞄准水准尺时直接读取的读数值。因为 A 点为已知高程的点,通常称为后视点,其读数 a 为后视读数,而 B 点称为前视点,其读数 b 为前视读数。即

$$h_{AB} = 后视读数 - 前视读数$$

视线高:
$$H_i = H_A + a \qquad (2.3)$$
B 点高程:
$$H_B = H_i - b \qquad (2.4)$$

综上所述,要测算地面上两点间的高差或点的高程,所依据的就是一条水平视线,如果视线不水平,上述公式不成立,测算将发生错误。因此,视线必须水平,这是水准测量中要牢牢记住的操作要领。

例 2.1　图 2-1 中,已知 A 点高程 $H_A = 452.623$ m,后视读数 $a = 1.571$ m,前视读数 $b = 0.685$ m,求 B 点高程。

解　B 点对于 A 点高差:
$$h_{AB} = 1.571 - 0.685 = 0.886 \text{ m}$$
B 点高程:
$$H_B = 452.623 + 0.886 = 453.509 \text{ m}$$

例 2.2　图 2-2 中,已知 A 点桩顶标高为 ±0.00,后视 A 点读数 $a = 1.217$ m,前视 B 点读数 $b = 2.426$ m,求 B 点标高。

解　B 点对于 A 点高差:
$$h_{AB} = a - b = 1.217 - 2.426 = -1.209 \text{ m}$$
B 点高程:
$$H_B = H_A + h_{AB} = 0 + (-1.209) = -1.209 \text{ m}$$

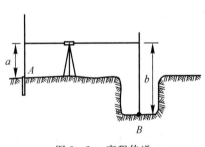

图 2-2　高程传递

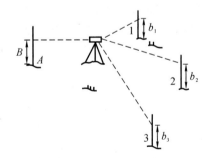

图 2-3　抄平测量

例 2.3　图 2-3 中,已知 A 点高程 $H_A = 423.518$ m,要测出相邻 1,2,3 点的高程。先测得 A 点后视读数 $a = 1.563$ m,接着在各待定点上立尺,分别测得读数 $b_1 = 0.953$ m,$b_2 = 1.152$ m,$b_3 = 1.328$ m。

解　先计算出视线高程:
$$H_i = H_A + a = 423.518 + 1.563 = 425.081 \text{ m}$$
各待定点高程分别为

$$H_1 = H_i - b_1 = 425.081 - 0.953 = 424.128 \text{ m}$$
$$H_2 = H_i - b_2 = 425.081 - 1.152 = 423.929 \text{ m}$$
$$H_3 = H_i - b_3 = 425.081 - 1.328 = 423.753 \text{ m}$$

第二节 水准仪和水准尺

一、水准仪的等级

水准仪分为水准气泡式和自动安平式。前者完全根据水准管气泡安平视线;后者用水准气泡粗平,然后用水平补偿器自动安平视线。这类仪器由人工通过望远镜对水准尺上分划进行读数和数据记录。现代的电子水准仪是利用条纹码水准尺和用仪器的光电扫描进行自动读数的水准仪,其置平方式也属于自动安平式。

我国水准仪按其精度分为 $DS_{0.5}$,DS_1,DS_2,DS_3,DS_{10} 几个等级。

"D"和"S"是"大地"和"水准仪"的汉语拼音的第一个字母,其下标数字0.5,1,2,3,10 表示该类仪器的精度,即每千米往返测得高差中数的中误差,以毫米计,数字越小,精度越高。$DS_{0.5}$,DS_1 等级水准仪属于精密水准仪;DS_2,DS_3,DS_{10} 等级水准仪属于普通水准仪。如果 DS 改为"DSZ",则表示仪器为自动安平水准仪。

工程测量中常用 DS_3 水准仪(见图2-4),数字3表示该仪器精度,即每千米往返测量高差中数的中误差为 ±3 mm。

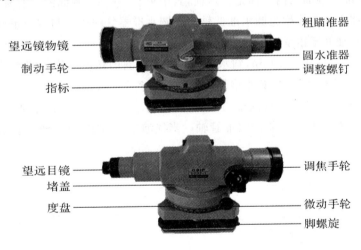

图 2-4 DS_3 水准仪

二、DS_3 微倾式水准仪

1. DS_3 微倾式水准仪构造

水准仪主要由望远镜、水准器和基座三部分构成。

(1)望远镜。望远镜由物镜、目镜和十字丝三个主要部分组成,它的主要作用是使我们看清远处的目标,并提供一条照准读数值用的视线。望远镜的结构如图2-5所示。

十字丝是在玻璃片上刻线后,装在十字丝环上,用三或四个可转动的螺旋固定在望远镜筒上,十字丝的上、下两条短线称为视距丝,上面的短线称上丝,下面的短线称下丝。由上丝和下丝在标尺上的读数可求得仪器到标尺间的距离。十字丝横丝与竖丝的交点与物镜光心的连线称为视准轴。

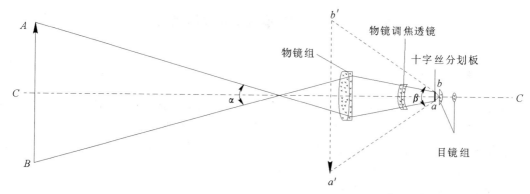

图 2-5　望远镜结构

（2）水准器。水准器是测量人员判断水准仪安置是否正确的重要装置。水准仪上通常装置有圆水准器和管水准器（简称"水准管"）两种,如图 2-6 和图 2-7 所示。

1）圆水准器。圆水准器装在仪器的基座上,用来对水准仪进行粗略整平,圆水准器内有一个气泡,它是将加热的酒精和乙醚的混合液注满后密封,液体冷却后收缩形成一空间,亦即形成了气泡。圆水准器顶面的内表面是一球面,其中央有一圆圈,圆圈的中心称为圆水准器的零点,连接零点与球心的直线称为圆水准器轴。当圆水准器气泡中心与零点重合时,表示气泡居中,此时圆水准器轴处于铅垂位置。

圆水准器的气泡每移动 2 mm,圆水准器轴相应倾斜的角度 τ 称为圆水准器分划值,一般为 $8'\sim10'$,由于它的精度低,故圆水准器一般作粗略整平之用。

2）水准管。水准管的玻璃管内壁为圆弧,圆弧的中心点称为水准管的零点。通过零点与圆弧相切的切线 LL 叫作水准管的水准管轴。当气泡中心与零点重合时,表示气泡居中,此时水准管轴 LL 处于水平位置。

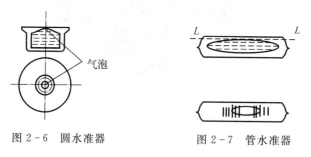

图 2-6　圆水准器　　　　　图 2-7　管水准器

水准管内壁弧长 2 mm 所对应的圆心角 τ 称为水准管的分划值,DS_3 水准仪的水准管分划值为 $20''$。水准管分划值愈小,灵敏度愈高,用来整平仪器精度也愈高,因此水准管的精度比圆水准器的精度高,适用于仪器的精确整平。

为了便于观测和提高水准管的居中精度,DS_3 水准仪水准管的上方装有符合棱镜系统（符合水准器）。通过棱镜组的反射折光作用,将气泡两端的影像同时反映到望远镜的观察窗内。

通过观察窗观察,当气泡两端半边气泡的影像符合时,表明气泡居中。

(3)基座。基座主要由轴座、脚螺旋、底板和三角压板构成。基座的作用是支撑仪器上部,即将仪器的竖轴插入轴座内旋转。基座上有三个脚螺旋,用来调节圆水准使气泡居中,从而使竖轴处于竖直位置,将仪器粗略整平。底板通过连接螺旋与下部三脚架连接。

2. DS$_3$ 微倾式水准仪特点

(1)没有水平轴,望远镜只能在照准面内作微小俯仰。

(2)管水准器与望远镜固定在一起而成为一个整体。

(3)为了提高置平精度,水准仪采用符合水准器。

三、水准尺

水准尺(见图 2-8)是水准测量的重要工具,其质量好坏直接影响水准测量的结果。水准尺常用的有塔尺和双面水准尺两种。

1. 塔尺

塔尺通常制成 3~5 m,以铝合金或玻璃钢材料为多。塔尺可以伸缩,携带方便,但用旧后接头处容易损坏,影响尺的长度。水准尺上的分划一般是区格式,即 1 cm 一格,黑白或红白相间,每 0.1 m 注一数字注记。因望远镜有正像和倒像两种,所以水准尺注记也有正写和倒写两种。立尺时应注意将尺的零点接触立尺点。

2. 双面水准尺

双面水准尺一般选用干燥的优质木材制成。它两面都有刻划,一面为黑白格相间,称为黑面尺(主尺),另一面为红白格相间,称为红面尺(副尺)。黑面尺分划的起始数字为零,而红面尺起始数字则为 4.687 m 或 4.787 m。在一根尺的同一高度,红黑两面的刻划之差为一常数,即 4.687 m 或 4.787 m。

图 2-8　水准尺

四、尺垫

尺垫一般由生铁铸成,下部有三个尖足点,可以踩入土中固定尺垫;中部有突出的半球体,作为临时转点的点位标志供竖立水准尺用。尺垫是水准测量的另一重要工具,在水准测量中,尺垫踩实后再将水准尺放在尺垫顶面的半球体上,可防止水准尺下沉。

第三节　水准仪的使用

使用水准仪时,应首先打开三脚架,把架头大致放水平,高度适中,踏实脚架尖后,将水准仪安放在架头上并拧紧中心螺旋。

水准仪的技术操作按以下四个步骤进行:粗平、照准、精平、读数。

1.安置水准仪

先选好平坦、坚固的地面作为水准仪的安置点,然后张开三脚架使之高度适中,架头大致水平,再用连接螺旋将水准仪固定在三脚架头上,将脚架踩实。调整三个脚螺旋,使圆水准气泡居中,称为粗平。粗平后,仪器竖轴大致铅垂,视准轴也已大致水平。

如图 2-9 所示,当气泡不在中心而偏在 a 处时,可先用双手按箭头指示的方向转动脚螺旋 1 和 2,使气泡移到 b 处,然后转动第 3 个螺旋使气泡从 b 处移动到圆圈的中心。

气泡移动方向的规律是与左手大拇指移动的方向一致,此为整平气泡的左手法则。

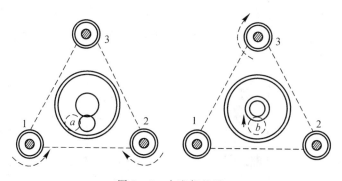

图 2-9　水准仪整平

2.调焦和照准

水准仪整平后,先将望远镜对向白色目标,转动目镜调焦螺旋,使十字丝清晰。再用望远镜外的准星瞄准水准尺,随即以制动螺旋固定望远镜。然后从望远镜中观察,转动物镜调焦螺旋,使目标成像清晰,最后转动水平微动螺旋,使十字丝竖丝对准水准尺。

瞄准目标后,眼睛可在目镜处作上下移动,如发现十字丝与目标影像有相对移动,读数随眼睛的移动而改变,这种现象称为视差。产生视差的原因是目标影像与十字丝分划板不重合,它将影响读数的正确性。消除视差的办法是先调目镜调焦螺旋看清十字丝,再继续认真地进行物镜调焦。当眼睛在目镜处移动时,十字丝交点不离开目标影像上的固定点位,即读数不变,则说明没有视差现象(见图 2-10)。

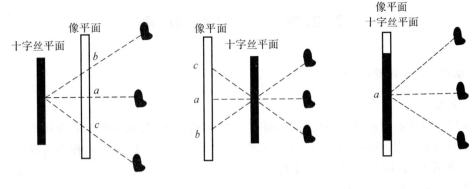

图 2-10 视差判断

3.精平

精平就是转动微倾螺旋将水准管气泡居中,使视线精确水平,其做法如下:慢慢转动微倾螺旋,使观察窗中符合水准气泡的影像符合。左侧影像移动的方向与右手大拇指转动方向相同。由于气泡影像移动有惯性,在转动微倾螺旋时要慢、稳、轻,速度不宜太快(见图 2-11)。

必须指出的是:具有微倾螺旋的水准仪粗平后,竖轴不是严格铅垂的,当望远镜由一个目标(后视)转瞄另一目标(前视)时,气泡不一定完全符合,还必须注意重新再精平,直到水准管气泡完全符合,才能读数。

4.读数

读数就是在视线水平时,用望远镜十字丝的横丝在尺上读数,如图 2-12 所示。读数前要认清水准尺的刻划特征,呈像要清晰稳定。为了保证读数的准确性,读数时要按由小到大的方向,先估读毫米数,再读出米、分米、厘米数。

读数前务必检查符合水准气泡影像是否符合好,以保证在水平视线上读取数值。还要特别注意不要错读单位和发生漏零现象。

如图 2-12 所示,读数为 1.350 m,以 m 为单位。读数后再检查一下气泡是否移动了,否则需重新用微倾螺旋调整气泡使之符合后再次读数。

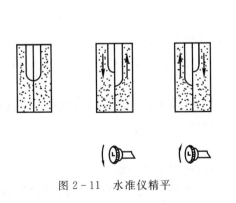

图 2-11 水准仪精平

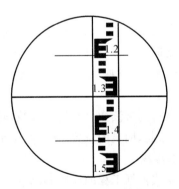

图 2-12 水准尺读数

第四节 水 准 测 量

一、水准点和水准路线

1.水准点

为了统一全国高程系统和满足科研、测图、国家建设的需要,测绘部门在全国各地埋设了许多固定的测量标志,并用水准测量的方法测定了它们的高程,这些标志称为水准点(Bench Mark),一般缩写为"BM",用"⊗"符号表示。

水准点有永久点和临时点两种。

(1)永久点。永久点一般用石料或混凝土制成,深埋在地面线冻土以下,其顶面嵌入一金属或瓷质的水准标志,标志中央半球形的顶点表示水准点的高程位置。有的永久点埋设在稳固建筑物的墙脚上,称为墙上水准点,如图 2-13 所示。

(2)临时点。临时点常用大木桩打入地下,桩顶钉入一半球状头部的铁钉,以示高程位置。

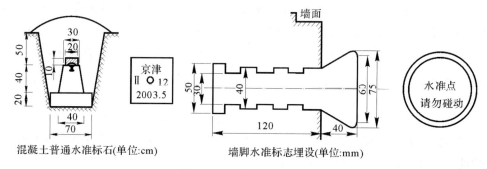

混凝土普通水准标石(单位:cm)　　　墙脚水准标志埋设(单位:mm)

图 2-13　永久性水准点

为了便于以后的寻找和使用,每一水准点都应绘制水准点附近的地形草图,标明点位到附近两处明显、稳固地物点的距离,便于使用时寻找。水准点应注明点号、等级、高程等情况,此地形草图称为点之记。

2.转点

当高程待定点离开已知点较远或高差较大时,仅安置一次仪器进行一个测站的工作不能测出两点之间的高差,这时需要在两点间加设若干个临时立尺点,分段连续多次安置仪器来求得两点间的高差,这些临时加设的立尺点是作为传递高程用的,称为转点,一般用符号 TP 或 ZD 表示。

转点既有前视读数又有后视读数,转点的选择将影响到水准测量的观测精度,因此转点要选在坚实、凸起、明显的位置,在一般土地上应放置尺垫。

3.水准路线

水准路线依据工程的性质和测区的情况,可布设成以下几种形式。

(1)闭合水准路线。如图 2-14(a)所示,是从一已知水准点 BM_A 出发,经过测量各测段的高差,求得沿线其他各点高程,最后又闭合到 BM_A 的环形路线。

(2)附合水准路线。如图 2-14(b)所示,是从一已知水准点 BM_A 出发,经过测量各测段的高差,求得沿线其他各点高程,最后附合到另一已知水准点 BM_B 的路线。

(3)支水准路线。如图 2-14(c)所示,是从一已知水准点 BM_1 出发,沿线往测其他各点高程到终点 2,又从 2 点返测到 BM_1,其路线既不闭合又不复合,但必须是往返施测的路线。

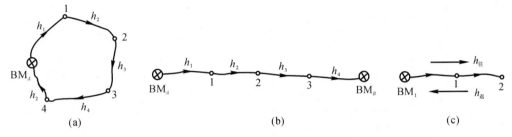

图 2-14 水准路线图
(a)闭合水准路线; (b)附合水准路线; (c)支水准路线

二、施测方法

水准测量通常用经检校后的 DS_3 型水准仪施测。水准尺采用塔尺或单面尺,测量时水准仪应置于两水准尺中间,使前、后视的距离尽可能相等。具体施测方法如下:

(1)如图 2-15 所示,置水准仪于距已知后视高程点 A 和 C 之间,将水准尺置于 A 点和 C 点上。

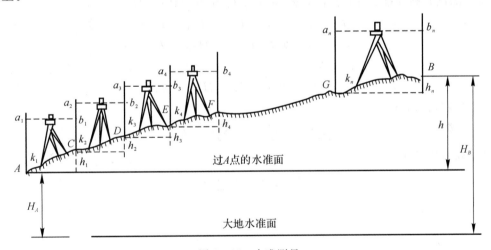

图 2-15 水准测量

(2)将水准仪粗平后,先瞄准后视尺,消除视差。精平后读取后视读数值 a_1,并记入五等水准测量记录表中,见表 2-1。

(3)平转望远镜照准前视尺,精平后,读取前视读数值 b_1,并记入五等水准测量记录表中。至此便完成了普通水准测量一个测站的观测任务。

(4)将仪器搬迁到第 Ⅱ 站,把第 Ⅰ 站的后视尺移到第 Ⅱ 站的 D 点上,把原第 Ⅰ 站前视变成第 Ⅱ 站的后视。

(5)按(2),(3)步骤测出第 Ⅱ 站的后、前视读数值 a_2,b_2,并记入表中。

(6)重复上述步骤测至终点 B 为止。

表 2－1　水准观测手簿

测 站	测 点	水准尺读数 /m		高差 /m		高程 /m	备 注
		后视(a)	前视(b)	＋	－		
Ⅰ	BM$_A$ TP1	2.036	1.118	0.918		27.354	
Ⅱ	TP$_1$ TP$_2$	0.869	1.187		0.318		
Ⅲ	TP$_2$ TP$_3$	1.495	1.078	0.417			
Ⅳ	TP$_3$ B	1.256	1.831		0.575	27.796	
计算检核		$\sum$5.656－ 5.214	$\sum$5.214	$\sum$1.335－ 0.893	$\sum$－0.893	27.796－ 27.354	
		＋0.442		＋0.442		＋0.442	

B 点高程的计算是先计算出各站高差：
$$h_i = a_i - b_i, \quad i=1,2,3,\cdots,n \tag{2.5}$$
再用 A 点的已知高程推算各转点的高程,最后求得 B 点的高程,即
$$h_1 = a_1 - b_1, \quad H_{TP_1} = H_A + h_1$$
$$h_2 = a_2 - b_2, \quad H_{TP_2} = H_{TP_1} + h_2$$
$$\cdots\cdots$$
$$h_n = a_n - b_n, \quad H_B = H_{TP_n} + h_n$$
将上列左边求和得
$$\sum h_i = \sum a_i - \sum b_i = h_{AB} \tag{2.6}$$
从上列右边可知
$$H_B = H_A + \sum h \tag{2.7}$$

三、校核方法

1.计算校核

由式(2.7)看出,B 点对 A 点的高差等于各转点之间高差的代数和,也等于后视读数之和减去前视读数之和的差值,即
$$h_{AB} = \sum h_i = \sum a_i - \sum b_i \tag{2.8}$$
经上式校核无误后,说明高差计算是正确的。

按照各站观测高差和 A 点已知高程,推算出各转点的高程,最后求得终点 B 的高程。终点 B 的高程 H_B 减去起点 A 的高程 H_A 应等于各站高差的代数和,即
$$H_B - H_A = \sum h_i \tag{2.9}$$
经上式校核无误后,说明各转点高程的计算是正确的。

2.测站校核

水准测量连续性很强,一个测站的误差或错误对整个水准测量成果都有影响。为了保证各个测站观测成果的正确性,可采用以下方法进行校核。

(1)变更仪器高法。在一个测站上用不同的仪器高度测出两次高差。测得第一次高差后,改变仪器高度(至少10 cm),然后再测一次高差。当两次所测高差之差不大于3~5 mm时,则认为观测值符合要求,取其平均值作为最后结果。若大于3~5 mm,则需要重测。

(2)双面尺法。本法是仪器高度不变,而用水准尺的红面和黑面高差进行校核。红、黑面高差之差也不能大于3~5 mm。

3.结果校核

测量结果由于测量误差的影响,使得水准路线的实测高差值与应有值不相符,其差值称为高差闭合差。当高差闭合差在允许误差范围内时,认为外业观测结果合格;当超过允许误差范围时,应查明原因进行重测,直到符合要求为止。一般等外水准测量的高差容许闭合差为

$$f_{h容} = \pm 12\sqrt{n} \quad (平原微丘区) \tag{2.10}$$

$$f_{h容} = \pm 40\sqrt{L} \quad (山岭重丘区) \tag{2.11}$$

式中,L 为水准路线长度,以 km 为单位。

水准测量的结果校核,主要考虑其高差闭合差是否超限。根据不同的水准路线,其校核的方法也不同,各水准路线的高差闭合差计算公式如下:

(1)附合水准路线:实测高差的总和与始、终已知水准点高差之差值称为附合水准路线的高差闭合差,即

$$f_h = \sum h_i - (H_{终} - H_{始}) \tag{2.12}$$

(2)闭合水准路线:实测高差的代数和不等于零,其差值为闭合水准路线的高差闭合差,即

$$f_h = \sum h_i \tag{2.13}$$

(3)支水准路线:实测往、返高差的绝对值之差称为支水准路线的高差闭合差,即

$$f_h = |h_{往}| - |h_{返}| \tag{2.14}$$

如果水准路线的高差闭合差 f_h 小于或等于其容许的高差闭合差 $f_{h容}$,即 $f_h \leqslant f_{h容}$,就认为外业观测结果合格,否则须进行重测。

四、结果处理

水准测量的结果处理就是当外业观测结果的高差闭合差在容许范围内时,所进行的高差闭合差的调整,使调整后的各测段高差值等于应有值,也就是使 $f_h = 0$。最后用调整后的高差计算各测段水准点的高程。

高差闭合差的调整原则是与水准路线的测段站数或测段长度成正比,将闭合差反号分配到各测段上,并进行实测高差的改正计算。

1.按测站数调整高差闭合差

若按测站数进行高差闭合差的调整,则某一测段高差的改正数 V_i 为

$$V_i = \frac{-f_h}{\sum n_i} n_i \tag{2.15}$$

式中，$\sum n_i$ 为水准路线各测段的测站数总和；n_i 为某一测段的测站数。

按测站数调整高差闭合差和高程计算示例如图 2-16 所示，并参见表 2-2。

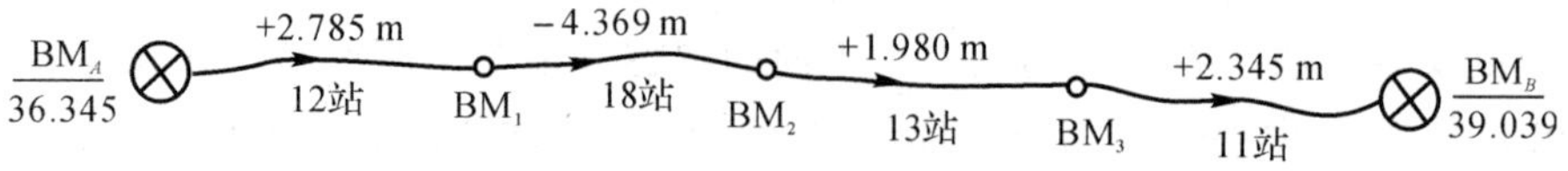

图 2-16　复合水准路线

表 2-2　按测站数调整高差闭合差及高程计算

测段编号	测点	测站数 站	实测高差 m	改正数 m	改正后的 高差 /m	高程 /m	备　注
1	BM_A	12	+2.785	-0.010	+2.775	36.345	$H_{BM_B} - H_{BM_A} = 2.694$
2	BM_1	18	-4.369	-0.016	-4.385	39.120	$f_h = \sum h_i - (H_{BM_B} - H_{BM_A}) =$
3	BM_2	13	+1.980	-0.011	+1.969	34.745	$2.741 - 2.694 = +0.047$
4	BM_3	11	+2.345	-0.010	+2.335	36.704	$\sum n_i = 54$
$\sum$	BM_B	54	+2.741	-0.047	+2.694	39.039	$V_i = -\dfrac{f_h}{\sum n_i} \cdot n_i$

2.按测段长度调整高差闭合差

若按测段长度进行高差闭合差的调整，则某一测段高差的改正数 V_i 为

$$V_i = -\frac{f_h}{\sum L_i} L_i \qquad (2.16)$$

式中，$\sum L_i$ 为水准路线各测段的总长度；L_i 为某一测段的长度。

按测段长度调整高差闭合差和高程计算示例如图 2-16 所示，并参见表 2-3。

表 2-3　按测段长度调整高差闭合差及高程计算

测段编号	测点	测段长度 km	实测高差 m	改正数 m	改正后的 高差 /m	高程 /m	备　注
1	BM_A	2.1	+2.785	-0.011	+2.774	36.345	$f_h = \sum h_i - (H_{BM_B} - H_{BM_A}) =$
2	BM_1	2.8	-4.369	-0.014	-4.383	39.119	$2.741 - 2.694 = +0.047$
3	BM_2	2.3	+1.980	-0.012	+1.968	34.736	$\sum L_i = 9.1$
4	BM_3	1.9	+2.345	-0.010	+2.335	36.704	
$\sum$	BM_B	9.1	+2.741	-0.047	+2.694	39.039	$V_i = -\dfrac{f_h}{\sum L_i} \cdot L_i$

需要指出的是，在水准测量成果处理时，无论是按测站数调整高差闭合差（见表 2-2），还是按测段长度调整高差闭合差（见表 2-3），都应满足下列关系：

$$\sum V_i = -f_h$$

也就是水准路线各测段的改正数之和与高差闭合差大小相等、符号相反。

第五节 微倾式水准仪的检验与校正

水准仪在检校前,首先应进行视检,其内容包括:顺时针和逆时针旋转望远镜,看竖轴转动是否灵活、均匀;微动螺旋是否可靠;瞄准目标后,再分别转动微倾螺旋和对光螺旋,看望远镜是否灵敏,有无晃动等现象;望远镜视场中的十字丝及目标能否调节清晰;有无霉斑、灰尘、油迹;脚螺旋或微倾螺旋均匀升降时,圆水准器及管水准器的气泡移动不应有突变现象;仪器的三脚架安放好后,适当用力转动架头时,不应有松动现象。

为了保证仪器提供一条水平视线,水准仪的四条主要轴线——望远镜视准轴 CC、水准管轴 LL、圆水准器轴 $L'L'$ 和仪器竖轴 VV(见图 2-17)应满足:

(1)圆水准器轴 $L'L'$ 应平行于竖轴 VV;

(2)水准管轴 LL 应平行于视准轴 CC;

(3)十字丝横丝应垂直于仪器竖轴 VV。

仪器出厂前都经过严格检查,均能满足条件,但经过长期使用或某些震动,轴线间的关系会受到破坏。为此,测量之前必须检验校正。

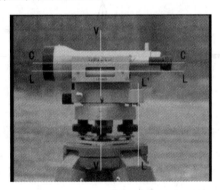

图 2-17 水准仪的轴线

一、圆水准器的检验与校正

目的:使圆水准器轴平行于仪器竖轴,也就是当圆水准器的气泡居中时,仪器的竖轴应处于铅垂状态。

检验方法:首先转动脚螺旋使圆水准气泡居中,然后将仪器旋转 $180°$。如果气泡仍居中,说明两轴平行;如果气泡偏移了零点,说明两轴不平行,需校正。

校正方法:拨动圆水准器的校正螺丝使气泡中点退回距零点偏离量的一半,然后转动脚螺旋使气泡居中。检验和校正应反复进行,直至仪器转到任何位置,圆水准气泡始终居中,即位于刻划圈内为止。

二、十字丝横丝的检验与校正

目的:使十字丝横丝垂直于仪器的竖轴。也就是竖轴铅垂时,横丝应水平。

检验方法:整平仪器后,将横丝的一端对准一明显固定点,旋紧制动螺旋后再转动微动螺旋,如果该点始终在横丝上移动,说明十字丝横丝垂直于竖轴;如果该点离开横丝,说明横丝不水平,需要校正。

校正方法:用螺丝刀松开十字丝环的三个固定螺丝,再转动十字丝环,调整偏移量,直到满足条件为止,最后拧紧该螺丝,上好外罩。

三、管水准器的检验与校正

目的:使水准管轴平行于视准轴,也就是当管水准器气泡居中时,视准轴应处于水平状态。

检验方法:首先在平坦地面上选择相距100 m左右的 A 点和 B 点,在两点放上尺垫或打入木桩,并竖立水准尺,如图2-18所示。然后将水准仪器安置在 A, B 两点的中间位置 C 处进行观测,假如水准管轴不平行于视准轴,视线在尺上的读数分别为 a_1 和 b_1,由于视线的倾斜而产生的读数误差均为 Δ,则两点间的高差 h_{AB} 为

$$h_{AB} = a_1 - b_1$$

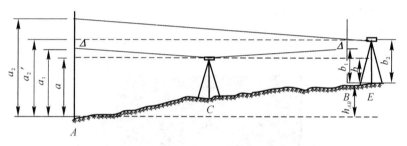

图2-18   管水准器检验校正

由图2-18可知: $a_1 = a + \Delta$, $b_1 = b + \Delta$,代入上式得

$$h_{AB} = (a + \Delta) - (b + \Delta) = a - b$$

此式表明,若将水准仪安置在两点中间进行观测,便可消除由于视准轴不平行于水准管轴所产生的误差读数 Δ,得到两点间的正确高差 h_{AB}。

为了防止错误和提高观测精度,一般应改变仪器高观测两次,若两次高差的误差小于3 mm时,取平均数作为正确高差 h_{AB}。

再将水准仪安置在距 B 尺2 m左右的 E 处,安置好仪器后,先读取近尺 B 的读数值 b_2(因仪器离 B 点很近,两轴不平行的误差可忽略不计),然后根据 b_2 和正确高差 h_{AB} 计算视线水平时在远尺 A 的正确读数值 a'_2:

$$a'_2 = b_2 + h_{AB} \tag{2.17}$$

用望远镜照准 A 点的水准尺,转动微倾螺旋将横丝对准 a'_2,这时视准轴已处于水平位置,如果水准管气泡影像符合,说明水准管轴平行于视准轴,否则应进行校正。

校正方法:转动微倾螺旋使横丝对准 A 尺正确读数 a'_2 时,视准轴已处于水平位置,由于两轴不平行,便使水准管气泡偏离零点,即气泡影像不符合,这时首先用拨针松开水准管左右校正螺丝(水准管校正螺丝在水准管的一端),用校正针拨动水准管上、下校正螺丝,拨动时应先松后紧,以免损坏螺丝,直到气泡影像符合为止。

为了避免和减少校正不完善的残留误差影响,在进行等级水准测量时,一般要求前、后视距离基本相等。

第六节　自动安平水准仪

1.自动安平水准仪(见图 2-19)

原理:自动安平水准仪利用自动安平补偿器代替水准管,使视准轴水平。

特点:

(1)视准轴自动安平;

(2)提高水准测量精度;

(3)减少操作步骤,提高工作效率。

操作程序:分四步进行,即粗平、瞄准、检查、读数。其中粗平、瞄准、读数方法和微倾式水准仪相同,具体操作参阅本章第三节。

图 2-19　自动安平水准仪

检查:就是按动自动安平水准仪目镜下方的补偿控制按钮,查看"补偿器"工作是否正常。在自动安平水准仪粗平后,也就是概略置平的情况下,按动一次按钮,如果目标影响在视场中晃动,说明"补偿器"工作正常,视线便可自动调整到水平位置。

自动安平水准仪的检验与校正与微倾式水准仪相同。

应当注意的是,自动安平水准仪的补偿范围是有限的,当视线倾斜较大时,补偿器将会失灵。因此,在使用前应对圆水准器进行检校。在使用、携带和运输的过程中,要严禁剧烈震动,防止补偿器失灵。

2.精密水准仪(见图 2-20(a))

主要用于一、二等水准测量和精密工程测量。

特点:

(1)结构精密,性能稳定,测量精度高;

(2)望远镜放大率不小于 40 倍;

(3)水准管分划值为 $10''/2mm$;

(4)采用光学测微器读数,可直接到 0.1 mm,估读到 0.01 mm;

(5)配专用精密水准尺,操作方法与 DS₃ 水准仪基本相同。

3.激光水准仪(见图 2-20(b))

组成:激光水准仪由水准仪、激光器、电源等组成。

(a)　　　　　　　　　　　(b)

图 2-20　精密水准仪和激光水准仪

(a)精密水准仪;(b)激光水准仪

特点：

(1) 视准轴为一束红色可见光；

(2) 广泛应用于水平场地的测设、大型设备安装。

第七节　三、四等水准测量

一、高程测量的一般规定

高程控制测量精度等级的划分，依次为二、三、四、五等。各等级高程控制宜采用水准测量，四等及以下等级可采用电磁波测距三角高程测量，五等也可采用 GPS 拟合高程测量。

首级高程控制网的等级，应根据工程规模、控制网的用途和精度要求合理选择。首级网应布设成环形网，加密网宜布设成复合路线或结点网。

测区的高程系统，宜采用 1985 国家高程基准。在已有高程控制网的地区测量时，可沿用原有的高程系统；当小测区联测有困难时，也可采用假定高程系统。

高程控制点间的距离，一般地区应为 $1 \sim 3$ km，工业厂区、城镇建筑区宜小于 1 km，但一个测区及周围至少应有 3 个高程控制点。

三、四等水准测量主要用于高程的控制测量。

二、水准测量技术要求

水准测量和水准观测的主要技术要求如表 2-4 和表 2-5 所示。

表 2-4　水准测量的主要技术要求

等级	每千米高差全中误差 /mm	路线长度 /km	水准仪型号	水准尺	观测次数		往返较差、附合或环线闭合差	
					与已知点联测	复合或环线	平地 /mm	山地 /mm
二等	2	—	DS_1	因瓦	往返各一次	往返各一次	$4\sqrt{L}$	—
三等	6	≤50	DS_1	因瓦	往返各一次	往一次	$12\sqrt{L}$	$4\sqrt{n}$
			DS_3	双面		往返各一次		
四等	10	≤16	DS_3	双面	往返各一次	往一次	$20\sqrt{L}$	$6\sqrt{n}$
五等	15	—	DS_3	单面	往返各一次	往一次	$30\sqrt{L}$	—

注：(1) 节点之间或节点与高级点之间，其路线的长度不应大于表中规定的 0.7 倍；

(2) L 为往返测段，附合或环线的水准路线长度(km)；n 为测站数；

(3) 数字水准仪测量的技术要求和同等级的光学水准仪相同。

表 2-5　水准观测的主要技术要求

等级	水准仪型号	视线长度/m	前后视较差/m	前后视累积差/m	视线离地面最低高度/m	基、辅分划或黑、红面读数较差/mm	基、辅分划或黑、红面所测高差较差/mm
二等	DS$_1$	50	1	3	0.5	0.5	0.7
三等	DS$_1$	100	3	6	0.3	1.0	1.5
	DS$_3$	75				2.0	3.0
四等	DS$_3$	100	5	10	0.2	3.0	5.0
五等	DS$_3$	100	近似相等	—	—	—	—

注：(1) 二等水准视线长度小于 20 m 时，其视线高度不应低于 0.3 m；

(2) 三、四等水准采用变动仪器高度观测单面水准尺时，所测两次高差较差，应与黑面、红面所测高差之差的要求相同；

(3) 数字水准仪观测，不受基、辅分划或黑、红面读数较差指标的限制，但测站两次观测的高差较差，应满足表中相应等级基、辅分划或黑、红面所测高差较差的限值。

三、四等水准测量

1.一测站的观测程序

(1) 顺序。"后前前后"（黑黑红红）；一般一对尺子交替使用。

(2) 读数。黑面按"三丝法"（上、中、下丝）读数，红面仅读中丝。

2.计算与记录格式（见表 2-6）

(1) 视距 = 100×|上丝 − 下丝|。

(2) 前后视距差 d_i = 后视距 − 前视距。

(3) 视距差累积值 $\sum d_i$ = 前站的视距差累积值 $\sum d_{i-1}$ + 本站的前后视距差 d_i。

(4) 黑红面读数差 = 黑面读数 + K − 红面读数（K = 4 787 mm 或 4 687 mm）。

(5) 黑面高差 $h_黑$ = 黑面后视中丝 − 黑面前视中丝。

(6) 红面高差 $h_红$ = 红面后视中丝 − 红面前视中丝。

(7) 黑红面高差之差 = $h_黑$ − ($h_红$ ± 0.100m)。

(8) 高差中数（平均高差）= [$h_黑$ + ($h_红$ ± 0.100m)]/2。

(9) 水准路线总长 L = $\sum$ 后视距 + $\sum$ 前视距。

3.工作间歇

每天作业结束或因故需临时中断作业时，应尽量完成测段而终止于一个水准点上；如果不可能，则应选择三个坚稳可靠、突出的固定地物（如里程桩等）作为转点，这样的转点称为工作间歇点；当无法找到理想的地物作为间歇点时，可以用钉有圆帽铁钉的三个木桩打入地下作为间歇点。间歇后继续作业时，应首先检测最后两个转点间的高差，如果间歇前后高差之差不超过 ±5 mm，则可以接着进行观测；否则退至前两个间歇点检查。

表 2－6　四等观测手簿

测站编号	后尺		前尺		方向及尺号	标尺读数		$K+$黑$-$红	高差中数	备考
	下丝		下丝							
	上丝		上丝							
	后距		前距			黑面	红面			
	视距差 d		$\sum d$							
	(1)	(4)			后	(3)	(8)	(10)		No12
	(2)	(5)			前	(6)	(7)	(9)		4 787
	(15)	(16)			后-前	(11)	(12)	(13)	(14)	No13
	(17)	(18)								4 687
1	1 571	0739			后 $B1$	1 384	6 171	0		后视
	1 197	0363			前	0551	5 239	－1		标尺
	37.4	37.6			后-前	＋0833	＋0932	＋1	＋0.832 5	No.12
	－0.2	－0.2								
2	2 121	2196			后	1 934	6 621	0		
	1 747	1821			前	2 008	6 796	－1		
	37.4	37.5			后-前	－0074	－0175	＋1	－0.074 5	
	－0.1	－0.3								

4.数据处理

四等水准数据处理与普通水准测量相同(见表 2－7)。

表 2－7　四等水准数据处理

点编号	距离/km	测站数	高差中数/m	改正数/m	改正后高差/m	平差后点的高程/m	备考
Ⅱ 郑汉 8	2.5	18	0.664	＋0.014	＋0.678	45.875	
N_1	2.6	19	－0.595	＋0.014	－0.581	46.553	
N_2	2.7	20	＋2.544	＋0.015	＋2.559	45.972	
N_3	4.9	32	＋0.337	＋0.027	＋0.364	48.531	
Ⅲ 郑密 6						48.895	
$\sum$	12.7	89	＋2.950	＋0.070	＋3.020		

$H_B-H_A=+3.020$　　　　$V=-f_h/\sum D=-(-70\text{mm})/12.7=+5.51 \text{ mm}$

闭合差 $f_h=-0.070$

闭合差的容许量值 $f_容=\pm20 \text{ mm}\sqrt{L}=\pm20 \text{ mm}\sqrt{12.7}=\pm72 \text{ mm}$

第八节 水准测量的误差分析

一、仪器误差

1.仪器校正后的残余误差

角校正残余误差,这种影响与距离成正比,只要观测时注意前、后视距离相等,可消除或减弱此项的影响。

2.水准尺误差

由于水准尺刻划不准确,尺长变化、弯曲等影响,水准尺必须经过检验才能使用。标尺的零点差可在一水准段中使测站为偶数的方法予以消除。

二、观测误差

1.水准管气泡居中误差

设水准管分划值为 τ'',居中误差一般为 $\pm 0.15\tau''$,采用附合式水准器时,气泡居中精度可提高1倍,故居中误差为

$$m_\tau = \pm \frac{0.15\tau''}{2\rho''}D \tag{2.18}$$

式中,D 为仪器到水准尺的距离。

2.读数误差

在水准尺上估读毫米数的误差,与人眼的分辨能力、望远镜的放大倍率以及视线长度有关,通常按式(2.19)计算:

$$m_V = \frac{60''}{V}\frac{D}{\rho''} \tag{2.19}$$

式中,V 为望远镜放大倍率。

3.视差影响

当视差存在时,十字丝平面与水准尺影像不重合,若眼睛观察的位置不同,便读出不同的读数,因而也会产生读数误差。

4.水准尺倾斜影响

水准尺倾斜将使尺上读数增大。

三、外界条件的影响

1.仪器下沉

由于仪器下沉,使视线降低,从而引起高差误差。采用"后、前、前、后"的观测程序,可减弱其影响。

2.尺垫下沉

如果在转点发生尺垫下沉,将使下一站后视读数增大。采用往返观测,取平均值的方法可以减弱其影响。

3.地球曲率及大气折光影响

用水平视线代替大地水准面地尺上读数产生的误差为 C,则

$$C = \frac{D^2}{2R}$$

由于大气折光,视线并非是水平,而是一条曲线,曲线的曲率半径为地球半径的 7 倍,其折光量的大小对水准读数产生的影响为

$$r = \frac{D^2}{2 \times 7R}$$

折光影响与地球曲率影响之和为

$$f = C - r = \frac{D^2}{2R} - \frac{D^2}{14R} = 0.43 \frac{D^2}{R} \tag{2.20}$$

如果前视水准尺和后视水准尺到测站的距离相等,则在前视读数和后视读数中含有相同的误差,这样在高差中就没有该误差的影响了。因此,放测站时要争取"前后视距相等"。

接近地面的空气温度不均匀,所以空气的密度也不均匀。光线在密度不均的介质中沿曲线传播,这称为"大气折光"。总体上说,白天近地面的空气温度高,密度低,弯曲的光线凹面向上;晚上近地面的空气温度低,密度高,弯曲的光线凹面向下。接近地面的温度梯度大,大气折光的曲率大。由于不同时刻不同的地方空气温度一直处于变动之中,所以很难描述折光的规律。对策是避免用接近地面的视线工作,尽量抬高视线,用前、后视等距的方法进行水准测量。

除了规律性的大气折光以外,还有不规律的部分:白天近地面的空气受热膨胀而上升,较冷的空气下降补充。因此,这里的空气处于频繁的运动之中,形成不规则的湍流。湍流会使视线抖动,从而增加读数误差。对策是夏天中午一般不作水准测量。在沙地、水泥地等湍流强的地区,一般只在上午 10 点之前进行水准测量。高精度的水准测量也只在上午 10 点之前进行。

4.温度对仪器的影响

温度会引起仪器的部件涨缩,从而可能引起视准轴的构件(物镜、十字丝和调焦镜)相对位置的变化,或者引起视准轴相对于水准管轴位置的变化。由于光学测量仪器是精密仪器,不大的位移量可能使轴线产生几秒偏差,从而使测量结果的误差增大。

不均匀的温度对仪器的性能影响尤其大。例如从前方或后方日光照射水准管,就能使气泡"趋向太阳"——水准管轴的零位置改变了。

温度的变化不仅引起大气折光的变化,而且当烈日照射水准管时,由于水准管本身和管内液体温度升高,气泡向着温度高的方向移动,影响仪器水平,产生气泡居中误差,观测时应注意撑伞遮阳。

四、注意事项

(1)水准测量过程中应尽量用目估或步测保持前、后视距基本相等来消除或减弱水准管轴不平行于视准轴所产生的误差,同时选择适当观测时间,限制视线长度和高度来减少折光的影响。

(2)仪器脚架要踩牢,观测速度要快,以减少仪器下沉。

(3)估数要准确,读数时要仔细对光,消除视差,必须使水准管气泡居中,读完以后,再检查气泡是否居中。

(4)检查塔尺相接处是否严密,消除尺底泥土。扶尺者要身体站正,双手扶尺,保证扶尺竖直。

（5）记录要原始，当场填写清楚。在记错或算错时，应在错字上划一斜线，将正确数字写在错数上方。

（6）读数时，记录员要复诵，以便核对，并应按记录格式填写，字迹要整齐、清楚、端正。所有计算成果必须经校核后才能使用。

（7）测量者要严格执行操作规程，工作要细心，加强校核，防止错误。观测时如果阳光较强要撑伞，给仪器遮太阳。

第九节　数字水准测量

一、电子数字水准仪的发展

电子数字水准仪和自动置平水准仪仍是高程测量中不可替代并大量需要的水准测量仪器。徕卡公司于20世纪80年代末，推出了世界上第一台数字水准仪——NA2000型工程水准仪，采用CCD线阵传感器识别水准尺上的条码分划，用影像相关技术，由内置的计算机程序自动算出水平视线读数及视线长度，并记录在数据模块中，像元宽度25 μm，每千米往返水准测量高差中数的中误差为±1.5 mm。该公司又于1991年推出了新型号NA3000型精密水准仪，每千米往返水准测量高差中数的中误差为±0.3 mm。为了满足市场对高精度数字水准仪的需求，最近又推出了第二代数字水准仪DNA03（见图2-21）。

下面，以一条完整的水准线路为例，应用最新的DNA03电子数字水准仪的水准测量来讲述数字水准测量。

电子水准仪原理：电子水准仪被认为是自动安平水准仪、CCD相机、微处理器和条形码尺组合成的一个几何水准自动测量系统。另外，仪器光学系统将视准光束的一部分按一般光路进行处理，因此，电子水准仪仍可进行与光学水准仪一样的读数。

二、DNA03数字水准测量

（一）DNA03型数字水准仪

DNA03型数字水准仪的外形如图2-21所示。

图2-21　DNA03数字水准仪外形

(二)数字水准测量

从一已知高程的水准点 TZB($H=0\mathrm{m}$)出发,沿各高程待定的水准点 $1,2,3,4,5,6,7$ 点进行水准测量,最后附合到另一个高程已知的水准点 $8(H=-1.146)$,构成一条附合水准路线(见图 $2-22$)。

TZB   1   2   3   1362   4   5   6   7   8

图 2.22　附合水准路线

1.水准线路施测过程

(1)将 DNA03 架设在点 TZB 与点 1 之间,整平之后,按"电源开关键" 启动电源。此时出现如下的"水准测量"界面:

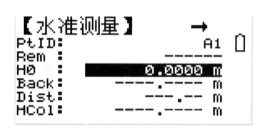

〔水准测量〕

点号:A1。

注释:对 A1 点的描述。

高程:A1 点的高程。

后尺读数:测量后得到尺的读数。

距离:测量后得到距离读数。

尺高:测量后得到尺高读数。

(2)按"程序键" ,进入程序菜单,光标移动到"2 线路测量",出现如下界面:

〔应用程序〕

1 简便测量

2 线路测量(BF:后前;BFFB:后前前后;aBF:奇数站后前,偶数站前后;aBFFB:奇数站后前前后,偶数站前后后前。)

3 检验调整

(3)按"确定键" ,进入"线路测量"程序,光标移动到"1 设置作业",出现如下界面:

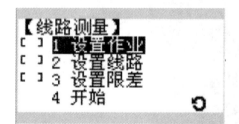

〔线路测量〕

1 设置作业:作业名称

2 设置线路:TZB 到 8

3 设置限差:按等级设限差

4 开始

(4)按"确定键" ,进入"设置作业"步骤,出现如下界面,光标移动到"Job":

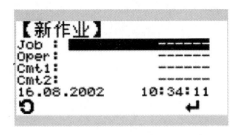

［新作业］
Job:作业名
Oper:操作者
Cmt1:注释 1
Cmt2:注释 2
日期 时间

(5)输入作业名、操作者、注释 1 和注释 2,界面如下所示:

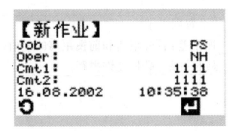

光标移动到"回车键" ↵ 单击,完成"1 设置作业"步骤,同时光标自动停留在"2 设置线路"步骤,出现如下界面:

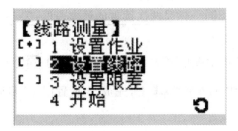

(6)按"确定键" ↵ ,进入"设置线路"步骤,在 Name"线路名称"中输入新线路的名称;在方法"Meth"中选择测量方法,并输入已知水准点点号与高程,以及两把水准尺的编号,界面如下所示:

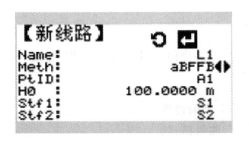

［新线路］
Name:线路名。
Oper:线路方法。
已知点点号:A1。
已知点高程:100 m。
尺 1 代号:S1。
尺 2 代号:S2。

光标移动到"回车键" ↵ 上单击,完成"2 设置线路"步骤,同时光标自动停留在"3 设置限差"步骤,界面如下所示:

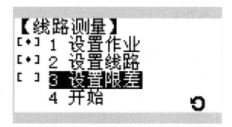

(7)按"确定键" ，进入"设置限差"步骤，界面如下所示：

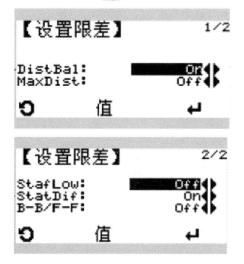

[设置限差]
视距差:后视距离和前视距离的差值。
最长视距:最长允许视距。

[设置限差]
最低视线高度:关。
测站高差之差:开。
同一标尺两次读数的最大差值:关。

根据水准测量精度要求，按"左右键" 设置各项限差的开关，并将光标移动到 值 上，按 键设置各项限差的数值。设置完毕，光标移动到"回车键" 上，完成"3 设置限差"步骤，同时光标自动停留在"4 开始"步骤，界面如下所示：

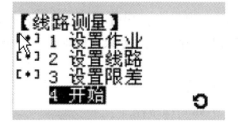

(8)按 键，进入如下界面，该界面重申该水准线路的当前设置，确认无误后，将光标移动到"回车键" 上。

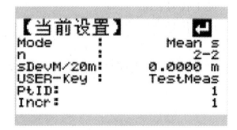

[当前设置]
测量模式:
测量次数:
20 m 标准偏差:
自定义键的当前设置:
点号:
点号自动增加步长:

(9)按 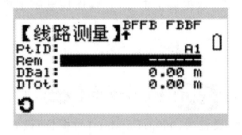 键确认。所有关于水准测量的设置都已完成。正式进入线路水准测量,界面如下所示:

［线路测量］
后前前后　前后后前
点号:A1
注释:
本站前后视距差:0.00 m
当前视线长度累积:

(10)人工瞄准后视点 TZB,按仪器侧面的红色触发键 ,DNA03 开始进行测量,界面如下所示,仪器自动测量,并显示相应的数据。

［测量］
测量模式:mean
测量次数:2
尺的读数:1.1000 m
标准偏差:0.0000 m
发散:0.000 m

(11)此次测量完毕,出现如下界面,提示仪器瞄准前视点 1;人工瞄准前视点 1 后,同样按红色触发键,对前视点 1 进行测量。

(12)同理,遵循仪器屏幕上方的"指示键" ,再次瞄准前视测量,瞄准后视测量。测量完毕,如果各项误差都满足以上所设限差的要求,DNA03 顺利通过第一测站的水准测量,出现如下界面,提示进行下一测站的测量。

(13)将仪器搬至点 1 与点 2 中间,整平。遵循仪器屏幕上方的"指示键" ,依次瞄准前视F,后视B,后视B,前视F,测量,从而完成第二测站的水准测量。

(14)同理,完成任何一个测站的水准测量,直到最后一站。

如果在水准线路测量的过程中出现误差超限,DNA03 将自动报警,提示重测。重测的过程中,遵循仪器屏幕上方的"指示键" ,进行测量即可。

(15)水准测量数据的下载。

1)硬件连接。使用 DNA03 仪器箱内配有的 625 数据通信电缆,一端连接电脑主机的"COM1"端口,一端连接 DNA03 的"RS232"端口。

2)设置通信参数。

DNA03 通信参数的设置:

· 按"电源开关键" ,开机。按"第二功能键" ,然后按"程序键" ,进入"菜单"/"2 完全设置"/"3 通信"。将 Baudrate(波特率)设置为:9600;Databits(数据位)设置为:8;Parity(检校位)设置为:NONE;Endmark(分行符)设置为:CR/LF;Stopbits(停止位)设置为:1。

· 设置完毕,按"回车键" 记录该设置。

· 按"电源开关键" 持续一秒钟,关机。

"测量办公室"通信参数的设置:

· 鼠标双击电脑桌面上的 图标,即打开了"测量办公室"软件。

· 点击菜单"设置"/"通信设置",打开"设置"对话框,如图 2-23 所示。

图 2-23 "设置"对话框

· 选择"端口"为"COM1",选择"仪器"为"DNA",通信参数的设置和 DNA03 的设置一样,即将波特率设置为:9600;数据位设置为:8;检验设置为:无;分行符设置为:CRLF 停止位设置为:1。设置完毕,按"确定"确认。

3)将格式文件 LineLevel.frt 上传到全站仪。

· 点击"主工具"下面的 图标,出现"数据交换管理器"模块,在界面的左面,将看

到 ，点击"COM1"左边的" ⊞ "，出现对话框"仪器正在初始化，请等待"，稍候片刻，

"COM1"口出现 ，分别将"作业组"和"格式文件组"左面的" ⊞ "打开，可看到

，以及 。

• 在界面的右上角，将"文件过滤"选择"所有文件"，此时，"LineLevel.frt"格式文件便会在 D\网平差\ PlusFiles 目录下显示。

• 将 LineLevel. frt 用鼠标拖曳的方法，拖拉到"格式文件 1" ，在随后出现的对话框中选择"确定"。

• 仪器开始上载格式文件，稍候片刻，直到"格式文件 1:"后出现"LineLevel.frt"，即 ，说明格式文件上载成功。

4)将全站仪上的数据文件下载到电脑。

• 找到水准线路测量数据文件名——PS，即 。鼠标定位到"作业"下面的"测量数据"，用鼠标拖曳的方法，将其拖曳到电脑 D 盘\Test 目录上。

• 将弹出对话框，在"格式文件"下拉框中选择"LineLevel.frt"，同时，将文件名一栏设置为"Sample.mdt"，单击"确认"。

• 仪器开始下载测量值，稍候片刻，将会在电脑 D 盘的根目录下出现刚才下载的文件"Sample.mdt"。

5)检查下载的文件。"Sample.mdt"是即将在水准网平差软件当中导入的水准线路数据文件。

(16)水准测量数据的平差。软件操作比较简单，且界面直观友好，其主要操作步骤如下：

1)插入加密狗，双击桌面上的"水准网平差"图标即可打开水准网平差软件。此时会弹出如图 2-24 所示的欢迎画面，该画面将停留几秒钟，在画面上单击鼠标左键可快速进入软件。

平差前，新建一个工程或打开一个工程，点击"文件"主菜单，点击"新建工程"子菜单建立一个新工程(我们在这里新建的工程名为"Test")；点击"打开工程"子菜单打开一个已存在的工程。另外，也可通过点击下面的最近使用列表，打开最近使用的四个工程。这两个功能亦可通过点击工具栏上的"新建工程"和"打开工程"快捷图标来实现。

图 2 - 24　欢迎画面

2)输入待平差的观测数据,有两种输入方法。

一是通过手工方式输入高差观测数据或原始观测数据,通常这些数据是在外业通过手工记录的方式得到的,并且已经经过了数据的预处理。方法是点击"数据"主菜单,点击"原始观测值"子菜单将打开原始观测值数据输入表格,点击"高差观测值"子菜单可打开高差观测值数据输入表格,点击"起算数据"子菜单将打开起算数据输入表格,以便输入水准点的高程。另外,高差观测数据和起算数据亦可手工输入到文本文件中之后再导入进来(该数据文件的具体格式见软件自带的帮助文件)。

二是通过直接调入 DNA 在外业所测的原始观测数据(我们在这里使用的就是这种方法),方法是点击"数据"主菜单,点击"导入……"子菜单,弹出如图 2 - 25 所示的对话框。

图 2 - 25　"导入"对话框

选择"Example.mdt",点击"打开"按钮,此时开始导入数据(如果原始数据中有错误的话,软件会给出提示)。数据导入后会自动将观测数据填入原始观测数据表和起算数据表中，如图2-26所示。

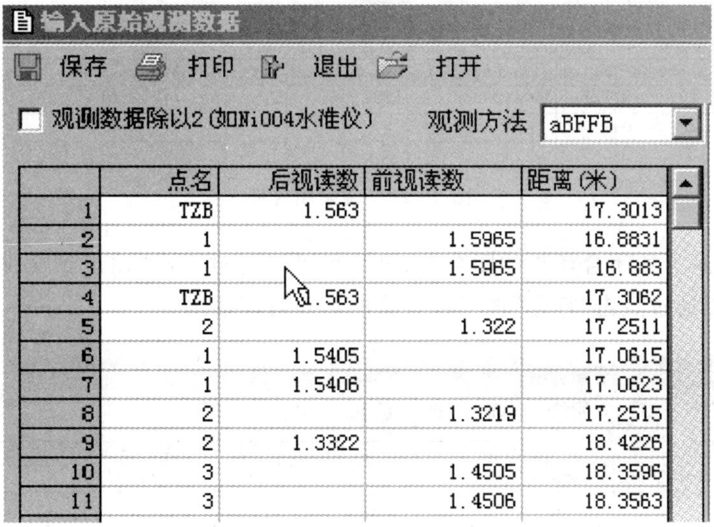

	点名	后视读数	前视读数	距离(米)
1	TZB	1.563		17.3013
2	1		1.5965	16.8831
3	1		1.5965	16.883
4	TZB	1.563		17.3062
5	2		1.322	17.2511
6	1	1.5405		17.0615
7	1	1.5406		17.0623
8	2		1.3219	17.2515
9	2	1.3322		18.4226
10	3		1.4505	18.3596
11	3		1.4506	18.3563

图2-26　输入原始观测数据

图2-26所示为导入的原始观测数据，用鼠标点选任一单元格即可对数据进行修改，修改后一定要点击“保存”按钮以保存修改结果，图中右侧输入要打印的表格的表头。点击“打印”按钮可按照国家水准测量规范的原始数据记录表格的格式输出数据，点击“打开”按钮可以以文本的形式打开原始数据文件。批量数据的修改，建议在文本文件中进行。特别地，如果要删除某些站的数据一定要整站删除，修改后重新导入该数据文件。

图2-27所示为已知数据表格，TZB点的已知高程为0 m，8号点的已知高程为−1.1 460 m，表中的数据可以编辑修改，亦可添加删除，修改后点击“保存”按钮保存修改结果。

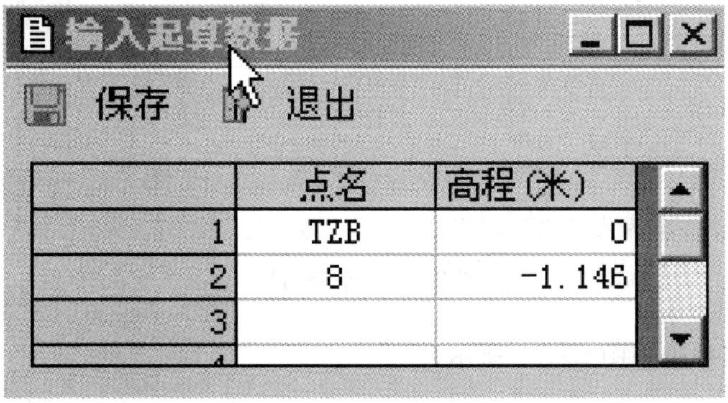

	点名	高程(米)
1	TZB	0
2	8	-1.146
3		

图2-27　输入起算数据

(17)数据经过检查确认无误后即可进行闭合环搜索和闭合差显示及进行平差计算。

(18)点击“闭合差”主菜单，可以设置闭合差限差、闭合环搜索和闭合差显示。另外该功能亦可通过在左侧的“闭合差”图标上点击右键的方式调入。搜索闭合环后，显示如图2-28

所示。

搜索闭合环

退出

No	lumber	Site1	Site	Site	Site	Site5	Site6	Site7	Site8	Site	Site1	Site11
1	9	TZB	1	2	3	I362	4	5	6	7	8	
2	0											
3	0											

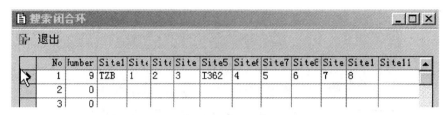

图 2－28　搜索闭合环

图 2－29 所示为各闭合环路的闭合差，该结果可以通过点击“输出到文件”按钮输出到文本文件中，亦可以通过点击“打印”按钮以表格的形式打印输出。

显示闭合差

输出到文件　打　印　说　明　退　出

No	点串	闭合差(米)	限差(毫米)	长度(公里)
1	TZB-1-2-3-I362-4-5-6-7-8	.00310	1.29737	.42079

图 2－29　显示闭合差

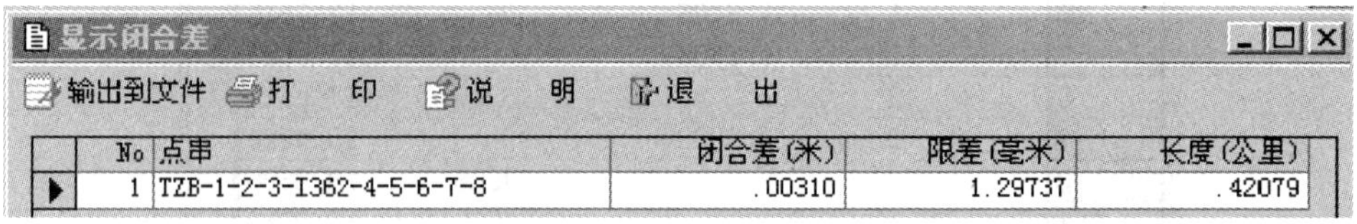

(19)平差计算通过点击“平差”主菜单下的“开始计算”子菜单进行平差。平差结束后会自动弹出平差结果表格，如图 2－30 所示。该结果可以通过点击“输出到文件”按钮输出到文本文件中和通过点击“输出到 Excel”输出到 Excel 表格中，亦可通过点击“打印”按钮以表格的形式打印输出(Lft 栏中，标示为“0”表示不用打印出该点，标示为“1”表示打印该点)。

平差结果

输出到文件　输出到Excel　打　印　退　出

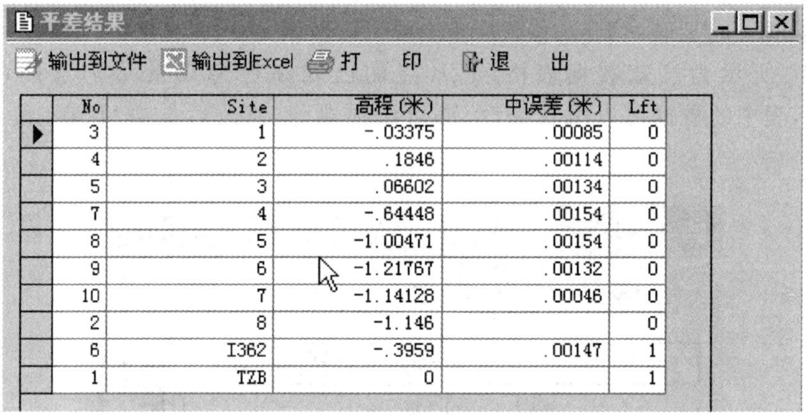

No	Site	高程(米)	中误差(米)	Lft
3	1	-.03375	.00085	0
4	2	.1846	.00114	0
5	3	.06602	.00134	0
7	4	-.64448	.00154	0
8	5	-1.00471	.00154	0
9	6	-1.21767	.00132	0
10	7	-1.14128	.00046	0
2	8	-1.146		0
6	I362	-.3959	.00147	1
1	TZB	0		1

图 2－30　平差结果

得到结果，打印报表如图 2－31 所示。

水准网高程平差结果

序号	点名	高程/m	中误差/m
1	TZB	0.0000	
6	I362	-0.3959	0.00147

图 2－31　结果报表

至此,我们完成了使用徕卡电子水准仪与水准网平差软件,实现水准线路测量与水准点的平差。

阅读材料

光学测量仪器的使用和维护

(1)从箱中取出仪器之前,应先将三脚架安放好,脚尖牢固踩入土中。若是可伸缩的脚架,应将架腿抽出后拧紧。

(2)使用不太熟悉的仪器时,打开仪器箱后,应先仔细观察仪器在箱内的安放位置,以及各主要部件的相互位置关系。在松开仪器各部分的制动螺旋及箱中固定仪器的螺旋以后,再取出仪器。

(3)从箱中取出仪器时,应双手握住基座或支架的下部。取出仪器后,应放在架头上,并立即用中心螺旋拧紧在三脚架上,然后盖好仪器箱。

(4)操作时,在转动有制动螺旋的部件前,必须首先放松相应的制动螺旋,无论何时何种情况下都不能用强力转动仪器的任何部分,当转动遇到阻碍时,应停止转动并查找原因,加以消除后才能继续操作。各部分的制动螺旋只能转动到适当程度,不可用力过度以致损伤仪器。

(5)操作及观测时,不能用手指触摸透镜,注意避免眼皮或睫毛与目镜表面接触,以防止产生斑点。如透镜上有灰尘,可用软毛刷轻轻拂去;如有轻微水气,可用洁净的擦镜纸擦拭。

(6)仪器的各种零件和附件用完后,必须放回仪器箱中固定处,不要随意放置,以免丢失或损坏。

(7)在野外使用仪器,不能让仪器暴晒或淋雨,要用伞遮住阳光或雨水。工作间歇时,仪器应装箱或用套子罩上。

(8)仪器不能受到撞击或震动。

(9)仪器装箱前,应用软毛刷刷去外部尘土。微动螺旋、微倾螺旋及脚螺旋应旋到螺纹中部,并放松制动螺旋;关箱前应清点零件及附件是否齐全。关箱或装箱时,如发生仪器安放不好或盖不上的情况,切勿硬挤硬压,应认真查清原因后重新装箱,必须扣好箱盖,确认装箱妥善后才可搬动。

(10)仪器应放在干燥通风的地方保存,不能靠近发热的物体。

(11)当仪器由寒冷的地方搬至暖和的地方时,或情况相反时,应等待3~4小时后,待箱内温度与外界温度大致相同时,才可开箱,此时还应随时检查仪器箱是否牢固,有无裂痕,搭扣、提环、皮带等是否牢固,如发现有不完善的地方及时修理。

习 题

1.绘图加以叙述水准测量的原理。

2.解释概念:点之记、转点、视准轴、视差。

3.简述水准测量的主要事项。

4.表2-8是变换仪器高法测高差的观测记录,完成表2-8。

表 2−8

测站	视距/m		测次	后视读数 a	前视读数 b	h＝a−b	平均 h
1	$S_后$	56.3	1	1.731	1.215		
	$S_前$	53.2	2	1.693	1.173		
	视距差 d						
2	$S_后$	34.7	1	2.784	2.226		
	$S_前$	36.2	2	2.635	2.082		
	视距差 d				h		
3	$S_后$	54.9	1	2.436	1.346		
	$S_前$	51.5	2	2.568	1.473		
	视距差 d						

5.上题的测段起点为已知水准点 A，高程 $H_A=58.226$ m，终点为未知水准点 B。利用上题的测段往测高差计算未知水准点 B 高程 H_B。

6.闭合水准路线的高程计算，如图 2−32 和表 2−9 所示。

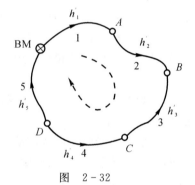

图 2−32

表 2−9

序号	点名	方向	高差观测值 h'_i/m （1）	测段长 D_i/km （3）	测站数 n_I （4）	高差改正 $v_i=-Wn_i/N$ /mm(7)	改正后的高差/m （8）	高程/m （9）
	BM							67.648
1			1.224	0.535	10			
	A							
2			−2.424	0.980	15			
	B							
3			−1.781	0.551	8			
	C							
4			1.714	0.842	11			
	D							
5			1.108	0.833	12			
	BM							67.648

(2)$W=\sum h'_i=$　　mm　　$W_容=\pm58$ mm　　(5)$[D]=$　km　　(6)$N=\sum n$　$N=$　　(10)$\sum v_i=$　mm　　$\sum h=$

第三章　角度测量

第一节　角度测量原理

一、水平角测量原理

地面上两条直线之间的夹角在水平面上的投影称为水平角。如图3-1所示，A，B，O为地面上的任意点，通过OA和OB直线各作一垂直面，并把OA和OB分别投影到水平投影面上，其投影线Oa和Ob的夹角$\angle aOb$，就是$\angle AOB$的水平角β。

如果在角顶O上安置一个带有水平刻度盘的测角仪器，其度盘中心O'在通过测站O点的铅垂线上，设OA和OB两条方向线在水平刻度盘上的投影读数分别为a'和b'，则水平角β为

$$\beta = b' - a' \tag{3.1}$$

二、竖直角测量原理

在同一竖直面内视线和水平线之间的夹角称为竖直角或称垂直角。如图3-2所示，视线在水平线之上称为仰角，符号为正；视线在水平线之下称为俯角，符号为负。

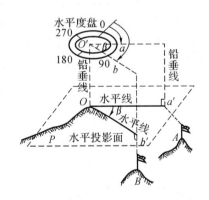

图3-1　水平角测量原理图

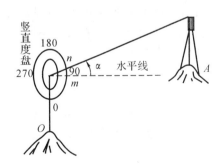

图3-2　竖直角测量原理图

如果在测站点O上安置一个带有竖直刻度盘的测角仪器，其竖盘中心通过水平视线，设照准目标点A时视线的读数为n，水平视线的读数为m，则竖直角α为

$$\alpha = n - m \tag{3.2}$$

第二节 光学经纬仪

一、DJ6 型光学经纬仪

DJ6 型光学经纬仪主要由照准部(包括望远镜、竖直度盘、水准器、读数设备)、水平度盘和基座三部分组成(见图 3-3)。

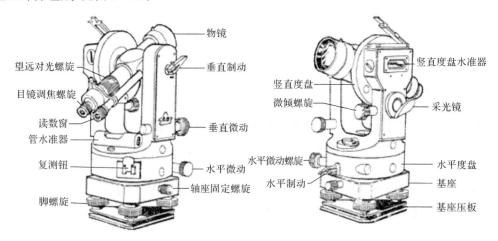

图 3-3 DJ6 型光学经纬仪结构图

现将各组成部分分别介绍如下。

1.望远镜

望远镜的构造和水准仪望远镜构造基本相同,是用来照准远方目标的,十字丝分划板结构如图 3-4 所示。它和横轴固连在一起放在支架上,并要求望远镜视准轴垂直于横轴,当横轴水平时,望远镜绕横轴旋转的视准面是一个铅垂面。为了控制望远镜的俯仰程度,在照准部外壳上还设置有一套望远镜制动和微动螺旋。在照准部外壳上还设置有一套水平制动和微动螺旋,以控制水平方向的转动。在拧紧望远镜或照准部的制动螺旋后,转动微动螺旋,望远镜或照准部才能做微小的转动。

2.水平度盘

水平度盘是用光学玻璃制成的圆盘(见图 3-5),在盘上按顺时针方向从 0°到 360°刻有等角度的分划线。相邻两刻划线的格值有 1°或 30′两种。度盘固定在轴套上,轴套套在轴座上。水平度盘和照准部两者之间的转动关系,由离合器扳手或度盘变换手轮控制。

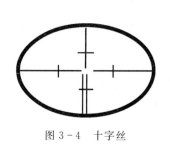

图 3-4 十字丝

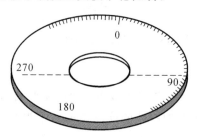

图 3-5 水平度盘

3.读数设备

我国制造的 DJ6 型光学经纬仪采用分微尺读数设备,它把度盘和分微尺的影像,通过一系列透镜的放大和棱镜的折射,反映到读数显微镜内进行读数。

在读数显微镜内所见到的长刻划线和大号数字是度盘分划线及其注记,短刻划线和小号数字是分微尺的分划线及其注记。分微尺的长度等于度盘 1°的分划长度,分微尺分成 6 大格,每大格又分成 10 小格,每小格格值为 1′,可估读到 0.1′。分微尺的 0°分划线是其指标线,它所指度盘上的位置与度盘分划线所截的分微尺长度就是分微尺读数值。为了直接读出小数值,使分微尺注数增大方向与度盘注数方向相反。读数时,以在分微尺上的度盘分划线为准读取度数,而后读取该度盘分划线与分微尺指标线之间的分微尺读数的分数,并估读到 0.1′,即得整个读数值。在图 3-6 中,水平度盘读数为 73°06.4′,竖直度盘读数为 87°05.2′。

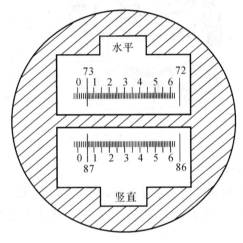

图 3-6　DJ6 型经纬仪读数窗

4.竖直度盘

竖直度盘固定在横轴的一端,当望远镜转动时,竖直度盘也随之转动,用以观测竖直角。另外,在竖直度盘的构造中还设有竖直度盘指标水准管,它由竖直度盘水准管的微动螺旋控制。每次读数前,都必须首先使竖直度盘水准管气泡居中,以使竖直度盘指标处于正确位置。目前光学经纬仪普遍采用竖直度盘自动归零装置来代替竖直度盘指标水准管,既提高了观测速度又提高了观测精度。

5.水准器

照准部上的管水准器用于精确整平仪器,圆水准器用于概略整平仪器。

6.基座

基座是支撑仪器的底座。基座上有三个脚螺旋,转动脚螺旋可使照准部水准管气泡居中,从而使水平度盘水平。基座和三脚架头用中心螺旋连接,可将仪器固定在三脚架上,中心螺旋下有一小钩可挂垂球,测角时用于仪器对中。

二、DJ2 型光学经纬仪

DJ2 型光学经纬仪的构造,除轴系和读数设备外基本上和 DJ6 型光学经纬仪相同。我国某光学仪器厂生产的 DJ2 型光学经纬仪外形如图 3-7 所示。下面着重介绍它和 DJ6 型光学经纬仪的不同之处。

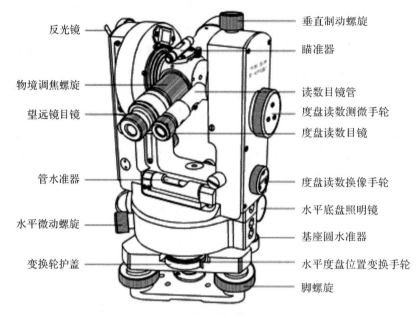

反光镜

物境调焦螺旋

望远镜目镜

管水准器

水平微动螺旋

变换轮护盖

垂直制动螺旋

瞄准器

读数目镜管

度盘读数测微手轮

度盘读数目镜

度盘读数换像手轮

水平底盘照明镜

基座圆水准器

水平度盘位置变换手轮

脚螺旋

图 3-7 DJ2 型光学经纬仪

1.水平度盘位置变换手轮

水平度盘变换手轮的作用是变换水平度盘的初始位置。在水平角观测中,根据测角需要,对起始方向观测时,可先拨开手轮的护盖,再转动该手轮,把水平度盘的读数值配置为所规定的读数。

2.度盘读数换像手轮

在读数显微镜内一次只能看到水平度盘或竖直度盘的影像,若要读取水平度盘读数,要转动换像手轮,使轮上指标红线呈水平状态,并打开水平度盘反光镜,此时显微镜呈水平度盘的影像。当打开竖直度盘反光镜,转动换像手轮,使轮上指标线竖直时,则可看到竖盘影像。

3.度盘读数测微手轮

测微手轮是 DJ2 型光学经纬仪的读数装置。对于 DJ2 型光学经纬仪,其水平度盘(或竖直度盘)的刻划形式是把每度分划线间又等分刻成三格,格值等于 $20'$。通过光学系统,将度盘直径两端分划的影像同时反映到同一平面上,并被一横线分成正、倒像,一般正字注记为正像,倒字注记为倒像。图 3-8 为读数窗示意图,测微尺上刻有 600 格,其分划影像见图中小窗。当转动测微手轮使分微尺由 0 分划移动到 600 分划时,度盘正、倒对径分划影像等量相对移动 1 格,故测微尺上 600 格相应的角值为 $10'$,1 格的格值等于 $1''$。因此,用测微尺可以直接测定 $1''$ 的读数,从而起到了测微作用。图 3-8 中的读数值为 $30°20'+8'00''=30°28'00''$。

具体读数方法如下:

(1)转动测微手轮,使度盘正、倒像分划线精密重合。

(2)由靠近视场中央读出上排正像左边分划线的度数,即 $30°$。

(3)数出上排的正像 $30°$ 与下排倒像 $210°$ 之间的格数再乘以 $10'$,就是整十分的数值,即 $20'$。

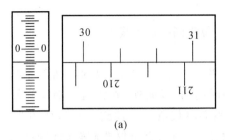 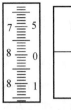 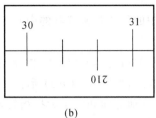

(a)　　　　　　　　　　　　　　　　　　　　(b)

图 3－8　DJ2 型光学经纬仪读数窗

(a)读数前视窗；　(b)读数倒视窗

(4)在旁边小窗中读出小于 10′的分、秒数。测微尺分划影像左侧的注记数字是分数,右侧的注记数字 1,2,3,4,5 是秒的十位数,即分别为 10″,20″,30″,40″,50″。将以上数值相加就得到整个读数。故其读数为

度盘上的度数	30°
度盘上整十分数	20′
测微尺上分、秒数	8′00″
全部读数为	30°28′00″

4.半数字化读数方法

我国生产的新型 TDJ2 型光学经纬仪采用了半数字化的读数方法,使读数更为方便,不易出错,如图 3－9 所示。中间窗口为度盘对径分划影像,没有注记。

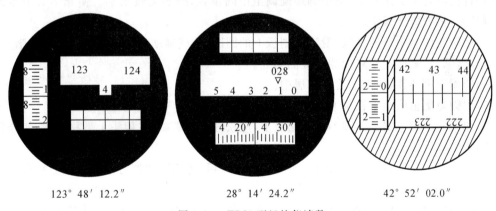

123°48′12.2″　　　　　　28°14′24.2″　　　　　42°52′02.0″

图 3－9　TDJ2 型经纬仪读数

第三节　水平角测量

一、经纬仪的技术操作

经纬仪的技术操作包括对中、整平、瞄准、读数。

1.对中

对中的目的是使仪器的中心与测站的标志中心位于同一铅垂线上。

2.整平

整平的目的是使仪器的竖轴铅垂,水平度盘水平。进行整平时,首先使水准管平行于两脚螺旋的连线,如图3－10(a)所示。操作时,两手同时向内(或向外)旋转两个脚螺旋使气泡居中,气泡移动方向和左手大拇指转动的方向相同;然后将仪器绕竖轴旋转90°,如图3－10(b)所示,旋转另一个脚螺旋使气泡居中。按上述方法反复进行,直至仪器旋转到任何位置时,水准管气泡都居中为止。

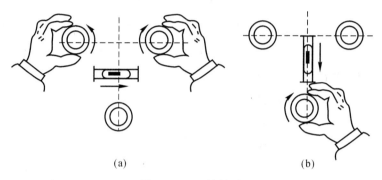

图3－10　经纬整平

上述两步技术操作称为经纬仪的安置。目前生产的光学经纬仪均装置有光学对中器,若采用光学对中器进行对中,应与整平仪器结合进行,其操作步骤如下:

(1)将仪器置于测站点上,三个脚螺旋调至中间位置,架头大致水平。使光学对中器大致位于测站上,将三脚架踩牢。

(2)旋转光学对中器的目镜,看清分划板上的圆圈,拉或推动目镜使测站点影像清晰。

(3)旋转脚螺旋使光学对中器对准测站点。

(4)伸缩三脚架腿,使水准管气泡居中。

(5)用脚螺旋精确整平管水准管转动照准部90°,水准管气泡均居中。

(6)如果光学对中器分划圈不在测站点上,应松开连接螺旋,在架头上平移仪器,使分划圈对准测站点。

(7)重新整平仪器,依此反复进行,直至仪器整平后,光学对中器分划圈对准测站点为止。

3.瞄准

经纬仪安置好后,用望远镜瞄准目标,首先将望远镜照准远处,调节对光螺旋使十字丝清晰;然后旋松望远镜和照准部制动螺旋,用望远镜的光学瞄准器照准目标。转动物镜对光螺旋使目标影像清晰;而后旋紧望远镜和照准部的制动螺旋,通过旋转望远镜和照准部的微动螺旋,使十字丝交点对准目标,并观察有无视差,如有视差,应重新对光,予以消除。

4.读数

打开读数反光镜,调节视场亮度,转动读数显微镜对光螺旋,使读数窗影像清晰可见。读数时,除分微尺型直接读数外,凡在支架上装有测微轮的,均需先转动测微轮,使双指标线或对径分划线重合后方能读数,最后将度盘读数加分微尺读数或测微尺读数,才是整个读数值。

二、水平角观测方法

在水平角观测中,为发现错误并提高测角精度,一般要用盘左和盘右两个位置进行观测。当观测者对着望远镜的目镜,竖盘在望远镜的左边时,称为盘左位置,又称正镜;当竖盘在望远镜的右边时,称为盘右位置,又称倒镜。水平角观测方法一般有测回法和方向观测法两种。

1.测回法

设 O 为测站点,A,B 为观测目标,$\angle AOB$ 为观测角,如图 3-11 所示。先在 O 点安置仪器,进行整平、对中,然后按以下步骤进行观测。

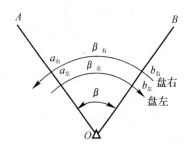

图 3-11 测回法观测水平角示意图

(1)盘左位置:先照准左方目标,即后视点 A,读取水平度盘读数为 $a_左$,并记入测回法测角记录表中,如表 3-1 所示。然后顺时针转动照准部照准右方目标,即前视点 B,读取水平度盘读数为 $b_右$,并记入记录表中。以上称为上半测回,其观测角值为

$$\beta_左 = b_左 - a_右$$

表 3-1 测回法测角记录表

测 站	盘 位	目 标	水平度盘读数	水平角 半测回角	水平角 测回角	备 注
0	左	A	0°01′24″	60°49′06″	60°49′03″	
		B	60°50′30″			
	右	A	180°01′30″	60°49′00″		
		B	240°50′30″			

备注栏图示:A $60°\ 49′\ 03″$ B

(2)盘右位置:先照准右方目标,即前视点 B,读取水平度盘读数为 $b_右$,并记入记录表中,再逆时针转动照准部照准左方目标,即后视点 A,读取水平度盘读数为 $a_右$,并记入记录表中,则得下半测回角值为

$$\beta_右 = b_右 - a_右$$

上、下半测回合起来称为一测回。一般规定,用 DJ6 型光学经纬仪进行观测,上、下半测回角值之差不超过 40″ 时,可取其平均值作为一测回的角值,即

$$\beta = \frac{1}{2}(\beta_左 + \beta_右) \tag{3.3}$$

2.方向观测法

如要观测三个以上的方向,则采用方向观测法(又称为全圆测回法)进行观测。

方向观测法应首先选择一起始方向作为零方向。如图 3-12 所示,设 A 方向为零方向。零方向应选择距离适中、通视良好、成像清晰稳定、俯仰角和折光影响较小的方向。

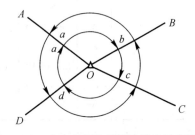

图 3-12 方向观测法观测水平角示意图

将经纬仪安置于 O 站,对中整平后按下列步骤进行观测:

(1)盘左位置。瞄准起始方向 A,转动度盘变换钮把水平度盘读数配置为 $0°00'$,而后再松开制动,重新照准 A 方向,读取水平度盘读数 a,并记入方向观测法记录表中,见表 3－2。

(2)按照顺时针方向转动照准部,依次瞄准 B,C,D 目标,分别读取水平度盘读数为 b,c,d,并记入记录表中。

(3)最后回到起始方向 A,再读取水平度盘读数为 a',这一步称为"归零"。a 与 a' 之差称为"归零差",其目的是为了检查水平度盘在观测过程中是否发生变动。"归零差"不能超过允许限值(DJ2 型经纬仪为 $12''$,DJ6 型经纬仪为 $18''$)。

以上操作称为上半测回观测。

(4)盘右位置。按逆时针方向旋转照准部,依次瞄准 A,D,C,B,A 目标,分别读取水平度盘读数,记入记录表中,并算出盘右的"归零差",称为下半测回。上、下两个半测回合称为一测回。

观测记录及计算如表 3－2 所列。

(5)限差。当在同一测站上观测几个测回时,为了减少度盘分划误差的影响,每测回起始方向的水平度盘读数值应配置为 $(180°/n+60'/n)$ 的倍数(n 为测回数)。在同一测回中各方向 $2c$ 误差(也就是盘左、盘右两次照准误差)的差值,即 $2c$ 互差不能超过限差要求(DJ2 型经纬仪为 $18''$)。表 3－2 中的数据是用 DJ6 型经纬仪观测的,故对 $2c$ 互差不作要求。同一方向各测回归零方向值之差,即测回差,也不能超过限值要求(DJ2 型经纬仪为 $12''$,DJ6 型经纬仪为 $24''$)。

表 3－2　方向观测法观测手簿

测 站	测回数	目 标	读 数		$2c=$左－ (右±180°)	平均读数 $=$ $\frac{1}{2}$[左＋(右±180°)]	归零后 方向值	各测回归 零方向值 的平均值
			盘左	盘右				
			(°) (′) (″)	(°) (′) (″)	(″)	(°) (′) (″)	(°) (′) (″)	(°) (′) (″)
1	2	3	4	5	6	7	8	9
0	1					(0 02 06)		
		A	0 02 06	180 02 00	＋6	0 02 03	0 00 00	
		B	51 15 42	231 15 30	＋12	51 15 36	51 13 30	
		C	131 54 12	311 54 00	＋12	131 54 06	131 52 00	
		D	182 02 24	2 02 24	0	182 02 24	182 00 18	
		A	0 02 12	180 02 06	＋6	0 02 09		
0	2					(90 03 32)		
		A	90 03 30	270 03 24	＋6	90 03 27	0 00 00	0 00 00
		B	141 17 00	321 16 54	＋6	141 16 57	51 13 25	51 13 28
		C	221 55 42	41 55 30	＋12	221 55 36	131 52 04	131 52 02
		D	272 04 00	92 03 54	＋6	272 03 57	182 00 25	182 00 22
		A	90 03 36	270 03 36	0	90 03 36		

第四节　竖直角测量

一、竖直度盘自动归零装置

目前光学经纬仪普遍采用竖盘自动归零补偿装置。使用时,将自动归零补偿器锁紧手轮逆时针旋转,使手轮上红点对准照准部支架上黑点,再用手轻轻敲动仪器,如听到竖盘自动归零补偿器有了"当、当"响声,表示补偿器处于正常工作状态;如听不到响声,表明补偿器有故障,可再次转动锁紧手轮,直到用手轻敲有响声为止。竖直角观测完毕,一定要顺时针旋转手轮,以锁紧补偿机构,防止震坏吊丝。

二、竖直角的计算公式

将经纬仪在测站上安置好后,首先应依据竖盘的注记形式,推导出测定竖直角的计算公式,其具体做法如下:

(1) 盘左位置把望远镜大致置水平位置,这时竖盘读数值约为 90°(若置盘右位置约为 270°),这个读数称为始读数。

(2) 慢慢仰起望远镜物镜,观测竖盘读数(盘左时记作 L,盘右时记作 R),并与始读数相比,是增加还是减少。

(3) 以盘左为例,若 $L > 90°$,则竖直角计算公式为

$$\alpha_左 = L - 90°$$

若 $L < 90°$,则竖直角计算公式为

$$\alpha_左 = 90° - L$$
$$\alpha_右 = R - 270°$$

对于图 3-13(a) 所示的竖盘注记形式,其竖直角计算公式为

$$\alpha_左 = 90° - L$$
$$\alpha_右 = R - 270° \tag{3.4}$$

平均竖直角 $$\alpha = \frac{\alpha_左 + \alpha_右}{2} = \frac{R - L - 180°}{2} \tag{3.5}$$

上述竖直角的计算公式是认为竖盘指标处在正确位置时导出的,即当视线水平,竖盘指标水准管气泡居中时,竖盘指标所指读数应为始读数。但当指标偏离正确位置时,这个指标线所指的读数就比始读数增大或减少一个角值 X,此值称为竖盘指标差,也就是竖盘指标位置不正确所引起的读数误差。

在有指标差时,如图 3-13(b) 所示,以盘左位置瞄准目标,转动竖盘指标水准管微动螺旋使水准管气泡居中,测得竖盘读数为 L,它与正确的竖直角 α 的关系是

$$\alpha = 90° - (L - X) = \alpha_左 + X \tag{3.6}$$

以盘右位置按同法测得竖盘读数为 R,它与正确的竖直角 α 的关系是

$$\alpha = (R - X) - 270° = \alpha_右 - X \tag{3.7}$$

式(3.6)加式(3.7)得

$$\alpha = \frac{\alpha_{左} + \alpha_{右}}{2} = \frac{R - L - 180°}{2} \tag{3.8}$$

由此可知,在测量竖直角时,用盘左、盘右两个位置观测取其平均值作为最后结果,可以消除竖盘指标差的影响。

若将式(3.6)减式(3.7),即得指标差计算公式:

$$X = \frac{\alpha_{左} - \alpha_{右}}{2} = \frac{R + L - 360°}{2} \tag{3.9}$$

一般指标差变动范围不得超过 $\pm 30''$,如果超限,须对仪器进行检校。此公式适用于竖盘顺时针刻划的注记形式,若竖盘为逆时针刻划的注记形式,按上式求得的指标差应改变符号。

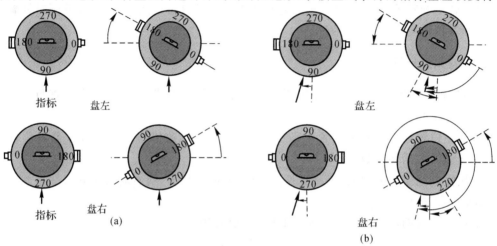

图 3-13　竖直角及指标差计算示意图

(a)竖直角计算示意图;　(b)指标差计算示意图

三、竖直角观测方法

在测站上安置仪器,用下述方法测定竖直角。

(1)盘左位置。瞄准目标后,用十字丝横丝卡准目标的固定位置,旋转竖盘指标水准管微动螺旋,使水准管气泡居中或使气泡影像符合,读取竖盘读数 L ,并记入竖直角观测记录表中,见表3-3。用推导好的竖直角计算公式,计算出盘左时的竖直角,该观测称为上半测回观测。

表 3-3　竖直角观测记录表

测站	目标	盘位	竖盘读数	半测回竖直角	指标差	一测回竖直角	备注
0	M	左	59°29′48″	+30°30′12″	−12″	+30°30′00″	盘左
		右	300°29′48″	+30°29′48″			
	N	左	93°18′40″	−3°18′40″	−13″	−3°18′53″	盘右
		右	266°40′54″	−3°19′06″			

(2)盘右位置。仍照准原目标,调节竖盘指标水准管微动螺旋,使水准管气泡居中,读取竖盘读数值 R ,并记入记录表中。用推导好的竖直角计算公式,计算出盘右时的竖角,该观测称为下半测回观测。

上、下半测回合称一测回。

（3）计算测回竖直角 α：

$$\alpha = \frac{\alpha_左 + \alpha_右}{2} \quad 或 \quad \alpha = \frac{R - L - 180°}{2}$$

（4）计算竖盘指标差 X：

$$X = \frac{\alpha_左 + \alpha_右}{2} \quad 或 \quad X = \frac{R + L - 360°}{2}$$

第五节　经纬仪的检验与校正

为了保证测角的精度，经纬仪主要部件及轴系应满足下述几何条件：

（1）照准部水准管轴应垂直于仪器竖轴（$LL \perp VV$）；

（2）十字丝纵丝应垂直于横轴；

（3）视准轴应垂直于横轴（$CC \perp HH$）；

（4）横轴应垂直于仪器竖轴（$HH \perp VV$）；

（5）竖盘指标差应为零；

（6）光学对中器的视准轴应与仪器竖轴重合，如图 3-14 所示。

由于仪器经过长期外业使用或长途运输及外界影响等，会使各轴线的几何关系发生变化，因此在使用前必须对仪器进行检验和校正。

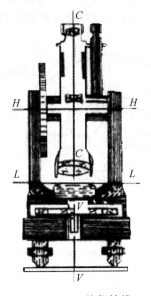

图 3-14　经纬仪轴线

一、照准部水准管的检验与校正

目的：当照准部水准管气泡居中时，应使水平度盘水平，竖轴铅垂。

检验方法：将仪器安置好后，使照准部水准管平行于一对脚螺旋的连线，转动这对脚螺旋使气泡居中。再将照准部旋转180°，若气泡仍居中，说明条件满足，即水准管轴垂直于仪器竖轴,否则应进行校正(见图 3-15)。

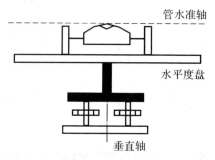

图 3-15　照准部水准管的检验

校正方法:转动平行于水准管的两个脚螺旋使气泡退回偏离零点的格数的一半,再用拨针拨动水准管校正螺丝,使气泡居中。

二、十字丝竖丝的检验与校正

目的:使十字丝竖丝垂直横轴。当横轴居于水平位置时,竖丝处于铅垂位置。

检验方法:用十字丝竖丝的一端精确瞄准远处某点,固定水平制动螺旋和望远镜制动螺旋,慢慢转动望远镜微动螺旋。如果目标不离开竖丝,说明此项条件满足,即十字丝竖丝垂直于横轴,否则需要校正。

校正方法:要使竖丝铅垂,就要转动十字丝板座或整个目镜部分。图 3-16 所示就是十字丝板座和仪器连接的结构示意图。校正时,首先旋松固定螺丝,转动十字丝板座,直至满足此项要求,然后再旋紧固定螺钉。

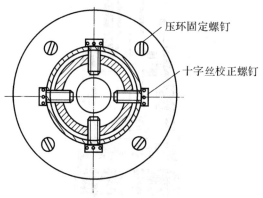

图 3-16　十字丝板座与仪器连接示意图

三、视准轴的检验与校正

目的:使望远镜的视准轴垂直于横轴。视准轴不垂直于横轴的倾角 c 称为视准轴误差,也称为 $2c$ 误差,它是由于十字丝交点的位置不正确而产生的。

检验方法:选一长约 80 m 的平坦地区,将经纬仪安置于中间 O 点,在 A 点竖立测量标志,在 B 点水平横置一根水准尺,使尺身垂直于视线 OB 并与仪器同高度。

盘左位置,视线大致水平照准 A 点,固定照准部,然后纵转望远镜,在 B 点的横尺上读取

读数 B_1，如图 3-17(a)所示。松开照准部，再以盘右位置照准 A 点，固定照准部。再纵转望远镜在 B 点横尺上读取读数 B_2，如图 3-17(b)所示。如果 B_1，B_2 两点重合，则说明视准轴与横轴相互垂直，否则需要进行校正。

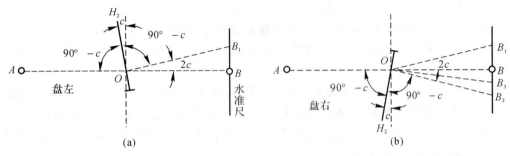

图 3-17　用横尺法检校视准轴示意图

(a) 盘左；　(b) 盘右

校正方法：盘左时，$\angle AOH_2 = \angle H_2OB_1 = 90 - c$，则 $\angle B_1OB = 2c$。盘右时，同理 $\angle BOB_2 = 2c$。由此得到 $\angle B_1OB_2 = 4c$，B_1B_2 所产生的差数是 4 倍视准误差。校正时从 B_2 起在 $B_1B_2/4$ 距离处得 B_3 点，则 B_3 点在尺上读数值为视准轴应对准的正确位置。用拨针拨动十字丝的左、右两个校正螺丝，注意应先松后紧，边松边紧，使十字丝交点对准 B_3 点的读数即可。

要求：在同一测回中，同一目标的盘左、盘右读数的差为两倍视准轴误差，以 $2c$ 表示。对于 DJ2 型光学经纬仪，当 $2c$ 的绝对值大于 $30''$ 时，就要校正十字丝的位置。c 值可按下式计算：

$$c = \frac{B_1B_2}{4s}\rho''$$　(3.10)

式中，s 为仪器到横置水准尺的距离；$\rho'' = 206\ 265''$。

视准轴的检验和校正也可以利用度盘读数法按下述方法进行。

(1) 检验：选与视准轴近于水平的一点作为照准目标，盘左照准目标的读数为 $\alpha_左$，盘右再照准原目标的读数为 $\alpha_右$，如 $\alpha_左$ 与 $\alpha_右$ 不相差 $180°$，则表明视准轴不垂直于横轴，视准轴应进行校正。

(2) 校正：以盘右位置读数为准，计算两次读数的平均数 a，即

$$a = \frac{a_右 + (a_左 \pm 180°)}{2}$$　(3.11)

转动水平微动螺旋将度盘读数值配置为读数 a，此时视准轴偏离了原照准的目标，然后拨动十字丝校正螺钉，直至使视准轴再照准原目标为止，即视准轴与横轴相垂直。

四、横轴的检验与校正

目的：使横轴垂直于仪器竖轴。

检验方法：将仪器安置在一个清晰的高目标附近，其仰角为 $30°$ 左右。盘左位置照准高目标 M 点，固定水平制动螺旋，将望远镜大致放平，在墙上或横放的尺上标出 M 点，纵转望远镜，盘右位置仍然照准 M 点，放平望远镜，在墙上标出 m_2 点。如果 m_1 和 m_2 重合，则说明此条件满足，即横轴垂直于仪器竖轴，否则需要进行校正。

校正方法:此项校正一般应由厂家或专业仪器修理人员进行。

五、竖盘指标水准管的检验与校正

目的:使竖盘指标差 X 为零,指标处于正确的位置。

检验方法:安置经纬仪于测站上,用望远镜在盘左、盘右两个位置观测同一目标,在竖盘指标水准管气泡居中后,分别读取竖盘读数 L 和 B,用式(3.9)计算出指标差 X。如果 X 超过限差,则须校正。

校正方法:按式(3.5)求得正确的竖直角 α 后,不改变望远镜在盘右所照准的目标位置,转动竖盘指标水准管微动螺旋,根据竖盘刻划注记形式,在竖盘上配置竖直角为 α 值时的盘右读数 $R'(R'=270°+\alpha)$,此时竖盘指标水准管气泡必然不居中,然后用拨针拨动竖盘指标水准管上、下校正螺钉使气泡居中即可。

六、光学对中器的检验与校正

目的:使光学对中器视准轴与仪器竖轴重合。

检验方法:

1.装置在照准部上的光学对中器的检验

精确地安置经纬仪,在脚架的中央地面上放一张白纸,由光学对中器目镜观测,将光学对中器分划板的刻划中心标记于纸上,然后,水平旋转照准部,每隔120°用同样的方法在白纸上做出标记点,如三点重合,说明此条件满足,否则需要进行校正。

2.装置在基座上的光学对中器的检验

将仪器侧放在特制的夹具上,照准部固定不动,而使基座能自由旋转,在距离仪器不小于 2 m 的墙壁上钉贴一张白纸,用上述同样的方法,转动基座,每隔120°在白纸上做出一标记点,若三点不重合,则需要校正。

校正方法:在白纸的三点构成误差三角形,绘出误差三角形外接圆的圆心。由于仪器的类型不同,校正部位也不同。有的校正转向直角棱镜,有的校正分划板,有的两者均可校正。校正时均须通过拨动对点器上相应的校正螺钉,调整目标偏离量的一半,并反复 1 ~ 2 次,直到照准部转到任何位置观测时,目标都在中心圈以内为止。

必须指出的是,光学经纬仪这六项检验校正的顺序不能颠倒,而且照准部水准管轴垂直于仪器的竖轴的检校是其他项目检验与校正的基础,这一条件不满足,其他几项检验与校正就不能正确进行。另外,竖轴不铅垂对测角的影响不能用盘左、盘右两个位置观测而消除,所以此项检验与校正也是主要的项目。其他几项,在一般情况下有的对测角影响不大,有的可通过盘左、盘右两个位置观测来消除其对测角的影响,因此是次要的检校项目。

第六节　　水平角测量的误差

一、仪器误差

1.视准轴误差

望远镜视准轴不垂直于横轴时,其偏离垂直位置的角值 C 称视准差或照准差。

2.横轴误差

当竖轴铅垂时,横轴不水平,而有一偏离值 I ,称横轴误差或支架差。

3.竖轴误差

观测水平角时,仪器竖轴不处于铅垂方向,而偏离一个 δ 角度,称竖轴误差。

二、对中误差与目标偏心

观测水平角时,对中不准确,使得仪器中心与测站点的标志中心不在同一铅垂线上即是对中误差,也称测站偏心。

当照准的目标与其他地面标志中心不在一条铅垂线上时,两点位置的差异称目标偏心或照准点偏心。其影响类似对中误差,边长越短,偏心距越大,影响也越大。

三、观测误差

1.瞄准误差

人眼能分辨的最小视角约为 $60''$,瞄准误差为

$$m_v = \pm 60''/V \tag{3.12}$$

式中, V 为望远镜的放大倍数。

2.读数误差

用分微尺测微器读数,可估读到最小格值的 $1/10$,以此作为读数误差。

四、外界条件的影响

观测在一定的条件下进行,外界条件对观测质量有直接影响,如松软的土壤和大风影响仪器的稳定;日晒和温度变化影响水准管气泡的运动;大气层受地面热辐射的影响会引起目标影像的跳动;等等。这些都会给观测水平角带来误差。因此,要选择目标成像清晰稳定的有利时间观测,设法克服或避开不利条件的影响,以提高观测成果的质量。

第七节　电子经纬仪

电子经纬仪是近代电子科技与光学经纬仪结合的新一代测角仪器(见图 3-18),它为野外测量数据采集自动化创造了条件。电子经纬仪测角精度高,能自动显示度盘读数,与光电测距仪和数字记录器结合可组成全站型电子速测仪(简称"全站仪"),能自动记录、计算和存储数据。再配以适当的接口还可以把野外采集的数据输入计算机进行计算和绘图。

电子经纬仪机械部分的基本构造与光学经纬仪相似,测角方法也类似。电子经纬仪和传统经纬仪最重要的不同点在于读数系统。光学经纬仪采用光学度盘和目视读数,电子经纬仪则采用电子测角系统,如光栅度盘、编码度盘或动态测角系统,读数方法均为自动读数并自动显示。

一、仪器的初始设置

在作业之前,均应对仪器采用的功能项目进行初始设置。

设置项目如下:

(1) 角度测量单位:360°,400gon(出厂设为 360°)。

(2) 竖直角 0° 方向的位置:水平为 0° 或天顶为 0°(仪器出厂设天顶为 0°)。

(3) 自动断电关机时间:30 min 或 10 min(出厂设为 30 min)。

(4) 角度最小显示单位:1″ 或 5″(出厂设为 1″)。

(5) 竖盘指标零点补偿选择:自动补偿或不补偿(出厂设为自动补偿,05 型无自动补偿器,此项无效)。

(6) 水平角读数经过 0°,90°,180°,270° 时蜂鸣或不蜂鸣(出厂设为蜂鸣)。

(7) 选择与不同类型的测距仪连接(出厂设为与南方 ND3000 连接)。

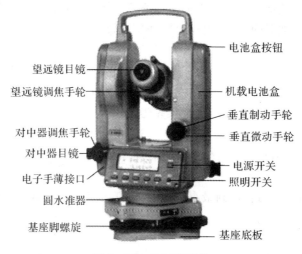

望远镜目镜
望远镜调焦手轮
对中器调焦手轮
对中器目镜
电子手薄接口
圆水准器
基座脚螺旋

电池盒按钮
机载电池盒
垂直制动手轮
垂直微动手轮
电源开关
照明开关
基座底板

图 3-18　电子经纬仪

二、激光经纬仪

激光经纬仪(见图 3-19)是在普通经纬仪上安装激光装置,使视准轴射出一条可见光,主要用于各种施工测量。

图 3-19　激光经纬仪

阅读材料

1.原始观测数据更改的规定

(1)读记错误的秒值不许改动,应重新观测。

(2)读记错误的度、分值,必须在现场更改。

(3)同一方向盘左、盘右、半测回方向值三者不得同时更改两个相关数字。

(4)同一测站不得有两个相关数字连环更改,否则均应重测。

(5)凡更改错误,均应将错误数字、文字用横线划去,在其上方写出正确的数字或文字。

(6)原错误数字或文字应仍能看清,以便检查。

(7)需重测的方向或需重测的测回可用"\"划去。

(8)凡划改的数字或划去的不合格成果,均应在附注栏内注明原因。

(9)需重测的方向或测回,应注明其重测结果所在页数。

(10)废站也应整齐划去并注明原因。

(11)补测或重测结果不得记录在测错的手簿页数之前。

2.水平角观测的注意事项

(1)仪器高度要和观测者的身高相适应;三脚架要踩实,仪器与脚架连接要牢固,操作仪器时不要手扶三脚架,走动时要防止碰动脚架,使用各种螺旋时用力要适当,不可过猛过大。

(2)对中要仔细,特别是对于短边观测水平角时,对中要求应更严格。

(3)当观测目标的高低相差较大时,更需注意仪器整平。

(4)观测目标要竖直,尽可能用十字丝中心部瞄准目标底部,并注意消除视差。

(5)有阳光照射时,要打伞;一测回的观测过程中,不得再调整照准部水准管气泡;如气泡偏离中心超过1格,应重新整平仪器,重新观测;在成像不清晰的情况下要停止观测。

(6)一切原始观测值和记事项目,必须现场记录在正式外业手簿中,字迹要清楚、整齐、美观,不得涂改、擦改、重笔、转抄。手簿中各记事项目,每一测站或每一观测时间段的首末页都必须记载清楚,填写齐全。方向观测时,每一站第一测回应记录所观测的方向序号、点名和照准目标,其余测回仅记录方向序号。

(7)在一测站上,只有在观测结果全部计算完成并检查合格后,方可迁站。

3.竖直角观测的注意事项

(1)横丝切准目标的特定部位要在观测手簿上注明或绘图表示,不能含糊不清或没有交代,同一目标必须切准同一部位。

(2)盘左、盘右照准目标时,应使目标影像位于纵丝附近两侧的对称位置上,这样有利于消除横丝不水平引起的误差。

(3)每次读数前必须使指标水准器气泡居中。

(4)图根控制的竖直角观测时刻一般不限制,但对于视线过长或通过江河湖海等水面时,应选择在中午前后观测,避免在日出前或日落后大气折光差较大时观测。高级控制测量时,宜在 10:00 ~ 15:00 时观测。

(5)每次设站应及时量取仪器高和觇标高,量至厘米,记入观测手簿相应栏内,并将量取觇标高的特定部位在手簿相应栏内注明,否则将返工。

(6)记簿要求同水平角观测要求。

习　　题

1.解释概念:水平角、竖直角、对中、整平、正镜、倒镜、竖盘指标差、视准轴误差、横轴误差、竖轴误差、测站偏心。

2.绘图加以叙述测回法测量水平角的步骤。

3.完成表3－4。

表　3－4

测　回	竖盘位置	目　标	水平度盘读数 (°)(′)(″)			半测回角度 (°)(′)(″)	一测回角度 (°)(′)(″)
1	2	3	4			5	6
1	左	A	0	12	00		
		B	181	45	00		
	右	B	1	45	06		
		A	180	11	54		
2	左	A	90	11	24		
		B	271	44	30		
	右	B	91	45	00		
		A	270	11	48		

4.完成表3－5。

表　3－5

测站	目标	盘位	竖盘读数 (°)(′)(″)			半测回竖直角 (°)(′)(″)	指标差 (″)	一测回竖直角 (°)(′)(″)
A	B	左	93	30	24			
		右	266	29	30			
A	C	左	58	19	30			
		右	300	40	36			

第四章　距离测量

第一节　距离测量概述

距离测量是确定地面点位时的基本测量工作之一。常用的距离测量方法有卷尺（皮尺和钢尺）量距、视距测量和电磁波测距等。

卷尺量距使用卷尺沿地面丈量，属于直接量距。卷尺丈量工具简单，但易受地形限制，适合平坦地区的测距。

视距测量是利用经纬仪或水准仪望远镜中的视距丝及水准尺按几何光学原理进行测距，所以，视距测量属于间接量距。它不受地形限制，工作简便，但其测量精度较低，且距离越长，精度越低，通常适用于地形图测量或土石方测量的量距工作。

电磁波测距是用仪器发射及接收光波或微波，按其传播速度及时间测定距离，所以，电磁波测距属于间接测距。电磁波测距仪器先进，工作方便，测距精度高，测程远，适合于高精度要求时的量距工作。

各种测距方法适合于不同情况，不同精度要求，应视需要选择。

第二节　钢尺测量距离

一、丈量工具

通常使用的量距工具为钢尺、皮尺、竹尺和测绳，还有测钎、标杆、弹簧秤和温度计等辅助工具。

钢尺长度有20 m，30 m，50 m几种，尺的最小刻划为1 cm或5 mm或1 mm。按尺的零点位置可分为端点尺和刻线尺两种（见图4-1）。端点尺是以尺的端点作为起点，适用于从建筑物墙边开始丈量。刻线尺是以尺上刻的一条横线作为起点。使用钢尺时必须注意钢尺的零点位置，以免发生错误。

标杆又称花杆，长为2 m或3 m，直径为3～4 cm，用木杆或玻璃钢管或空心钢管制成，杆上按20 cm间隔涂上红白漆，杆底为锥形铁脚，用于显示目标和直线定线。测钎用粗铁丝制成，长为30 cm或40 cm，上部弯一个小圈，可套入环内，在小圈上系一醒目的红布条。一般一组测钎有6根或11根。在丈量时用它来标定尺端点位置和计算所量过的整尺段数。

测钎、标杆、弹簧秤和温度计如图4-2所示。

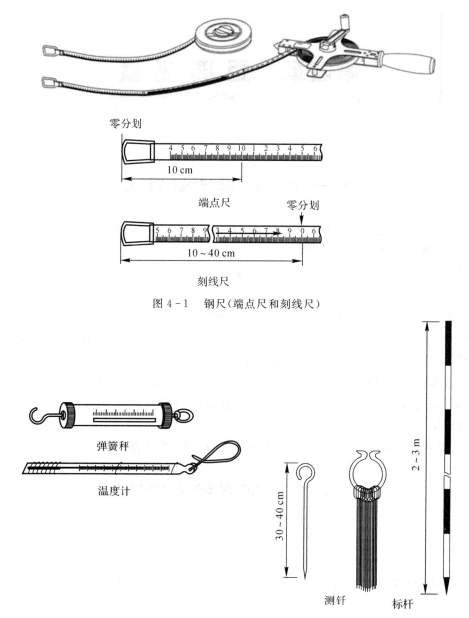

零分划

10 cm

端点尺

零分划

10~40 cm

刻线尺

图 4-1　钢尺(端点尺和刻线尺)

弹簧秤

温度计

30~40 cm

测钎

2~3 m

标杆

图 4-2　测钎、标杆、弹簧秤和温度计

二、直线定线

当地面上两点之间距离超过钢尺的全长时,用钢尺一次不能量完,量距前就需要在直线方向上标定若干个分段点,并竖立标杆或测钎以标明方向,这项工作称为直线定线。

直线定线通常可分为目估定线和经纬仪定线两种方法,一般情况下常用目估定线。当量距精度要求高时,可采用经纬仪定线。

1.目估定线

目估定线如图4-3所示,定线时相邻点之间要小于或等于一个整尺段,定点一般按由远而近进行。

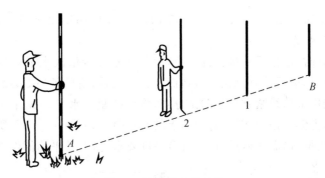

图 4-3　目估定线方法

2.经纬仪定线

经纬仪定线是在直线的一个端点安置经纬仪后,对中、整平,用望远镜十字丝竖丝瞄准另一个端点目标,固定照准部。观测员指挥另一测量员持测钎由远及近,将测钎按十字丝纵丝位置垂直插入地下,即得到各分段点。

三、丈量方法

1.在平坦地面上丈量

要丈量平坦地面上 A,B 两点间的距离,其做法是:先在标定好的 A,B 两点立标杆,进行直线定线,如图 4-4 所示,然后进行丈量。

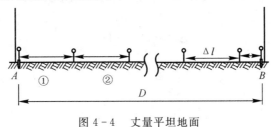

图 4-4　丈量平坦地面

(1)后尺手手持一测钎并持尺的零点端位于 A 点,前尺手携带一束测钎,同时手持尺末端沿 AB 方向前进,到一整尺段处停下。

(2)由后尺手指挥,使钢尺位于 AB 方向线上,这时后尺手将尺的零点对准 A 点,两人同时用力将钢尺拉平,前尺手在尺的末端处插一测钎作为标记,确定分段点。

(3)后尺手持测钎与前尺手一起抬尺前进,依次丈量第二、三…n 个整尺段,到最后不足一整尺段时,后尺手以尺的零点对准测钎,前尺手用钢尺对准 B 点并读数 Δl。

A,B 两点之间的水平距离为

$$D = nl + \Delta l \tag{4.1}$$

式中,n 为整尺段数(即后尺手手中的测钎数);l 为钢尺的整尺长;Δl 为不足一整尺段的余长。

例4.1　用钢尺丈量 A,B 两点间的距离,往测值为 165.423 m,返测值为 165.454 m,则 $A,$ B 距离为

$$D = (165.423 + 165.454)/2 = 165.439 \text{ m}$$

相对误差:

$$K = | 165.423 - 165.454 | / 165.439 = 0.031/165.439 \approx 1/5\ 300$$

2.在倾斜地面上丈量

当地面稍有倾斜时,可把尺一端稍许抬高,就能按整尺段依次水平丈量,如图 4-5(a) 所示,分段量取水平距离,最后计算总长。若地面倾斜较大,则使尺子一端靠高地点桩顶,对准端点位置,尺子另一端用垂球线紧靠尺子的某分划,将尺拉紧且水平。放开垂球线,使它自由下坠,垂球尖端位置即为低点桩顶,然后量出两点的水平距离,如图 4-5(b) 所示。

在倾斜地面上丈量,仍需往返进行,在符合精度要求时,取其平均值作为丈量结果。

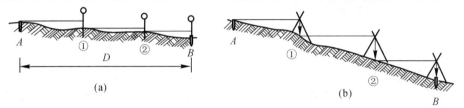

图 4-5　丈量倾斜地面

(a) 缓坡丈量;　(b) 陡坡丈量

四、丈量结果处理与精度评定

为了避免错误和判断丈量结果的可靠性,并提高丈量精度,距离丈量要求往返丈量。用往返丈量的较差 ΔD 与平均距离 $D_{平}$ 之比来衡量它的精度,此比值用分子等于 1 的分数形式来表示,称为相对误差 K,即

$$\Delta D = D_{往} - D_{返} \tag{4.2}$$

$$D_{平} = \frac{1}{2}(D_{往} + D_{返}) \tag{4.3}$$

$$K = \frac{\Delta D}{D_{平}} = \frac{1}{D_{平} / |\Delta D|} \tag{4.4}$$

如相对误差在规定的允许限度内,即 $K \leqslant K_{允}$,可取往返丈量的平均值作为丈量成果。如果超限,则应重新丈量直到符合要求为止。

例 4.2　用钢尺丈量两点间的直线距离,往量距离为 217.30 m,返量距离为 217.38 m,今规定其相对误差不应大于 1/2 000,试问:

(1) 所丈量结果是否满足精度要求?

(2) 按此规定,若丈量 100 m 的距离,往返丈量的较差最大可允许相差多少毫米?

解　由题意知

$$D_{平} = \frac{1}{2}(D_{往} + D_{返}) = (217.30 + 217.38) = 217.34\ \text{m}$$

$$\Delta D = D_{往} - D_{返} = 217.30 - 217.38 = -0.08\ \text{m}$$

$$K = \frac{1}{D_{平} / |\Delta D|} = \frac{1}{217.34/ |-0.08|} = \frac{1}{2\ 700}$$

因为 $K < K_{允} = \dfrac{1}{2\ 000}$,所以所丈量成果满足精度要求。

又由 $K = \dfrac{\Delta D}{D_{平}}$ 知

$$|\Delta D| = KD_{\Psi} = \frac{1}{2\ 000} \times 100 = 0.05 \text{ m}$$

$$\Delta D \leqslant \pm 50 \text{ mm}$$

即往返丈量的较差最大可相差 ±50mm。

五、距离丈量的注意事项

1.影响量距结果的主要因素

(1) 尺身不平。

(2) 定线不直。定线不直使丈量沿折线进行,如图 4-6 中的虚线位置,其影响和尺身不水平的误差一样,在起伏较大的山区或直线较长或精度要求较高时应用有关仪器定线。

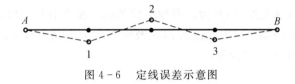

图 4-6　定线误差示意图

(3) 拉力不均。钢尺的标准拉力多是 100 N,故一般丈量中只要保持拉力均匀即可。

(4) 对点和投点不准。丈量时用测钎在地面上标志尺端点位置,若前、后尺手配合不好,插钎不直,很容易造成 3~5 mm 误差。如在倾斜地区丈量,用垂球投点,误差可能更大。在丈量中应尽力做到对点准确,配合协调,尺要拉平,测钎应直立,投点要准。

(5) 丈量中常出现的错误。常见错误主要有认错尺的零点和注字,例如 6 误认为 9;记错整尺段数;读数时,由于精力集中于小数而对分米、米有所疏忽,把数字读错或读颠倒;记录员听错、记错等。为防止错误就要认真校核,提高操作水平,加强工作责任心。

2.注意事项

(1) 丈量距离会遇到地面平坦、起伏或倾斜等各种不同的地形情况,但不论何种情况,丈量距离有三个基本要求:直、平、准。直,就是要量两点间的直线长度,不是折线或曲线长度,为此定线要直,尺要拉直;平,就是要量两点间的水平距离,要求尺身水平,如果量取斜距也要改算成水平距离;准,就是对点、投点、计算要准,丈量结果不能有错误,并符合精度要求。

(2) 丈量时,前后尺手要配合好,尺身要置水平,尺要拉紧,用力要均匀,投点要稳,对点要准,尺稳定时再读数。

(3) 钢尺在拉出和收卷时,要避免钢尺打卷。在丈量时,不要在地上拖拉钢尺,更不要扭折,防止行人踩和车压,以免折断。

(4) 尺子用过后,要用软布擦干净,涂以防锈油,再卷入盒中。

第三节　视距法测量距离

一、视距法测距介绍

经纬仪(或水准仪)望远镜筒内十字丝分划板的上、下两条短横丝,就是用来测量距离的,这样的两条短横丝称为视距丝,如图 4-7(a)所示。

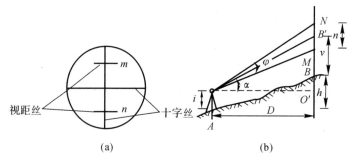

图 4 - 7　视距测量示意图

(a) 十字丝图；(b) 视距测量

在图 4-7(b) 中，A 为测绘点，B 为欲测地形碎部点。在 A 点安置仪器，B 点立尺，读取上、下视距丝在尺上的读数间隔 n 和中丝读数 v，以及竖直角 α，并量取仪器高 i，则 A，B 两点间的水平距离 D 和高差 h 可用下式计算：

$$\left.\begin{array}{l} D = kn\cos^2\alpha \\ h = D\tan\alpha + i - v \end{array}\right\} \tag{4.5}$$

式中，k 为仪器常数，可取 $k = 100$。

如果令 $\Delta = i - v$，在实际工作中只要能使所观测的中丝在尺上读数 v 等于仪器高 i，就可使 Δ 等于零，高差计算公式可简化为

$$h = D\tan\alpha \tag{4.6}$$

为了方便起见，现将视距测量公式列于表 4-1 中，以便在使用中查用。

表 4 - 1　视距测量公式

	水平距离	高　　差	
		$i = v$	$i \neq v$
视线水平时（$\alpha = 0°$）	$D = kn$	$h = 0$	$h = i - v$
视线倾斜时	$D = kn\cos^2\alpha$	$h = D\tan\alpha$	$h = D\tan\alpha + i - v$

立尺点 B 的高程计算公式应为

$$H_B = H_A + D\tan\alpha + i - v \tag{4.7}$$

二、观测与计算

如图 4 - 7 所示，欲测定 A，B 两点间的水平距离 D 和高差 h，其观测方法如下：

(1) 在测站 A 安置经纬仪，量取仪器高 i，在测点 B 竖立视距尺。

(2) 盘左位置，照准视距尺，消除视差后使十字丝的横丝(中丝)读数等于仪器高 i。固定望远镜，用上、下视距丝分别在尺上读取读数，估读到毫米，算出视距间隔 n（n ＝下丝读数－上丝读数）。为了既快速又准确地读出视距间隔，可先将中丝对准仪器高读竖直角，然后把上丝对准邻近整数刻划后直接读取视距间隔。

(3) 转动竖盘指标水准管微动螺旋使竖盘指标水准管气泡居中，读取竖盘读数，算出竖直角 α。对有竖盘指标自动归零装置的仪器，应打开自动归零装置后再读数。

(4)根据表 4-1 所列公式,计算水平距离和高差及立尺点的高程。

进行视距观测时,应注意以下几点:

(1)使用的仪器必须进行竖盘指标差的检校。

(2)视距尺应竖直。

(3)必须严格消除视差,上、下丝读数要快速。

(4)若为提高精度并进行校核,应在盘左、盘右位置按上述方法观测一回,最后取上、下半测回所得的尺间隔 n 和竖直角 α 的平均值来计算水平距离 D 和高差 h。

(5)有障碍物或其他原因,中丝不能在尺上截取仪器高 i 的读数时,应尽量截取大于仪器高的整米数,以便于测点高程的计算。例如,$i=1.42$,则可截取 2.42 m 或 3.42 m 等。

例 4.3 $H_A=35.32$ m,$i=1.39$ m,上、下丝读数为 1.264 m,2.336 m,盘左竖盘读数 $L=82°26'00''$,竖盘指标差 $x=1'$,求两点间平距和高差。

解 视距间隔: $\qquad l=2.336-1.264=1.072$ m

竖角: $\qquad \alpha=90°-82°26'00''+1'=7°35'$

平距: $\qquad D=kl\cos^2\alpha=105.33$ m

中丝: $\qquad v=(上丝读数+下丝读数)/2=1.8$ m

高差: $\qquad h=D\tan\alpha+i-v=+13.61$ m

B 点高程: $\qquad H_B=35.32+13.61=48.93$ m

三、视距测量的注意事项

(1)作业前要对仪器的常数 K 值进行检验,K 值应在 100 ± 0.1 以内,否则应加入改正值。

(2)作业时要将视距尺竖直,最好采用有水准器的视距尺。如果使用塔尺,应注意检查各节尺的接头是否准确。

(3)为了减少垂直折光的影响,观测时应使视线离开地面 1 m 以上。

(4)观测时应仔细对光,消除视差,使成像清晰。读数时尽量不变动眼睛位置,要估读到毫米。

(5)要严格按规范要求控制视距,在距离较远或竖直角较大时,要注意指标水准管气泡的居中。

第四节 电磁波测距

一、电磁波测距仪介绍

电磁波测距基本原理:设电磁波在大气中传播速度为 $c=2\,997\,992\,458$ m/s,它在距离 D 上往返一次的时间为 t,则有

$$D=\frac{1}{2}ct \qquad (4.8)$$

测定时间 t 的方法有直接法和间接法。直接测时常使用脉冲式测距仪,该仪器因其精度较低,通常只用于精度较低的远距离测量、地形测量和炮瞄雷达测距。

1.光波测距仪

1948年瑞典 AGA 仪器公司生产了第一台实用光波测距仪(见图4-8)。

特点:用白炽灯光或高压水银灯光做载体,只能在黎明黄昏或夜间工作,测程可达30 km。

图4-8 AGA NASM 2A 型光波测距仪

2.激光测距仪

1960年美国生产了第一台红宝石激光测距仪(见图4-9)。

特点:用方向性强、相干性好的激光做载体,可昼夜观测,测程远(60 km),精度高±(5 mm + 3 ppm×D)。

图4-9 AGA8 激光测距仪

3.微波测距仪

1956年英国生产了第一台微波测距仪(见图4-10)。

特点:用电磁波微波做载波,可昼夜观测,测程小(25 km),精度较低±(10 mm + 3 ppm ×D)。

4.红外测距仪

红外测距仪于20世纪60年代末开始生产(见图4-11)。

特点:以半导体激光器和发光管为光源,全天候工作,功耗低,测程和精度均能满足工程测量要求。

图 4-10　CMW20 微波测距仪　　　　图 4-11　TCA2003 红外测距仪

二、脉冲法测距原理

脉冲法测距原理如图 4-12 所示。

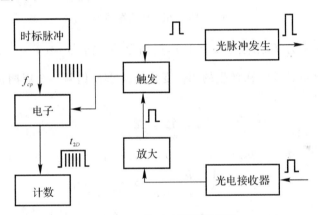

图 4-12　脉冲法测距原理图

在发射光脉冲的同时,取样棱镜将一部分光送入接收光学系统,并转换为电脉冲,作为计时的起点。被反光棱镜反射回来的光脉冲也同样被转换为电信号并进入接收系统,作为计时的终点,从而得到光脉冲在测线上的传播时间。

基本原理:
$$D = \frac{1}{2}vt_{2D} = \frac{1}{2}v\frac{N}{f_{cp}} = \frac{\lambda}{2}N$$

微分上式
$$\mathrm{d}D = \frac{1}{2}c\,\mathrm{d}t$$

换成中误差
$$m_D = \frac{1}{2}cm_t$$

式中,v 为速度;t_{2D} 为时间;λ 为波长;N 为个数;C 为光速;f_{cp} 为频率。

设 $c = 3 \times 10^8$ m/s,要求 $m_D = \pm 3$ mm,则 $m_t = \pm 2 \times 10^{-11}$ s(一般只能达到 10^{-8} s)。

三、相位法测距原理

现有的精密光电测距仪都不采用直接测时的方法,而采用间接测时,即用测定相位的方法来测定距离,此类仪器称为相位式测距仪。它是用一种连续波(精密光波测距仪采用光波)作为"运输工具"(称为载波),通过一个调制器使载波的振幅或频率按照调制波的变化作周期性变化。测距时,通过测量调制波在待测距离上往返传播所产生的相位变化,间接地确定传播时间 t,进而求得待测距离 D。

相位法测距是根据测定正弦波在测量距离上往返传播所产生的相位差来求得距离(见图 $4-13$)。

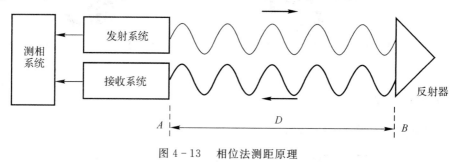

图 $4-13$ 相位法测距原理

调制波的调制频率为 f,角频率 $\omega = 2\pi f$,周期为 T,波长 $\lambda = cT = \dfrac{c}{f}$。

设调制波在距离 D 往返一次产生的相位变化为 φ,调制信号一个周期相位变化为 2π,则调制波的传播时间 t 为

$$t = \frac{\varphi}{\omega} = \frac{\varphi}{2\pi f}$$

相位差: $\quad \Phi = \Phi_\text{发} - \Phi_\text{收} = (\omega t + \varphi_0) - (\omega t + \varphi_0 - \omega t_{2D}) = \omega t_{2D}$

$$D = \frac{1}{2} v \frac{\Phi}{\omega} = \frac{1}{2\omega} v\Phi = \frac{c}{4\pi f n}\Phi$$

$$D = \frac{c}{4\pi f n}(N \times 2\pi + \varphi) = \frac{\lambda}{2}\left(N + \frac{\varphi}{2\pi}\right)$$

把相位差分成整周的倍数和不足一个的尾数,则相位法测距的公式为

$$D = u(N + \Delta N) \tag{4.9}$$

其中,$u = \dfrac{c}{2f} = \dfrac{\lambda}{2}$。

相位式测距仪是用长度为 u 的"测尺"去量测距离,量了 N 个整尺段加上不足一个 u 的长度就是所测距离。

优点:

(1) 可以达到微米级的精度。采用激光作光源时,其波长短,单色性好,波长值很准确。

(2) 单色性好,光波宽带极窄,从而增强了光的干涉长度,测程增大。

四、电磁波测距仪的分类和分级

1.电磁波测距仪的分类

(1) 按测定 t 的方法,分为脉冲测距仪和相位式测距仪。

（2）按测程，分为长程（几十千米）测距仪、中程（数千米至十多千米）测距仪和短程（3 km以下）测距仪。

（3）按载波，分为激光测距仪、红外测距仪和微波测距仪。

（4）按载波数，分为单载波（可见光，红外光，微波）测距仪、双载波（可见光与可见光，可见光与红外光）测距仪和三载波（可见光、可见光和微波，可见光、红外光和微波）测距仪。

（5）按反射目标，分为漫反射目标（非合作目标）测距仪、合作目标（平面反射镜，角反射镜）测距仪和有源反射器（同频载波应答机，非同频载波应答机）测距仪。

2.电磁波测距仪的分级

电磁波测距仪的精度表达式：

$$m_D = \pm(a + b \cdot \text{ppm} \times D)$$

其中，a 为固定误差（mm），b 为比例误差系数（mm/km），D 为测距边长度（km）。

Ⅰ级：$m_D \leqslant 5$ mm；

Ⅱ级：5 mm $< m_D \leqslant 10$ mm。

五、测距的误差来源及注意事项

1.误差来源

一部分是与距离 D 成比例的误差，即光速值误差、大气折射率误差和测距频率误差；另一部分是与距离无关的误差，即测相误差、加常数误差、对中误差。

2.注意事项

（1）作业时要防止仪器日晒、雨淋，仪器应放在干燥通风处保存。

（2）不要让测距仪的手镜对着太阳，避免强光损坏增收管。

（3）对于精度要求较高的测量，应选择在气象条件较好的情况下作业。

（4）不要把仪器从寒冷处直接拿进温室，要先放在仪器箱中慢慢降温，以免内部凝结水气。

（5）运输时应放入仪器箱内，避免强烈撞击。

阅读材料

1.电子仪器保管的注意事项

（1）仪器的保管由专人负责，每天现场使用完毕带回办公室，不得放在现场工具箱内。

（2）仪器箱内应保持干燥，要防潮防水并及时更换干燥剂。仪器必须放置在专门架上或固定位置。

（3）仪器长期不用时，应以一月左右定期取出通风防霉并通电驱潮，以保持仪器良好的工作状态。

（4）仪器放置要整齐，不得倒置。

2.电子仪器使用时的注意事项

（1）开工前应检查仪器箱背带及提手是否牢固。

（2）开箱后提取仪器前，要看准仪器在箱内放置的方式和位置，装卸仪器时，必须握住提手，将仪器从仪器箱取出或装入仪器箱时，请握住仪器提手和底座，不可握住显示单元的下部。切不可拿仪器的镜筒，否则会影响内部固定部件，从而降低仪器的精度。应握住仪器的基座部分,或双手握住望远镜支架的下部。仪器用毕,先盖上物镜罩,并擦去表面的灰尘。装箱时各部位要放置妥帖,合上箱盖时应无障碍。

(3)在太阳光照射下观测仪器,应给仪器打伞,并带上遮阳罩,以免影响观测精度。在杂乱环境下测量,仪器要有专人守护。当仪器架设在光滑的表面时,要用细绳(或细铅丝)将三脚架三个脚连起来,以防滑倒。

(4)当架设仪器在三脚架上时,尽可能用木制三脚架,因为使用金属三脚架可能会产生振动,从而影响测量精度。

(5)当测站之间距离较远的时,搬站时应将仪器卸下,装箱后背着走。行走前要检查仪器箱是否锁好,检查安全带是否系好。当测站之间距离较近时,搬站时可将仪器连同三脚架一起靠在肩上,但仪器要尽量保持直立放置。

(6)搬站之前,应检查仪器与脚架的连接是否牢固。搬运时,应把制动螺旋略微关住,使仪器在搬站过程中不致晃动。

(7)仪器任何部分发生故障,不勉强使用,应立即检修,否则会加剧仪器的损坏。

(8)光学元件应保持清洁,如沾染灰沙,必须用毛刷或柔软的擦镜纸擦掉。禁止用手指抚摸仪器的任何光学元件表面。清洁仪器透镜表面时,请先用干净的毛刷扫去灰尘,再用干净的无线棉布沾酒精由透镜中心向外一圈圈地轻轻擦拭。除去仪器箱上的灰尘时切不可用任何稀释剂或汽油,而应用干净的布块沾中性洗涤剂擦洗。

(9)在潮湿环境中工作,作业结束,要用软布擦干仪器表面的水分及灰尘后装箱。回到办公室后立即开箱取出仪器放于干燥处,彻底晾干后再装箱内。

(10)冬天室内、室外温差较大时,仪器搬出室外或搬入室内,应隔一段时间后才能开箱。

3.电子仪器转运时的注意事项

(1)首先把仪器装在仪器箱内,再把仪器箱装在专供转运用的木箱内,并在空隙处填以泡沫、海绵、刨花或其他防震物品。装好后将木箱或塑料箱盖子盖好。需要时应用绳子捆扎结实。

(2)无专供转运的木箱或塑料箱的仪器不应托运,应由测量员亲自携带。在整个转运过程中,要做到人不离开仪器,如乘车,应将仪器放在松软物品上面,并用手扶着,在颠簸厉害的道路上行驶时,应将仪器抱在怀里。

(3)注意轻拿轻放、放正、不挤不压,无论天气晴雨,均要事先做好防晒、防雨、防震等措施。

4.电池的使用

全站仪的电池是全站仪最重要的部件之一,现在全站仪所配备的电池一般为 Ni-H(镍氢电池)和 Ni-Cd(镍镉电池),电池的好坏、电量的多少决定了外业时间的长短。

(1)建议在电源打开期间不要将电池取出,因为此时存储数据可能会丢失,因此请在电源关闭后再装入或取出电池。

(2)可充电电池可以反复充电使用,但是如果在电池还存有剩余电量的状态下充电,则会缩短电池的工作时间。此时,电池的电压可通过刷新予以复原,从而改善作业时间。充足电的电池放电时间约需 8 h。

(3)不要连续进行充电或放电,否则会损坏电池和充电器,如有必要进行充电或放电,则应在停止充电约 30 min 后再使用充电器。

（4）不要在电池刚充电后就进行充电或放电,有时这样会造成电池损坏。

（5）超过规定的充电时间会缩短电池的使用寿命,应尽量避免。

（6）电池剩余容量显示级别与当前的测量模式有关,在角度测量的模式下,电池剩余容量够用,并不能够保证电池在距离测量模式下也能用,因为距离测量模式耗电高于角度测量模式,当从角度模式转换为距离模式时,由于电池容量不足,会不时中止测距。

总之,只有在日常的工作中,注意全站仪的使用和维护,注意全站仪电池的充放电,才能延长全站仪的使用寿命,使全站仪的功效发挥到最大。

习　　题

1.解释概念:直线定线、距离相对误差、经纬仪定线。

2.简述钢尺量距的注意事项。

3.简述视距测量的注意事项。

4.简述电磁波测距的注意事项。

5.说明某红外测距仪的测距精度表达式 $m_D = \pm(3\text{ mm}+2\text{ppm}\times D)$ 的意义? $D=1.5\text{ km}$ 时, m_D 是多少?

6.简述电磁波测距仪的分类。

7.测量某段距离, $D_{往}=56.337\text{ m}$, $D_{返}=56.346\text{ m}$,求相对较差 k。

8.视距测量平距计算公式: $D_{AB}=100(l_下-l_上)\times\cos^2\alpha$, $l=l_下-l_上=1.254\text{ m}$,竖直度盘读数 $L=88°45'36''$, $i=v=1.45\text{ m}$。

求 D_{AB} 和 h。

9.完成表 4-2。

表　4-2

尺　段	丈量次数/次	后端读数/m	前端读数/m	尺段长度/m
A~1	1 2 3 平均	0.032 0.044 0.060	29.850 29.863 29.877	
1~2	1 2 3 平均	0.057 0.076 0.078	29.670 29.688 29.691	
2~B	1 2 3 平均	0.064 0.072 0.083	9.570 9.579 9.589	

第五章 控制测量

第一节 控制测量概述

一、控制测量

为了限制测量误差的累积,确保区域测量成果的精度分布均匀,并加快测量工作进度,测量工作应按照"从整体到局部,先控制后碎部"这样的程序开展。即在一个大范围内从事测量工作,首先应从整体出发,在区域内选择少数有控制意义的点,组成整体控制网,用高精度的仪器、精密的测量方法有求出各控制点的位置,这项工作称为控制测量。控制点的位置确定以后,再以各控制点为基准,确定其周围各碎部点的位置,这项工作称为碎部测量。

控制网分为平面控制网和高程控制网。测定控制点平面位置的工作,称为平面控制测量。平面控制测量方法有:导线测量、三角测量、GPS测量、三边测量、边角网测量、交会测量等。测定控制点高程的工作,称为高程控制测量。高程控制测量的方法有水准测量和三角高程测量。根据其范围大小和功能不同,测量控制网分为国家控制网、城市控制网和小地区控制网。

二、国家控制网

国家控制网是在全国范围内建立的控制网,它为统一全国范围内的坐标系统和高程系统,并为各种工程测量提供控制依据。国家控制网按精度由高到低分为一、二、三、四共四个等级。它的低级点受高级点控制。一等精度最高,是国家控制网的骨干。二等精度次之,它是国家控制网的全面基础。三、四等是在二等控制基础上进行加密。

国家平面控制网如图5-1所示,一等三角锁是国家平面控制网的骨干;二等三角网布设于一等三角锁环内,是国家平面控制网的全面基础;三、四等三角网为二等三角网的进一步加密。建立国家平面控制网,主要采用三角测量的方法。国家一等水准网是国家高程控制网(见图5-2)的骨干。二等水准网布设于一等水准环内,是国家高程控制网的全面基础。三、四等水准网为国家高程控制网的进一步加密。建立国家高程控制网,采用精密水准测量的方法。

三、城市控制测量、小地区控制测量

城市控制网是为城市规划、建筑设计及施工放样等目的而建立的测量控制网。根据城市的大小,它可以在国家基本控制网的基础上进行加密。若国家控制网不能满足其要求,也可以建立单独的控制网,具体做法见《城市测量规范》相关部分内容。

小地区控制网主要指面积在15 km²以内的小范围,为大比例尺测图和工程建设而建立的控制网。小地区控制网应尽可能与国家控制网中的高级控制点进行联测,将国家控制点的

坐标和高程作为小地区控制网的起算和校核数据。若与国家控制网进行联测有困难,也可以在测区内建立独立的控制网。

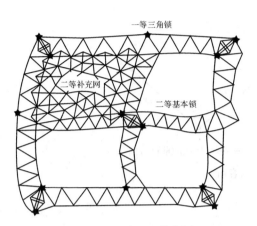

图 5-1 国家平面控制网

图 5-2 国家高程控制网

小地区平面控制网应根据测区面积的大小按精度要求分级建立。在测区范围内建立统一的精度最高的控制网,称为首级控制网。直接为测图建立的控制网,称为图根控制网。图根控制网中的控制点称为图根控制点,简称图根点。

小地区高程控制网可以采用水准测量的方法建立,也可以采用三角高程测量的方法建立。水准测量适用于地势平坦的城市建筑区,三角高程测量主要适用于地面高差起伏较大的山区和丘陵地区。

各种等级的高程控制点和平面控制点都埋设有固定的标石,它们的点名、坐标、高程可从各有关城建或测绘部门查得。

四、导线测量

小地区平面控制网可以采用三角测量的方法建立,也可以采用导线测量的方法建立。所谓导线,就是将相邻控制点用直线连接而构成的折线图形。构成导线的控制点称为导线点,相邻导线点的边长称为导线边,相邻导线边之间的水平角称为转折角。导线测量就是通过测定导线边的边长和各转折角,根据已知数据,推算出各导线边的坐标方位角,从而求出各导线点的坐标。

在工程建设中,常常遇到在小范围内加密控制点的问题。小范围内加密平面控制点常采用导线和测角交会定点的形式,加密高程控制点多采用水准测量和三角高程测量的方法。

第二节 导 线 测 量

导线测量是平面控制测量的一种方法。所谓导线,就是由测区内选定的控制点组成的连续折线,如图 5-3 所示。折线的转折点 A,B,C,E,F 称为导线点;转折边 D_{AB},D_{BC},D_{CE}, D_{EF} 称为导线边;水平角 β_B,β_C,β_E 称为转折角,其中 β_B,β_E 在导线前进方向的左侧,叫作左角,β_C 在导线前进方向的右侧,叫作右角;α_{AB} 称为起始边 D_{AB} 的坐标方位角。导线测量主要是测定导线边长及其转折角,然后根据起始点的已知坐标和起始边的坐标方位角,计算各导线点的坐标。

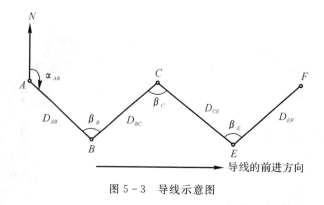

图 5-3　导线示意图

一、导线的形式

根据测区的情况和要求,导线可以布设成以下几种常用形式。

1.闭合导线

如图 5-4(a)所示,由某一高级控制点出发最后又回到该点,组成一个闭合多边形。它适用于面积较宽阔的独立地区作测图控制。

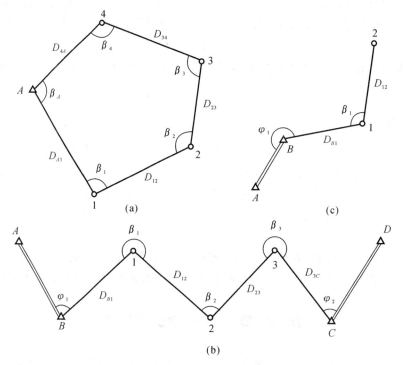

图 5-4　导线的布置形式示意图

(a)闭合导线;　(b)附合导线;　(c)支导线

2.附符合导线

如图 5-4(b)所示,自某一高级控制点出发最后附合到另一高级控制点上的导线,它适用于带状地区的测图控制,此外也广泛用于公路、铁路、管道、河道等工程的勘测与施工控制点的建立。

3.支导线

如图 5-4(c)所示,从一控制点出发,既不闭合也不附合于另一控制点上的单一导线,这种导线没有已知点进行校核,错误不易发现,所以导线的点数不得超过 2~3 个。

二、导线的等级

工程测量中,根据测区范围和精度要求,导线测量可分为三等、四等、一级、二级和三级导线五个等级。各级导线测量的技术要求如表 5-1 所列。

导线测量的工作分外业和内业。外业工作一般包括选点、测角和量边;内业工作是根据外业的观测成果经过计算,最后求得各导线点的平面直角坐标。本节要介绍的是外业中的几项工作。

表 5-1 导线测量的技术要求

等级	附合导线长度/km	平均边长/km	每边测距中误差/mm	测角中误差/(″)	导线全长相对闭合差	方位角闭合差/(″)	测回数/次		
							DJ1	DJ2	DJ6
三等	30	2.0	13	1.8	1/55 000	$\pm3.6\sqrt{n}$	6	10	—
四等	20	1.0	13	2.5	1/35 000	$\pm5\sqrt{n}$	4	6	—
一级	10	0.5	17	5.0	1/15 000	$\pm10\sqrt{n}$	—	2	4
二级	6	0.3	30	8.0	1/10 000	$\pm16\sqrt{n}$	—	1	3
三级	—	—	—	20.0	1/2000	$\pm30\sqrt{n}$	—	1	2

三、导线外业工作

1.选点

导线点位置的选择,除了满足导线的等级、用途及工程的特殊要求外,选点前应进行实地踏勘,根据地形情况和已有控制点的分布等确定布点方案,并在实地选定位置。在实地选点时应注意下列几点:

(1)导线点应选在地势较高、视野开阔的地点,便于施测周围地形。

(2)相邻两导线点间要互相通视,便于测量水平角。

(3)导线应沿着平坦、土质坚实的地面设置,以便于丈量距离。

(4)导线边长要选得大致相等,相邻边长不应差距过大。

(5)导线点位置须能安置仪器,便于保存。

(6)导线点应尽量靠近路线位置。

导线点位置选好后要在地面上标定下来,一般方法是打一木桩并在桩顶中心钉一小铁钉。对于需要长期保存的导线点,则应埋入石桩或混凝土桩,桩顶刻凿十字或浇入锯有十字的钢筋作标志。

为了便于日后寻找使用,最好将重要的导线点及其附近的地物绘成草图,注明尺寸,如图5-5所示。

草　　图	导　线　点	相关位置	
	P_3	李　庄	7.23 m
		化肥厂	8.15 m
		独立树	6.14 m

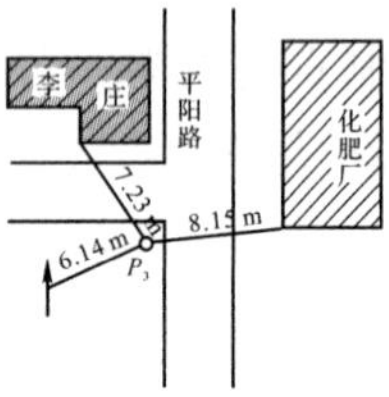

图5-5　导线点之记图

2.测角

导线的水平角即转折角,是用经纬仪按测回法进行观测的。在导线点上可以测量导线前进方向的左角或右角。一般在复合导线中,测量导线的左角,在闭合导线中均测内角。当导线与高级点连接时,需测出各连接角,如图5-4(b)中的φ_1,φ_2角。如果是在没有高级点的独立地区布设导线,测出起始边的方位角以确定导线的方向,或假定起始边方位角。

导线的转折角使用经纬仪按测回法观测。若为闭合导线,则观测其内角;若为复合导线,应明确规定观测其左角或观测其右角,以防止差错。对于支导线,应分别观测左角和右角,以资检核。当导线需要与高级控制点联测时,必须测出连接角,以便将高级控制网的坐标方位角传递给低级控制网。若附近无高级控制网,可假定起始点的坐标和起始边的方位角作为起始数据。

3.量距

用普通钢尺或全站仪测量导线边长。请参阅第四章的有关内容。

第三节　导线测量的内业计算

导线测量的最终目的是要获得各导线点的平面直角坐标,因此外业工作结束后就要进行内业计算,以求得导线点的坐标。

一、坐标计算的基本公式

1.坐标正算

根据已知点的坐标及已知边长和坐标方位角计算未知点的坐标,即坐标的正算。

如图5-6所示,设A为已知点,B为未知点,当A点的坐标X_A,Y_A和边长D_{AB},坐标方位角α_{AB}均为已知时,则可求得B点的坐标X_B,Y_B。由图可知

$$X_B = X_A + \Delta X_{AB}$$
$$Y_B = Y_A + \Delta Y_{AB} \tag{5.1}$$

其中,坐标增量的计算公式为

$$\left. \begin{array}{l} \Delta X_{AB} = D_{AB}\cos\alpha_{AB} \\ \Delta Y_{AB} = D_{AB}\sin\alpha_{AB} \end{array} \right\} \tag{5.2}$$

式中，ΔX_{AB}，ΔY_{AB} 的正负号应由 $\cos\alpha_{AB}$，$\sin\alpha_{AB}$ 的正负号决定，所以式(5.1)又可写成

$$X_B = X_A + D_{AB}\cos\alpha_{AB}$$
$$Y_B = Y_A + D_{AB}\sin\alpha_{AB} \Big\}\qquad(5.3)$$

2.坐标反算

由两个已知点的坐标反算其坐标方位角和边长，即坐标的反算。

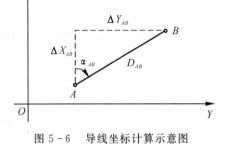

如图5-6所示，若设 A，B 为两已知点，其坐标分别为 X_A，Y_A 和 X_B，Y_B，则可得

$$\tan\alpha_{AB} = \frac{\Delta Y_{AB}}{\Delta X_{AB}} \qquad(5.4)$$

$$D_{AB} = \frac{\Delta Y_{AB}}{\sin\alpha_{AB}} = \frac{\Delta X_{AB}}{\cos\alpha_{AB}} \qquad(5.5)$$

图 5-6 导线坐标计算示意图

或 $$D_{AB} = \sqrt{(\Delta X_{AB})^2 + (\Delta X_{AB})^2} \qquad(5.6)$$

式中，$\Delta X_{AB} = X_B = X_A$，$\Delta Y_{AB} = Y_B - Y_A$。

由式(5.4)可求得 α_{AB}。α_{AB} 求得后，又可由式(5.5)算出两个 D_{AB}，并作相互校核。如果仅尾数略有差异，就取中数作为最后的结果。

需要指出的是，按式(5.4)计算出来的坐标方位角是有正负号的，因此，还应按坐标增量 ΔX 和 ΔY 的正负号最后确定 AB 边的坐标方位角。即若按式(5.4)计算的坐标方位角为

$$\alpha' = \tan^{-1}\frac{\Delta Y}{\Delta X} \qquad(5.7)$$

则在第 Ⅰ 象限，即当 $\Delta X > 0$，$\Delta Y > 0$ 时，$\alpha_{AB} = \alpha'$；在第 Ⅱ 象限，即当 $\Delta X < 0$，$\Delta Y > 0$ 时，$\alpha_{AB} = 180° - \alpha'$；在第 Ⅲ 象限，即当 $\Delta X < 0$，$\Delta Y < 0$ 时，$\alpha_{AB} = 180° + \alpha'$；在第 Ⅳ 象限，即当 $\Delta X > 0$，$\Delta Y < 0$ 时，$\alpha_{AB} = 360° - \alpha'$，也就是当 $\Delta X > 0$ 时，应给 α' 加 $360°$；当 $\Delta X < 0$ 时，应给 α' 加 $180°$ 才是所求 AB 边的坐标方位角。

二、坐标方位角的推算

为了计算导线点的坐标，首先应推算出导线各边的坐标方位角(以下简称方位角)。如果导线和国家控制点或测区的高级点进行了连接，则导线各边的方位角由已知边的方位角来推算；如果测区附近没有高级控制点可以连接，称为独立测区，则须测量起始边的方位角，再以此观测方位角来推算导线各边的方位角。

如图5-7所示，设 A，B，C 为导线点，AB 边的方位角 α_{AB} 为已知，导线点 B 的左角为 $\beta_{左}$，现在来推算 BC 边的方位角 α_{BC}。

由正反方位角的关系，可知

$$\alpha_{BC} = \alpha_{AB} - 180°$$

则从图中可以看出

$$\alpha_{BC} = \alpha_{AB} + \beta_{左} = \alpha_{AB} - 180° + \beta_{左} \qquad(5.8)$$

根据方位角不大于 $360°$ 的定义，若用式(5.8)算出的方位角大于 $360°$，则减去 $360°$ 即可。当用右角推算方位角时，如图5-7所示。

$$\alpha_{BA} = \alpha_{AB} + 180°$$

则从图中可以看出

$$\alpha_{BC} = \alpha_{BA} + 180° - \beta_右 \tag{5.9}$$

用式(5.9)计算 α_{BC} 时，如果 $\alpha_{AB} + 180°$ 后仍小于 $\beta_右$ 时，则应加 $360°$ 后再减 $\beta_右$。

根据上述推导，得到导线边坐标方位角的一般推算公式为

$$\alpha_前 = \alpha_后 \pm 180° {+\beta_左 \atop -\beta_右} \tag{5.10}$$

式中，$\alpha_前$，$\alpha_后$ 是导线点的前边方位角和后边方位角。

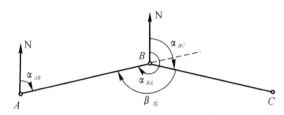

图 5-7　坐标方位角推算示意图

如图 5-8 所示，以导线的前进方向为参考，导线点 B 的后边是 AB 边，其方位角为 $\alpha_前$；前边是 BC 边，其方位角为 $\alpha_后$。

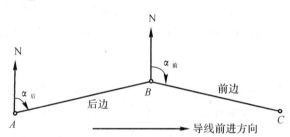

图 5-8　坐标方位角推算标准图（导线前进方向的参考）

$180°$ 前的正负号取用：当 $\alpha_后 < 180°$ 时，用"＋"号；当 $\alpha_后 > 180°$ 时，用"－"号。导线的转折角是左角（$\beta_左$）就加上，是右角（$\beta_右$）就减去。

三、闭合导线的坐标计算

1.角度闭合差的计算与调整

闭合导线从几何上看，是一多边形，如图 5-9 所示。其内角和在理论上应满足下列关系：

$$\sum\beta_理 = 180°(n-2)$$

但由于测角时不可避免地有误差存在，使实测的内角之和不等于理论值，这样就产生了角度闭合差，以 f_β 来表示，则

$$f_\beta = \sum\beta_测 - \sum\beta_理$$

或

$$f_\beta = \sum\beta_测 - (n-2) \times 180° \tag{5.11}$$

式中，n 为闭合导线的转折角数；$\sum\beta_测$ 为观测角的总和。

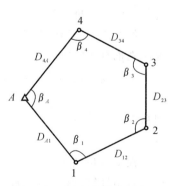

图 5-9　闭合导线示意图

算出角度闭合差之后,如果 f_β 值不超过允许误差的限度(一般为 $\pm 40\sqrt{n}$, n 为角度个数),说明角度观测符合要求,即可进行角度闭合差调整,使调整后的角值满足理论上的要求。

由于导线的各内角是采用相同的仪器和方法,在相同的条件下观测的,所以对于每一个角度来讲,可以认为它们产生的误差大致相同,因此在调整角度闭合差时,可将闭合差按相反的符号平均分配于每个观测内角中。设以 $V_{\beta i}$ 表示各观测角的改正数, $\beta_{测i}$ 表示观测角, β_i 表示改正后的角值,则

$$V_{\beta i} = -\frac{f_\beta}{n} \qquad (5.12)$$

$$\beta_i = \beta_{测i} + V_{\beta i}, \quad i = 1, 2, \cdots, n$$

当上式不能整除时,则可将余数凑整到导线中短边相邻的角上,这是因为在短边测角时由于仪器对中、照准所引起的误差较大。

各内角的改正数之和应等于角度闭合差,但符号相反,即 $\sum V_{\beta i} = -f_\beta$ 。改正后的各内角值之和应等于理论值,即 $\sum \beta_i = (n-2) \times 180°$ 。

例 5.1　某导线是一个四边形闭合导线。四个内角的观测值总和 $\sum \beta_测 = 359°59'14''$ 。由多边形内角和公式计算可知

$$\sum \beta_理 = (4-2) \times 180° = 360°$$

则角度闭合差为

$$f_\beta = \sum \beta_{测i} - \sum \beta_{理i} = -46''$$

按要求允许的角度闭合误差为

$$f_{\beta 允} = \pm 40'' \sqrt{n} = \pm 40'' \sqrt{4} = \pm 1'20''$$

则 f_β 在允许误差范围内,可以进行角度闭合差调整。

依照式(5.12)得各角的改正数为

$$V_{\beta i} = -\frac{f_\beta}{n} = \frac{-46''}{n} = +11.5''$$

由于不是整秒,分配时每个角平均分配 $+11''$,短边角的改正数为 $+12''$ 。改正后的各内角值之和应等于 $360°$ 。

2.坐标方位角推算

根据起始边的坐标方位角 α_{AB} 及改正后(调整后)的内角值 β_i ,按式(5.10)依次推算各边的坐标方位角。

3.坐标增量的计算

在平面直角坐标系中, A , B 两点坐标分别为 $A(X_A, Y_A)$ 和 $B(X_B, Y_B)$,它们相应的坐标差称为坐标增量,分别以 ΔX 和 ΔY 表示,从图 5-9 中可以看出

$$\left. \begin{aligned} X_B - X_A &= \Delta X_{AB} \\ Y_B - Y_A &= \Delta Y_{AB} \end{aligned} \right\}$$

或

$$\left. \begin{aligned} X_B &= X_A + \Delta X_{AB} \\ Y_B &= Y_A + \Delta Y_{AB} \end{aligned} \right\} \qquad (5.13)$$

导线边 AB 的距离为 D_{AB} ,其方位角为 α_{AB} ,则

$$\left.\begin{array}{c} \Delta X_{AB} = D_{AB} \cos\alpha_{AB} \\ \Delta Y_{AB} = D_{AB} \sin\alpha_{AB} \end{array}\right\} \tag{5.14}$$

4. 坐标增量闭合差的计算与调整

(1) 坐标增量闭合差的计算。如图 5-10 所示，导线边的坐标增量可以看成是在坐标轴上的投影线段。从理论上讲，闭合多边形各边在 X 轴上的投影，其 $+X$ 的总和与 $-\Delta X$ 的总和应相等，即各边纵坐标增量的代数和应等于零。同样在 Y 轴上的投影，其 $+\Delta Y$ 的总和与 $-\Delta Y$ 的总和也应相等，即各边横坐标增量的代数和也应等于零。也就是说，闭合导线的纵、横坐标增量之和在理论上应满足下述关系：

$$\left.\begin{array}{c} \sum \Delta X_{理i} = 0 \\ \sum \Delta Y_{理i} = 0 \end{array}\right\} \tag{5.15}$$

但因测角和量距都不可避免的有误差存在，因此根据观测结果计算的 $\sum \Delta X_{算i}$，$\sum \Delta Y_{算i}$ 都不等于零，而等于某一个数值 f_X 和 f_Y，即

$$\left.\begin{array}{c} \sum \Delta X_{算i} = f_X \\ \sum \Delta Y_{算i} = f_Y \end{array}\right\} \tag{5.16}$$

式中，f_X 称为纵坐标增量闭合差；f_Y 称为横坐标增量闭合差。

从图 5-11 中可以看出 f_X 和 f_Y 的几何意义。由于 f_X 和 f_Y 的存在，就使得闭合多边形出现了一个缺口，起点 A 和终点 A' 没有重合，设 AA' 的长度为 f_D，称为导线的全长闭合差，而 f_X 和 f_Y 正好是 f_D 在纵、横坐标轴上的投影长度。所以

$$f_D = \sqrt{f_x^2 + f_y^2} \tag{5.17}$$

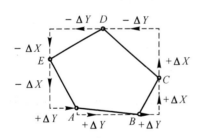

图 5-10　闭合导线坐标增量示意图

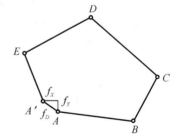

图 5-11　闭合导线坐标增量闭合差示意图

(2) 导线精度的衡量。导线全长闭合差 f_D 的产生，是由于测角和量距中有误差存在，所以一般用它来衡量导线的观测精度。可是导线全长闭合差是一个绝对闭合差，且导线愈长，所量的边数与所测的转折角数就愈多，影响全长闭合差的值也就愈大，因此，须采用相对闭合差来衡量导线的精度。设导线的总长为 $\sum D_i$，则导线全长相对闭合差 K 为

$$K = \frac{f_D}{\sum D_i} = \frac{1}{\sum D_i / f_D} \tag{5.18}$$

若 $K \leqslant K_允$，则表明导线的精度符合要求，否则应查明原因进行补测或重测。

(3) 坐标增量闭合差的调整。如果导线的精度符合要求，即可将增量闭合差进行调整，使改正后的坐标增量满足理论上的要求。由于是等精度观测，所以增量闭合差的调整原则是将

它们以相反的符号按与边长成正比例分配在各边的坐标增量中。设 $V_{\Delta X_i}$，$V_{\Delta Y_i}$ 分别为纵、横坐标增量的改正数，即

$$\left.\begin{aligned} V_{\Delta X_i} &= -\frac{f_X}{\sum D_i}D_i \\ V_{\Delta Y_i} &= -\frac{f_Y}{\sum D_i}D_i \end{aligned}\right\} \tag{5.19}$$

式中，$\sum D$ 为导线边长总和；$D_i(i=1,2,\cdots,n)$ 为导线某边长。

所有坐标增量改正数的总和，其数值应等于坐标增量闭合差，而符号相反，即

$$\left.\begin{aligned} \sum V_{\Delta Xi} &= V_{\Delta X1} + V_{\Delta X2} + \cdots + V_{\Delta Xn} - f_x \\ \sum V_{\Delta Yi} &= V_{\Delta Y1} + V_{\Delta Y2} + \cdots + V_{\Delta Yn} = -f_y \end{aligned}\right\} \tag{5.20}$$

改正后的坐标增量应为

$$\left.\begin{aligned} \Delta X_i &= \Delta X_{算i} + V_{\Delta Xi} \\ \Delta Y_i &= \Delta Y_{算i} + V_{\Delta Yi} \end{aligned}\right\} \tag{5.21}$$

5.坐标推算

用改正后的坐标增量，就可以从导线起点的已知坐标依次推算其他导线点的坐标，即

$$\left.\begin{aligned} X_i &= X_{i-1} + \Delta X_{i-1,i} \\ Y_i &= Y_{i-1} + \Delta Y_{i-1,i} \end{aligned}\right\} \tag{5.22}$$

例 5.2　闭合导线计算表见表 5-2。

表 5-2　闭合导线计算

点号	观测角度 (°)(′)(″)	改正数 (″)	改正角 (°)(′)(″)	坐标方位角 (°)(′)(″)	距离 m	坐标增量值 /m		改正后增量 /m		坐标值 /m	
						Δx	Δy	(Δx)	(Δy)	x	y
1				125 30 00	105.22	-2 -61.10	$+2$ $+85.66$	-61.12	$+85.68$	500.00	500.00
2	107 48 30	$+13$	107 48 43	53 18 43	80.18	-2 $+47.90$	$+2$ $+64.30$	$+47.88$	$+64.32$	438.88	585.68
3	73 00 20	$+12$	73 00 32	306 19 15	129.34	-3 $+76.61$	$+2$ -104.21	$+76.58$	-104.19	486.76	650.00
4	89 33 50	$+12$	89 34 02	215 53 17	78.16	-2 -63.32	$+1$ -45.82	-63.34	-45.81	586.34	545.81
1	89 36 30	$+13$	89 36 43	125 30 00							
2											
总和	359 59 10	$+50$	360 00 00		392.90	$+0.09$	-0.07	0.00	0.00		
辅助计算	$f_\beta = -50''$ $f_{\beta容} = \pm60\sqrt{4} = \pm120''$			$f_x = \sum\Delta x = +0.09\text{m}$ $f_y = \sum\Delta y = -0.07\text{m}$ $f_D = \sqrt{f_x^2 + f_y^2} = \pm0.11 \quad k = 0.11/392.9 = 1/3\,500$								

四、附合导线的坐标计算

附合导线的坐标计算方法与闭合导线基本上相同,但由于布置形式不同,且附合导线两端与已知点相连,因而只是角度闭合差与坐标增量闭合差的计算公式有些不同。下面介绍这两项的计算方法。

1. 角度闭合差的计算

如图 5-12 所示,附合导线连接在高级控制点 A,B 和 C,D 上,它们的坐标均已知。连接角为 φ_1 和 φ_2,起始边坐标方位角 α_{AB} 和终边坐标方位角 α_{CD} 可根据坐标反算求得,见式(5.4)。从起始边方位角 α_{AB} 经连接角依照式(5.10)可推算出终边的方位角 α'_{CD},此方位角应与反算求得的方位角(已知值)α_{CD} 相等。由于测角有误差,推算的 α'_{CD} 与已知的 α_{CD} 不可能相等,其差数即为附合导线的角度闭合差 f_β,即

$$f_\beta = \alpha'_{CD} - \alpha_{CD} \tag{5.23}$$

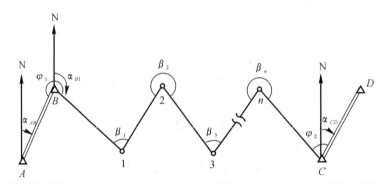

图 5-12　附合导线示意图

终边坐标方位角 α'_{CD} 的推算方法可用式(5.10)推求,也可用下列公式直接计算出终边坐标方位角。

用观测导线的左角来计算方位角,其公式为

$$\alpha'_{CD} = \alpha_{AB} - n \times 180° + \sum \beta_左 \tag{5.24}$$

用观测导线的右角来计算方位角,其公式为

$$\alpha'_{CD} = \alpha_{AB} + n \times 180° + \sum \beta_右 \tag{5.25}$$

式中,n 为转折角的个数。

附合导线角度闭合差的一般形式可写为

$$f_\beta = (\alpha_{AB} - \alpha_{CD}) \mp n \times 180° \begin{matrix} + \sum \beta_左 \\ - \sum \beta_右 \end{matrix}$$

附合导线角度闭合差的调整方法与闭合导线相同。需要注意的是,在调整过程中,转折角的个数应包括连接角,若观测角为右角时,改正数的符号应与闭合差相同。用调整后的转折角和连接角所推算的终边方位角应等于反算求得的终边方位角。

2. 坐标增量闭合差的计算

如图 5-13 所示,附合导线各边坐标增量的代数和在理论上应等于起、终两已知点的坐标

值之差,即

$$\sum \Delta X_{理} = X_B - X_A$$

$$\sum \Delta Y_{理} = Y_B - Y_A$$

由于测角和量边有误差存在,所以计算的各边纵、横坐标增量代数和不等于理论值,产生纵、横坐标增量闭合差,其计算公式为

$$\left. \begin{array}{l} f_X = \sum \Delta X_{算} - (X_B - X_A) \\ f_Y = \sum \Delta Y_{算} - (Y_B - Y_A) \end{array} \right\} \tag{5.26}$$

附合导线坐标增量闭合差的调整方法以及导线精度的衡量均与闭合导线相同。

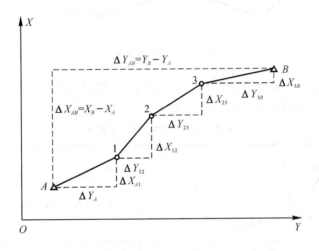

图 5-13　附合导线坐标增量示意图

第四节　小三角测量

一、前方交会法

如图 5-14 所示。在导线上某点 P 能同时通视 $2 \sim 3$ 个三角点 A,B 和 C。在三角点上设站,观测 α_A,β_B,通过解算三角形 $\triangle ABP$ 求得导线点的坐标 X_P,Y_P,这种方法称为前方交会法。前方交会法只需测角,不需量距,工作简单,计算方便。为了校核,最好再选定第三个三角点 C,并观测 α_B,β_C 角,通过解算 $\triangle BCP$ 还可以求得 P 点的坐标,然后比较两次计算结果,来核对导线点 P 的坐标。如果相差较小,可取其平均值作为 P 点的最终坐标值。

导线点 P 的坐标计算公式如下:

设三角点 A,B 的坐标分别为 (X_A,Y_A) 和 (X_B,Y_B),按图 5-14 所示的图形编号,则 P 点坐标为

$$X_P = \frac{X_A\cot\beta_B + X_B\cot\alpha_A + (Y_B - Y_A)}{\cot\alpha_A + \cot\alpha_B}$$

$$Y_P = \frac{Y_A\cot\beta_B + Y_B\cot\alpha_A - (X_B - X_A)}{\cot\alpha_A + \cot\alpha_B}$$

(5.27)

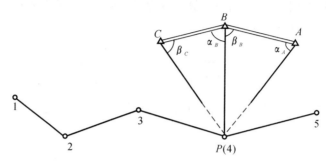

图 5 - 14   前方交会法

例 5.3   置仪器于三角点 A,B 处观测导线点 P，并测得角值为 α,β，应用前方交会公式(5.27)便可求出 P 点的坐标 (X_P,Y_P)。具体计算过程见表 5 - 3。

表 5 - 3   前方交会计算表

示意图				$$X_P = \frac{X_A\cot\beta_B + X_B\cot\alpha_A + (Y_B - Y_A)}{\cot\alpha_A + \cot\alpha_B}$$ $$Y_P = \frac{Y_A\cot\beta_B + Y_B\cot\alpha_A - (X_B - X_A)}{\cot\alpha_A + \cot\alpha_B}$$		
点名	观测角		纵坐标 X/m	角之余切		横坐标 Y/m
A	α	53°07′44″	X_A 4 992.524	$\cot\alpha$	0.750 033	Y_A 29 674.500
B	β	56°06′07″	X_B 5 681.042	$\cot\beta$	0.671 923	Y_B 29 849.997
			X_P 5 479.113		1.421 956	Y_P 29 282.862

二、后方交会法

如图 5 - 15 所示，A,B,C 是已知三角点，P 点是导线点，将经纬仪安置在 P 点上，观测 P 至 A,B,C 各方向之间的水平夹角 α,β，然后根据已知三角点的坐标，即可解算 P 点的坐标，这种方法称为后方交会法。后方交会法的计算公式很多，这里只介绍一种计算方法。

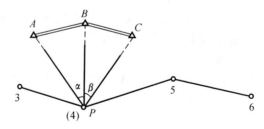

图 5 - 15   后方交会法

（1）引入辅助量 a,b,c,d。

$$\left.\begin{aligned}a &= (X_B - X_A) + (Y_B - Y_A)\cot\alpha \\ b &= (Y_B - Y_A) - (X_B - X_A)\cot\alpha \\ c &= (X_B - X_C) - (Y_B - Y_C)\cot\beta \\ d &= (Y_B - Y_C) + (X_B - X_C)\cot\beta\end{aligned}\right\}$$ (5.28)

令 $$K = \frac{a - c}{b - d}$$

（2）计算 P 点的坐标。

$$\left.\begin{aligned}X_P &= X_B + \frac{Kb - a}{K^2 + 1} \\ Y_P &= Y_B - \frac{Kb - a}{K^2 + 1}\end{aligned}\right\}$$ (5.29)

（3）危险圆的判别。当 P 点正好落在通过 A,B,C 三点的圆周上时，后方交会点无法解算，称为危险圆，即当

$$\left.\begin{aligned}a &= c \\ b &= d \\ K &= \frac{a - b}{b - d} = \frac{0}{0}\end{aligned}\right\}$$ (5.30)

时为不定解。因此式（5.30）就是 P 点落在危险圆上的判别式。

第五节　GPS 测量

一、GPS 测量技术的发展介绍

全球定位系统 GPS（Global Position System），是一种可以授时和测距的空间交会定点的导航系统，可向全球用户提供连续、实时、高精度的三维位置、三维速度和时间信息。

GPS 最初起源于人们对精确导航的需求。19 世纪末英国物理学家麦克斯韦（Maxwell）的电磁波理论及随后测定的电磁波传播速度是无线电测距的基础，也是近代无线电导航与测量的基础。近代导航始于第二次世界大战，大战期间，德国首先发展了一种无线电导航系统，此后 20 年间无线电导航取得了较大发展。先后有 DECCA，LORAN - A，LORAN - C 和 OMEGA 等导航系统。无线电测距是测量无线电信号在两点间的传播时间，从而确定两点间的距离。取得点间距离观测量，不难得到联系已知点和未知点位置的方程，从而解算未知点位置。

这些无线电导航系统的单站作用距离在 1 000 km 左右，定位精度在 1 km 左右。这一时期发展了差分导航技术、相位差测量技术，使精度提高到 100 m 左右，也对以后发展的导航理论和技术有重要的影响。

1957 年人造地球卫星的发射成功开始了卫星导航和卫星测量的发展。第一个卫星导航系统是美国的"海军导航卫星系统（NNSS）"，该系统中，卫星的轨道都通过地极，故也称"子午（Transit）卫星系统"。系统 1964 年建成，1967 年提供民用。该系统是星基导航，改变了传统无线电导航以地面导航台站作为定位基准的地基导航。

卫星导航的优越性在于信号以近于直线传播，在很大程度上避免了多路径效应问题。信号在空中传播，较好地解决了传播速度不准确问题，采用高频测量，提高了测量分辨率。子午仪系统的导航精度为40～100 m(大地测量精度单点定位3～5 m，相对定位1 m，时间1～2天，由于靠接收卫星信号的多普勒频移来取得距离差，又称为卫星多普勒测量)。

作为第一代卫星导航系统，由于其采用"单星、低轨、测速"体制，子午仪系统也存在一些不足：首先是其卫星数只有5～6颗，一般只能进行二维定位；且由于卫星数少，一般大地测量定位需1～2天时间，测量周期比较长；子午卫星的高度只有1 000 km，定轨精度较差。用子午卫星系统的定位精度不高，因此，子午卫星系统虽然在大地测量中获得了成功，但是人们还是期望更先进的空间导航定位系统的出现。

为了满足军事部门和民用部门对连续实时三维导航的迫切要求，1973年美国开始研究建立新一代卫星导航系统的计划。这就是"授时与测距导航系统/全球定位系统"，简称"全球定位系统"(GPS)。

GPS起源于导航的要求，但是，后来广泛应用于各种领域，如测量、天气预报、授时等。

二、GPS测量系统的组成

GPS测量系统由空间卫星部分、地面控制部分和用户设备部分三部分组成(见图5-16)。

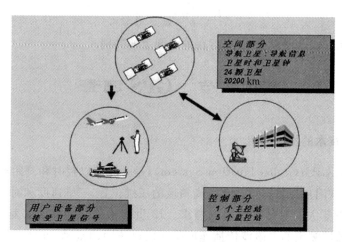

图5-16　GPS系统的组成

1.空间卫星部分

空间卫星部分由24颗卫星组成，其中包括3颗备用卫星。卫星分布在6个轨道面内，每个轨道面上分布4颗卫星(见图5-17)。轨道面倾角为55°，轨道平均高度为20 200 km，卫星运行周期为11小时58分，每天出现的卫星分布图形相同，只是每天提前约4 min。同时位于地平线以上的卫星数目，最少为4颗，最多为11颗。

迄今，GPS卫星已经出了两代：Block Ⅰ，Block Ⅱ(或 Block ⅡA)，第三代卫星BlockⅢ(或称 Block ⅡR)正在研制。Block Ⅰ是实验卫星，现已停止工作。Block Ⅱ是正式工作卫星，Block ⅡA 是 Block Ⅱ的改进型，其存储能力大大提高。BlockⅢ则是智能化卫星，能进行自主导航。BlockⅢ的每颗卫星可以定期地与其他卫星进行距离联测并发播相应的距离修正值。各颗卫星利用修正值计算出轨道参数的改正值，以改善用户定位精度。卫星在没有地面干预的情况下,可以独立地工作 6 个月。

GPS 卫星的基本功能如下：

(1)接收和存储由地面监控站发来的导航信息,接收并执行监控站的控制指令。

(2)卫星上设有微处理机,进行部分必要的数据处理工作。

(3)通过星载的高精度铯钟和铷钟提供精密的时间标准。

(4)向用户发送定位信息。

(5)在地面监控站的指令下,通过推进器调整卫星的姿态和启用备用卫星。

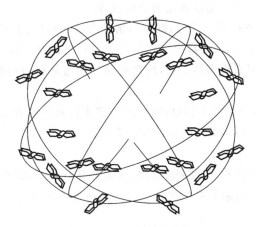

图 5-17　空间卫星分布

GPS 信号共包含三种信号量:载波、测距码和导航电文。利用由卫星原子钟维持的基准频率为 10.23 MHz,经频率综合器,可以产生其他信号的频率(见图 5-18)。

L1:1 575.42 MHz,波长 19.03 cm。调制:C/A 码、P 码和 D 码。

L2:1 227.60 MHz,波长 24.42 cm。调制:P 码和 D 码。

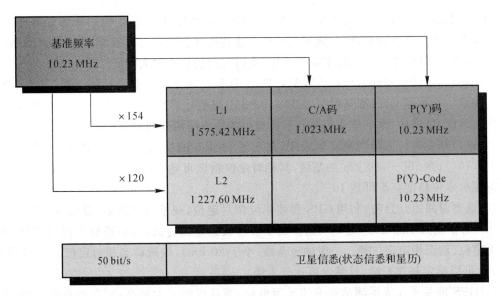

图 5-18　GPS 信号

2.地面控制部分

地面控制部分由 1 个主控站、3 个注入站和 5 个监测站组成。

1 个主控站：科罗拉多斯普林斯。

3 个注入站：阿松森(Ascencion)、迪戈加西亚(Diego Garcia)和卡瓦加兰(kwajalein)。

5 个监测站：科罗拉多斯普林斯、阿松森、迪戈加西亚、卡瓦加兰、夏威夷。

监测站：现有 5 个地面站均具有监测站的功能，是在主控站直接控制下的数据自动采集中心，对 GPS 卫星进行连续观测以采集数据和检测卫星的工作状况。所有观测资料由计算机初步处理并存储和传送到主控站，用以确定卫星的轨道。

主控站：1 个，设在科罗拉多。任务：推算编制各卫星的星历、卫星钟差和大气层的修正参数，并把这些数据传送到注入站；提高全球定位系统的时间基准。各站和 GPS 卫星的原子钟，均应与主控站同步；调整偏离轨道的卫星，使之沿预定轨道运行；启用备用卫星以代替失效的工作卫星。

注入站：3 个。主要任务是在主控站的控制下，将主控站推算和编制的卫星星历、钟差、导航电文和其他控制指令等，注入相应卫星的存储系统。

3.用户设备部分

用户设备部分由 GPS 接收机、天线、电源、数据处理软件等组成。根据目的任务的不同，用户设备也有所差别，但这些最基本的都是相同的。另外还可能有一些其他附件，如实时动态测量需要无线电台等。

任务：接收 GPS 卫星发射的无线电信号，以获得必要的定位信息及观测量，并经数据处理而完成定位工作。

GPS 接收机的基本类型分导航型和大地型。大地型接收机又分单频型(L1)和双频型(L1,L2)。

三、GPS 测量的优点

(1)观测站间无须通视。大大减少测量工作的经费和时间，也使点位的选择变得更灵活。利用空间目标作为观测对象，因此测站只要求能共同观测空间目标即可，不需要两测站间通视。同时，利用 GPS 进行定位时不需要建标，使得观测的成本大大降低。

应当指出，既然以空间目标作为观测对象，必须保持测站和观测目标间通视，这在施测当中应当注意。这也是 GPS 测量的一大缺陷：GPS 卫星信号不能穿越障碍。因此，GPS 测量在树林密集地区、隧道中、水下作业等信号易被遮挡的地方应用受到限制。

(2)定位精度高。大量观测实验表明，在小于 50 km 的基线上，GPS 相对定位精度可达 $(1\sim2)\times10^{-6}$；在 $100\sim500$ km 的基线，其相对定位精度可达 $10^{-6}\sim10^{-7}$；大于 1 000 km 的基线的相对定位精度甚至可达 10^{-8}。

(3)观测时间短。目前，利用 GPS 载波相位相对定位，视基线的长短，静态测量通常需要 $1\sim3$ h。为了提高观测效率，近年来又发展了多种快速定位方式，如快速静态相对定位、准动态相对定位、动态相对定位等。一般的短基线(小于 20 km)，快速静态相对定位方式只需 $3\sim5$ min 就可以确定基线长度，且精度可达分米级。

(4)GPS 测量不仅提供测站精确的平面坐标，而且提供了大地高；而在经典测量中，平面坐标和高程分别确定。GPS 测量确定的大地高，也为进一步研究大地形状和大地水准面提供了丰富的观测资料。

（5）现在的 GPS 测量已经进入"傻瓜"化阶段，观测只要开关机器，记录天线高，监控接收机状态和量取气象数据就可以了。其他工作，如卫星信号的搜索、接收、测量数据的存储都由接收机自动完成。现在的接收机制造得很轻巧，一般一人可以携带全部设备。

（6）GPS 测量工作可以在满足观测条件的任何地点、任何时间进行。一般来讲，也不受天气情况的影响。

四、GPS 测量定位方法

GPS 测量定位的基本原理如图 5-19 所示。

$$\rho_i^j = \sqrt{(X^j - X_i)^2 + (Y^j - Y_i)^2 + (Z^j - Z_i)^2}$$

$$(5.31)$$

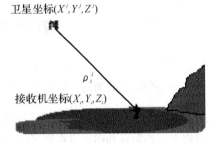

图 5-19　GPS 定位原理

1.定位方法的分类

（1）绝对定位：确定观测点在 WGS-84 系中的坐标，即绝对位置。

（2）相对定位：确定观测点在国家或地方独立坐标系中的坐标，即相对位置。

2.GPS 的后处理定位方法

目前在工程中，广泛应用的是相对定位模式。其后处理定位方法有静态定位和动态定位。

（1）静态相对定位。

方法：将几台 GPS 接收机安置在基线端点上，保持固定不动，同步观测 4 颗以上卫星。可观测数个时段，每时段观测十几分钟至 1 小时左右。最后将观测数据输入计算机，经软件解算得各点坐标（见图 5-20）。

用途：是精度最高的作业模式，主要用于大地测量、控制测量、变形测量、工程测量。

精度：可达到 5 mm＋1ppm。

（2）动态相对定位。

方法：先建立一个基准站，并在其上安置接收机连续观测可见卫星，另一台接收机在第 1 点静止观测数分钟后，在其他点依次观测数秒。最后将观测数据输入计算机，经软件解算得各点坐标。动态相对定位的作业范围一般不能超过 15 km（见图 5-21）。

用途：适用于精度要求不高的碎部测量。

精度：可达到（10～20）mm＋1ppm。

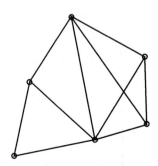

图 5-20　静态相对定位模式

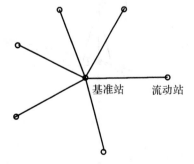

图 5-21　动态相对定位模式

3.GPS 实时动态定位(RTK)方法

RTK 与动态相对定位方法相比,定位模式相同,仅要在基准站和流动站间增加一套数据链,实现各点坐标的实时计算、实时输出。

GPS 测量技术将使测量发生一场变革。一方面,它使经典的测量理论与方法发生了深刻的变化;另一方面,它也加强了测量与其他学科,如地球动力学、气象学等的联系,促进测量的进一步发展。

第六节　高程控制测量

一、图根水准测量

图根水准测量用于测定测区首级平面控制点和图根点高程。图根水准测量的水准路线形式可根据平面控制点和图根点在测区的分布情况布设,其观测方法及记录计算,参阅第二章相关内容。

二、图根三角高程测量

当使用水准测量方法测定控制点的高程有困难时,可以采用三角高程测量的方法。

1.三角高程测量的原理

三角高程测量是根据两点间的水平距离和竖直角计算两点间的高差,再计算所求点的高程。

如图 5-22 所示,已知 A 点高程 H_A,欲测定 B 点高程 H_B,可在 A 点安置经纬仪,在 B 点竖立标志,用望远镜中丝瞄准标志的顶点,测得竖直角 α,量取仪器横轴至地面点的高度 i(仪器高)和标志高 v,再根据 AB 的水平距离 D,即可算出 AB 两点间的高差

$$h_{AB} = D\tan\alpha + i - v \tag{5.32}$$

B 点的高程为

$$H_B = H_A + h_{AB} = H_A + D\tan\alpha + i - v \tag{5.33}$$

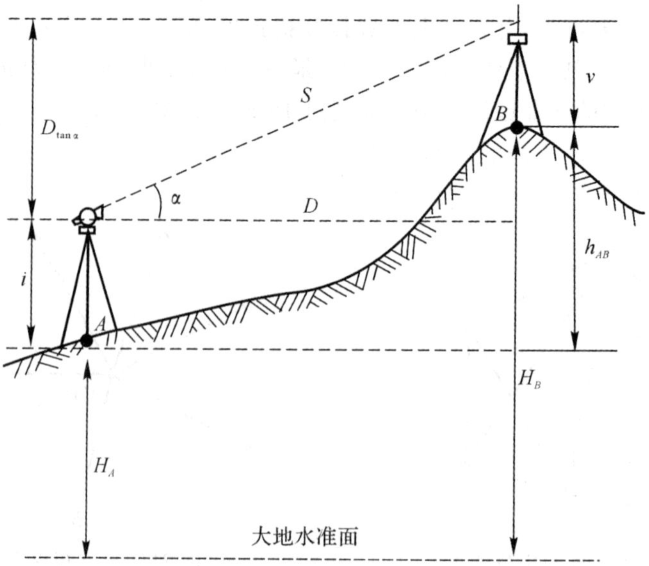

图 5-22　三角高程测量原理

2.三角高程测量的实施与计算

三角高程测量一般应进行往返观测,即由 A 向 B 观测,再由 B 向 A 观测,这样的观测称为对向观测。对向观测可以消除地球曲率和大气折光的影响。

观测时,安置经纬仪于测站上,首先量取仪器高 i 和标志高 v,读数至 0.5 cm,量取两次结果之差不超过 1 cm,取其平均值至 1 cm。然后用经纬仪观测竖直角,完成往测后,再进行返测。

3.三角高程测量记录表(见表 5-4)

表 5-4 三角高程计算表

起算点	A		B	
待定点	B		C	
往返测	往	返	往	返
斜距 L	593.391	593.400	491.360	491.301
竖直角 α	$+11°32'49''$	$-11°33'06''$	$+6°41'48''$	$-6°42'04''$
$L\sin\alpha$	118.780	-118.829	57.299	-57.330
仪器高 i	1.440	1.491	1.491	1.502
标志高 v	1.502	1.400	1.522	1.441
两差改正 f	0.022	0.022	0.016	0.016
单向高差 h	$+118.740$	-118.716	$+57.284$	-57.253
往返平均高差 $\bar{h}$	$+118.728$		$+57.268$	

计算时,先计算两点之间的往返高差,若符合要求,测取其平均值作为两点之间的高差。当用三角高程测量方法测定平面控制点的高程时,要求组成闭合或复合三角高程路线,当闭合差符合要求时,按闭合或复合路线计算各控制点的高程。

阅读材料

GPS 卫星定位测量

卫星定位测量的主要技术要求如下:

(1) 各等级卫星定位测量控制网的主要技术指标应符合表 5-5 的规定。

表 5-5 卫星定位测量控制网的主要技术要求

等 级	平均边长 /km	固定误差 A mm	比例误差系数 B mm/km	约束点间的边长相对中误差	约束平差后最弱边相对中误差
二等	9	≤10	≤2	≤1/250 000	≤1/120 000
三等	4.5	≤10	≤5	≤1/150 000	≤1/70 000
四等	2	≤10	≤10	≤1/100 000	≤1/40 000
一级	1	≤10	≤20	≤1/40 000	≤1/20 000
二级	0.5	≤10	≤40	≤1/20 000	≤1/10 000

（2）各等级控制网相邻点间的基线精度可用公式表示：

$$\sigma = \sqrt{A^2 + (Bd)^2} \qquad (5.34)$$

式中，σ 为基线长度中误差（mm）；A 为固定误差（mm）；B 为比例误差系数（mm/km）；d 为平均边长（km）。

（3）GPS 网观测精度的评定，应满足下列要求。

1）GPS 网的测量中误差，按下式计算：

$$m = \sqrt{\frac{1}{N}\left[\frac{WW}{3n}\right]} \qquad (5.35)$$

$$W = \sqrt{W_x^2 + W_y^2 + W_z^2} \qquad (5.36)$$

式中，m 为 GPS 网测量中误差；N 为 GPS 网中异步环的个数；n 为异步环的边数；W 为异步环的环闭合差；W_x，W_y，W_z 为异步环的各坐标分量闭合差。

2）控制网的测量中误差，应满足相应等级控制网的基线精度要求，并符合下式的规定：$m \leqslant \sigma$。

（4）卫星定位测量控制网的布设，应符合下列要求：

1）应根据测区的实际情况、精度要求、卫星状况、接收机的类型和数量以及测区已有的测量资料进行综合设计。

2）首级网布设时，宜联测 2 个以上高等级国家控制点或地方坐标系的高等级控制点；对控制网内的长边，宜构成大地四边形或中点多边形。

3）控制网应由独立观测边构成一个或若干个闭合环或复合路线，各等级控制网中构成闭合环或复合路线的边数不宜多于 6 条。

4）各等级控制网中独立基线的观测总数，不宜少于必要观测量的 1.5 倍。

5）加密网应根据工程需要，在满足本规范精度要求的前提下采用比较灵活的布网方式。

6）对于采用 GPS-RTK 测图的测区，在控制网的设计中应顾及参考站点的分布及位置。

（5）卫星定位测量控制点位的选定，应符合下列要求：

1）点位应选在质地坚硬、稳固可靠的地方，同时要有利于加密和扩展，每个控制点至少应有一个通视方向。

2）视野开阔，高度角在 15° 以上的范围内，应无障碍物；点位附近不应有强烈干扰接收卫星信号的干扰源或强烈反射卫星信号的物体。

3）充分利用符合要求的旧有控制点。

（6）控制点埋石按要求做并绘制点之记。

（7）GPS 控制测量作业的基本技术要求，应符合表 5-6 的规定。

表 5-6 GPS 控制测量作业的基本技术要求

等　　级	二　　等	三　　等	四　　等	一　　级	二　　级
接收机类型	双频或单频	双频或单频	双频或单频	双频或单频	双频或单频
仪器标称精度	10mm+2ppm	10mm+5ppm	10mm+5ppm	10mm+5ppm	10mm+5ppm
观测量	载波相位	载波相位	载波相位	载波相位	载波相位

续　表

等　级		二　等	三　等	四　等	一　级	二　级
卫星高度角（°）	静态	≥ 15	≥ 15	≥ 15	≥ 15	≥ 15
	快速静态	—	—	—	≥ 15	≥ 15
有效观测卫星数颗	静态	≥ 5	≥ 5	≥ 4	≥ 4	≥ 4
	快速静态	—	—	—	≥ 5	≥ 5
观测时段长度 min	静态	≥ 90	≥ 60	≥ 45	≥ 30	≥ 30
	快速静态	—	—	—	≥ 15	≥ 15
数据采样间隔 s	静态	10 ～ 30	10 ～ 30	10 ～ 30	10 ～ 30	10 ～ 30
	快速静态	—	—	—	5 ～ 15	5 ～ 15
点位几何图形强度因子（PDOP）		≤ 6	≤ 6	≤ 6	≤ 8	≤ 8

注：当采用双频接收机进行快速静态测量时，观测时段长度可缩短为 10 min。

（8）规模较大的测区，应编制作业计划。

（9）GPS 控制测量作业，应满足下列要求：

1）观测前，应对接收机进行预热和静置，同时应检查电池的容量、接收机的内存和可储存空间是否充足。

2）天线安置的中误差不应大于 2 mm，天线高量取应精确至 1 mm。

3）观测中，应避免在接收机近旁使用无线电通信工具。

4）作业同时，应做好测站记录，包括控制点点名、接收机序列号、仪器高、开关机时间等相关的测站信息。

（10）基线解算，并应满足下列要求：

1）起算点的单点定位观测时间不宜少于 30 min。

2）解算模式可采用单基线解算模式，也可采用多基线解算模式。

3）解算成果应采用双差固定解。

（11）GPS 控制测量外业观测的全部数据应经同步环、异步环及复测基线检核，并应满足下列要求：

1）同步环各坐标分量闭合差及环线全长闭合差，应满足式（5.37）要求：

$$
\left.
\begin{aligned}
W_X &\leqslant \frac{\sqrt{n}}{5}\sigma \\
W_Y &\leqslant \frac{\sqrt{n}}{5}\sigma \\
W_Z &\leqslant \frac{\sqrt{n}}{5}\sigma \\
W &= \sqrt{W_X^2 + W_Y^2 + W_Z^2} \\
W &\leqslant \frac{\sqrt{3n}}{5}\sigma
\end{aligned}
\right\}
\tag{5.37}
$$

式中,n 为同步环中基线边的个数;W 为同步环环线全长闭合差(mm)。

2)异步环各坐标分量闭合差及环线全长闭合差,应满足式(5.38)要求:

$$\left.\begin{array}{l} W_X \leqslant 2\sqrt{n}\,\sigma \\ W_Y \leqslant 2\sqrt{n}\,\sigma \\ W_Z \leqslant 2\sqrt{n}\,\sigma \\ W = \sqrt{W_X^2 + W_Y^2 + W_Z^2} \\ W \leqslant 2\sqrt{3n}\,\sigma \end{array}\right\} \tag{5.38}$$

式中,n 为异步环中基线边的个数。

3)复测基线的长度较差,应满足下式要求:

$$\Delta d \leqslant 2\sqrt{2}\,\sigma \tag{5.39}$$

(12)当观测数据不能满足要求时,应对成果进行全面分析,并舍弃不合格基线,但应保证舍弃基线后,所构成异步环的边数不应超过规定。否则,应重测该基线或有关的同步图形。

(13)外业观测数据检验合格后,应按规范对 GPS 网的观测精度进行评定。

(14)GPS 测量控制网的无约束平差,应符合下列规定:

1)应在 WGS-84 系中进行三维无约束平差,并提供各观测点在 WGS-84 系中的三维坐标、各基线向量三个坐标差观测值的改正数、基线长度、基线方位及相关的精度信息等。

2)无约束平差的基线向量改正数的绝对值,不应超过相应等级的基线长度中误差的 3 倍。

(15)GPS 测量控制网的约束平差,应符合下列规定:

1)应在国家坐标系或地方坐标系中进行二维或三维约束平差。

2)对于已知坐标、距离或方位,可以强制约束,也可加权约束。约束点间的边长相对中误差,应满足表 5-5 中相应等级的规定。

3)平差结果,应输出观测点在相应坐标系中的二维或三维坐标、基线向量的改正数、基线长度、基线方位角及相关的精度信息,需要时,还应输出坐标转换参数及其精度信息。

控制网约束平差的最弱边边长相对中误差,应满足表 5-5 中相应等级的规定。

习　　题

1.解释概念:控制测量、坐标正算、坐标反算、前方交会。

2.简述控制测量的方法。

3.简述导线选点的基本要求。

4.简述 GPS 测量的优点。

5.附合导线计算 $W_a = -62.3''$,$W_x = 0.287$,$W_y = 0.166$,$\sum D = 633.285$。

规范要求 $k_容 = 1:2\,000$,$W_{a容}(\pm 40\sqrt{n},n=6)$。问 W_a,W_x,W_y 是否满足要求?

6.附合导线计算,观测数据及已知数据见图 5-23。

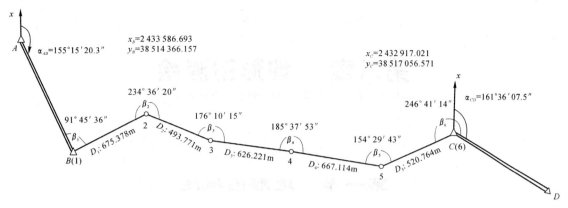

图 5 - 23 题 6 图

7. 闭合导线计算，观测数据及已知数据见图 5 - 24。

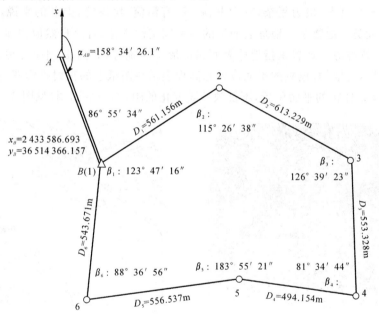

图 5 - 24 题 7 图

8. 完成表 5 - 7。

表 5 - 7

测站	目标	斜距 m	竖直角 (°) (′) (″)	仪器高 m	目标高 m	高差 m	高程 m
A H_A:76.452 m	1	1 253.876	1 26 24	1.543	1.345		
	2	654.738	1 04 42	1.543	1.548		
	3	581.392	0 56 30	1.543	1.665		
	4	485.142	0 47 54	1.543	1.765		
	5	347.861	0 38 48	1.543	1.950		

第六章　地形图测绘

第一节　地形图概述

一、地形图

地球表面千姿百态,极为复杂,有高山、峡谷,有河流、房屋等,但总的来说,这些可以分为地物和地貌两大类。地物是指地球表面上的各种固定性物体,可分自然地物和人工地物,如房屋、道路、江河、森林等。地貌是指地球表面起伏形态的统称,如高山、平原、盆地、陡坎等。按照一定的比例尺,将地物、地貌的平面位置和高程表示在图纸上的正射投影图,称为地形图(见图6-1)。仅反映地物的平面位置,不反映地貌变化的图,称为平面图(见图6-2)。

图6-1　地形图

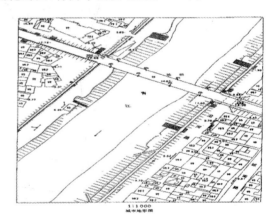

图6-2　平面图

二、比例尺

地形图上某一线段的长度 d 与其在地面上所代表的相应水平距离 D 之比,称为地形图的比例尺。

1.比例尺的种类

(1)数字比例尺。将比例尺用一分子为1的分数表示,这种比例尺称为数字比例尺,即 $d/D=1/M$,如 $1:1\,000$。

优缺点:换算精度高,但速度慢。

(2)直线比例尺。

定义:用一定长度的线段表示图上长度,且按它所对应的实地长度进行注记。

优缺点:换算精度低,但速度快,直观。

(3)常见地形图比例尺。

大比例尺:1∶5 000,1∶2 000,1∶1000,1∶500。

中比例尺:1∶10 000, 1∶25 000, 1∶50 000。

小比例尺:1∶10 万,1∶20 万,1∶50 万,1∶100 万。

2.比例尺精度

人眼在图上能分辨的最小距离为 0.1 mm,因此在地形图上 0.1 mm 所代表的地面上的实地距离称为比例尺精度。即:比例尺精度=0.1M(mm)

工程中常用的几种大比例尺地形图的比例尺精度如表 6-1 所列。

表 6-1 比例尺精度

比例尺	1∶500	1∶1 000	1∶2 000	1∶5 000
比例尺精度/m	0.05	0.10	0.20	0.50

根据比例尺可以确定测图方法或测图时量距的精度。例如,测绘 1∶500 的比例尺图时,量距精确至 0.05 m 即可,因为小于 0.05 m 的长度,已经无法展绘到图上。测绘 1∶1 000 的比例尺图时,量距精确至 0.1 m 即可,因为小于 0.1 m 的长度也不能展绘到图上。此外,当确定了要表示在图上的地物的最短距离时,也可以根据比例尺精度选定测图的比例尺。例如,若需要表示在图上的地物的最小长度为 0.1 m 时,则测图的比例尺不能小于 1∶1 000,因为比例尺小于 1∶1 000 的图已不能表示出 0.1 m 的长度。若需要在图上表示地物的最小长度为 0.05 m,则测图的比例尺不能小于 1∶500。由此看出,图的比例尺越大,其精度越高,图上表示的内容越详尽。测图精度要求越高,测图的工作量也越大。因此,在选择测图比例尺时,应根据工程的实际需要,选用适当的比例尺。

三、地形图的图名、图号和图廓

常见地形图的图名、图号和图廓如图 6-3 所示。

1.图名

图名即本幅图的名称,是以所在图幅内最著名的地名、厂矿企业和村庄的名称或突出地物、地貌名来命名的。

2.图号

为了区别各幅地形图所在的位置关系,每幅地形图上都编有图号。图号是根据地形图分幅和编号方法编定的,并把它标注在北图廓上方的中央。

3.图廓

图廓是地形图的边界线,有内、外图廓线之分。内图廓线就是坐标格网线,它是图幅的实际边界线,线粗 0.1 mm。外图廓线是图幅的最外边界线,实际是图纸的装饰线,线粗 0.5 mm。内、外图廓线相距 12 mm,用于标注坐标值。

4.接图表

说明本图幅与相邻图幅的关系,供索取相邻图幅时用。通常是中间一格画有斜线的代表本图幅,四邻分别注明相应的图号(或图名),并绘注在图廓的左上方。

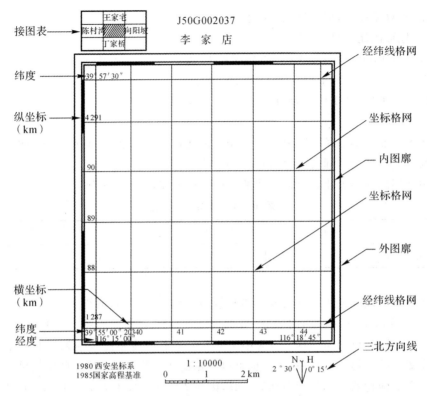

图6-3 地形图的图名、图号和图廓

第二节 地形图的图式符号

为了便于测图和用图,规定在地形图上使用许多不同的符号来表示地物和地貌的形状和大小,这些符号总称为地形图图式。地形图图式由国家测绘总局统一制订,由国家技术监督局批准颁布发行,从事测绘工作的任何单位和个人都必须遵守执行。

在地形图上表示的主要内容有地物与地貌两大类。

地物:是指地球表面上的具有明显轮廓的各种固定物体,可以分为自然地物与人工地物两类,如房屋、道路、森林等。

地貌:地面上高低起伏的形态称为地貌,如高山、深谷和平原等。

地形:地物和地貌合称为地形。

一、地物的图式符号

地形图图式中地物的符号分为比例符号、非比例符号、线状符号和注记。

1.比例符号

将垂直投影在水平面上的地物形状轮廓线,按测图比例尺缩小绘制在地形图上,再配合注记符号来表示地物的符号,称为比例符号。

在地形图上表示地物的原则:凡能按比例尺缩小表示的地物,都用比例符号表示。

2.非比例符号

只表示地物的位置,而不表示地物的形状与大小的特定符号称为非比例符号(见图6-4)。

非比例符号上表示地物中心位置的点叫作定位点。

图 6-4　非比例符号举例

说明：各种非比例符号的定位点不尽相同，根据符号不同的形状来确定。

定位点的使用规定如下：

(1)圆形、矩形、三角形等单个几何图形符号，定位点在其几何图形的中心，如三角点、水准点等。

(2)宽底符号(蒙古包、烟囱等)，定位点在底线中心。

(3)底部为直角形的符号(风车、路标等)，定位点在直角的顶点。

(4)几种几何图形组成的符号，如气象站、雷达站、无线电杆等，定位点在下方图形的中心点或交叉点。

(5)下方没有底线的符号，如窑、亭、山洞等，定位点在其下方两端点间的中心点。

非比例符号除在简要说明中规定按真方向表示外，其他的均垂直于南图廓方向描绘。

3.线形符号

线形符号是指长度依地形图比例尺表示，而宽度不依比例尺表示的狭长的地物符号(见图 6-5)，如电线、管线、围墙等。线形符号的中心线即为实际地物的中心线。

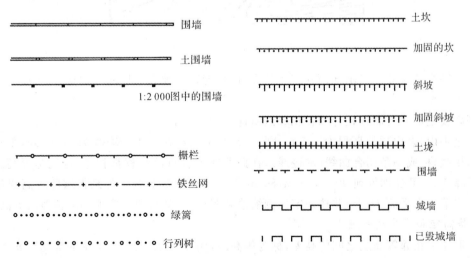

图 6-5　线形符号举例

4.地物注记

使用文字、数字或特定的符号对地物加以说明或补充,称为地物注记。地物注记分为文字注记、数字注记和符号注记三种,如居民地、山脉、河流名称,河流的流速、深度,房屋的层数、控制点高程、植被的种类、水流的方向等。

二、地貌的图式符号

地貌是指地球表面高低起伏的自然形态,包括山地、丘陵、平原、洼地等。

山地是指中间突起而高程高于四周的高地。高大的山地称为山岭,矮小的称为山丘。山的最高处称为山顶。地表中间部分的高程低于四周的低地,称为洼地,大的洼地叫作盆地。

朝一个方向延伸的高地,称为山脊,山脊上最高点的连线叫山脊线或分水线。在两个山脊之间,沿着一个方向延伸的洼地称为山谷,山谷中最低点的连线称为山谷线或集水线。山脊线和山谷线合称为地性线。地性线真实地反映了地貌的形态。连接两个山头之间的低凹部分,称为鞍部。

除此之外,还有一些特殊的地貌,如悬崖、陡崖、陡坎、冲沟等。

在地形图上表示地貌的方法很多,通常采用等高线表示地貌(见图6-6)。

图6-6 等高线表示地貌

采用等高线不仅能表示地面的起伏状态,而且能科学地表示地面点的高程、坡度等。

1.等高线

等高线是地面上高程相等的各相邻点所连成的闭合曲线。如图6-7所示,假设某个湖泊中有一座小山,设山顶的高程为100 m,刚开始,湖水淹没在小山上高程为95 m处,则水平面与小山相截,构成一条闭合曲线(水迹线),在此曲线上各点的高程都相等,这就是等高线。水面每下降5 m,可分别得到90 m,85 m,80 m等一系列的等高线。如果将这些等高线沿铅垂线投影到某一水平面 H 上,并按一定比例缩绘到图纸上,就获得与实地小山相似的等高线。

2.等高距和等高线平距

地形图上相邻等高线之间的高差,称为等高距,用 h 表示。图6-7中的等高距 h 为5 m,等高距的大小是根据地形图的比例尺、地面坡度及用图的目的而选定的。大比例尺地形图的等高距为 0.5 m,1 m,2 m 等,同一幅图上的等高距是相同的(见表 6 - 2)。

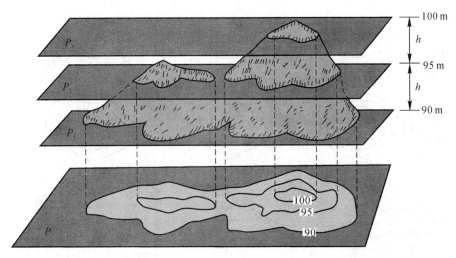

图 6 - 7 等高线

表 6 - 2 基本等高距   单位:m

比例尺	地形类别			
	平地(地面倾角 2°以下)	丘陵(地面倾角 2°~6°)	山地(地面倾角 2°~25°)	高山(地面倾角 2°~25°)
1∶500	0.5	0.5	0.5 或 1	1
1∶1 000	0.5	0.5 或 1	1	1 或 2
1∶2 000	0.5 或 1	1	2	2

地形图上相邻等高线间的水平距离,称为等高线平距。如图 6 - 7 中,等高线平距是由地面坡度的陡缓决定的。在同一幅图上,等高线平距越大,地面坡度越小;反之,等高线平距越小,地面坡度越大。若地面坡度均匀,则等高线平距相等。

3.几种基本地貌的等高线

虽然地面上的地貌形态多种多样,但仔细分析后可以发现,它们一般由山头、洼地、山脊、山谷和鞍部等基本地貌组成。如果掌握了这些基本地貌的等高线特点,就能比较容易地根据地形图上的等高线,分析和判断地面的起伏状态,正确地阅读、使用和测绘地形图。

(1)山头和洼地。山头和洼地的等高线都是一圈圈的闭合曲线。如图 6 - 8 所示,若里圈的高程大于外圈的高程,则地貌为山头。若里圈的高程小于外圈的高程,则地貌为洼地。山头和洼地的地貌有时候也采用示坡线来区分。示坡线为一段垂直于等高线的短线,用以指示坡度降落的方向。

(2)山脊和山谷。山脊和山谷的等高线都是一组朝一个方向凸起的曲线。如图 6 - 8 所示,山脊的等高线凸向低处,而山谷的等高线凸向高处。

(3)鞍部。鞍部的等高线是由两组相对的山脊和山谷等高线组成的。如图 6 - 8 所示,即在一圈大的闭合曲线内套有两组小的闭合曲线。

除此之外,还有陡坎、悬崖、冲沟、雨裂等特殊地貌,其等高线可按《地形图图式》中所规定的符号表示。

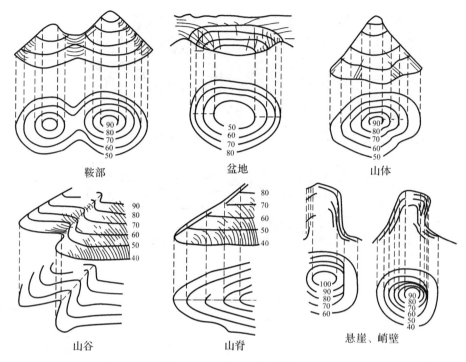

图 6 - 8 基本地貌的等高线

4.等高线的种类

为了便于表示和阅读地形图,绘在图上的等高线,按其特征分为首曲线、计曲线、间曲线和助曲线四种类型。

(1)首曲线。在同一幅地形图上,按基本等高距描绘的等高线,称为首曲线,又称基本等高线。首曲线采用 0.15 mm 的细实线绘出。

(2)计曲线。在地形图上,凡是高程能被 5 倍基本等高距整除的等高线均加粗描绘,这种等高线称为计曲线。计曲线上注记高程,线粗为 0.3 mm。

(3)间曲线。当采用基本等高线无法表示局部地貌的变化时,可在两基本等高线之间加一条半距等高线,这条半距等高线称为间曲线。间曲线采用 0.15 mm 的细长虚线描绘。

(4)助曲线。按 1/4 等距测绘的等高线称为助曲线。

首曲线与计曲线是地形图中表示地貌必须描绘的曲线,而间曲线、助曲线根据需要来确定是否描绘。

5.等高线的特性

(1)等高性。同一条等高线上的各点高程相等。但高程相等的点不一定在同一条等高线上。

(2)闭合性。等高线是闭合曲线,在本图幅内不能闭合,则在相邻图幅内闭合,绘制等高线时,除遇到建筑物、陡崖、图廓边等中断外,一般不能中断。

(3)非交性。除悬崖外,等高线不能相交。

(4)正交性。山脊和山谷处等高线与山谷线和山脊线正交。

(5)密陡稀缓性。同一幅图内,等高线越密表示地面坡度越陡;等高线越稀表示地面坡度越缓。

第三节　测图前的准备工作

1.资料和仪器的准备

在测图前要明确任务和要求,抄录测区控制点的成果资料,并进行测区踏勘,拟定施测方案;根据方案所要求的测图方法准备仪器、工具和所用物品,并配备技术人员;对主要仪器应进行检查和校正,尤其是竖盘的指标差要经常进行检校。

2.图纸准备

为了保证测图质量,必须采用优质图纸。对于较小地区的临时性的测图,可将图纸直接固定在图板上进行测绘。对于需长期保存的地形图,为了减少图纸变形,采用聚酯薄膜测图。

为了测绘、保管和使用上的方便,测绘单位采用的图幅尺寸一般有 50 cm×50 cm,40 cm×50 cm,40 cm×40 cm 几种,测图时可根据测区情况选择所需的图幅尺寸。

3.绘制坐标格网

如图 6-9 所示,先用直尺在图纸上画两条相互垂直的对角线 AC,BD,再以对角线交点 O 为圆心量出长度相等(此长度可根据图幅尺寸计算求得)的四段线段,得 a,b,c,d 四点,连接各点即得正方形图廓。在图廓各边上标出每隔 10 cm 的点,将上下和左右两边相对应的点一一连接起来,即构成直角坐标格网。连线时,纵横线不必贯通,只画出 1 cm 长的正交短线即可。

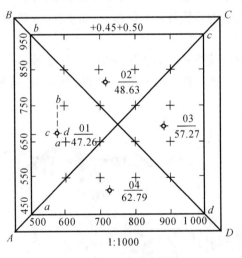

图 6-9　坐标格网图

坐标格网绘成后,必须检查绘制的精度。用直尺检查各方格网的交点是否在同一直线上,其偏离值不应超过 0.2 mm;小方格网的边长与理论值 10 cm 相差不应超过 0.2 mm;小方格网对角线长度与其理论值 14.14 cm 相差不应超过 0.3 mm。如超过限值,应重新绘制。方格网检查合格后,根据测区控制网各控制点的坐标 (X_i,Y_i) 按照尽量把各控制点均匀分布在格网图中间的原则,选取本幅图的圆点坐标,在图廓外注明格网的纵横坐标值 (X_i,Y_i),并在格网上边注明图号,下边注明比例尺。

4.展绘测图控制点

图纸上绘出坐标格网后,根据控制点的坐标值先确定点所在的方格,然后计算出对应格网的坐标差数 X' 和 Y',按比例在格网和相对边上截取与此坐标相等的距离,最后对应连接相交即得点的位置。如图 6-9 中,要展绘 1 号点,其坐标 $X_1=679.12$ m,$Y_1=580.08$ m,测图比例尺为 1:1 000。由坐标值可知 1 点所在方格($X=650\sim750$,$Y=500\sim600$),其纵坐标 $X=29.12$ m,按比例在方格内截取 29.12 m 得横线 cd,横坐标差 $Y=80.08$ m,按比例在本格网内截取 80.08 m 得纵线 ab,将相应截取的横线 cd 与纵线 ab 相交,其交点即为 1 点在图上的位置。在此点的右侧平画一短横线,在横线上方注明点号,横线的下方注明此点的高程。控制点展好后应检查各控制点之间的图上长度与按比例尺缩小后的相应实地长度之差,其差数不应超过图上长度的 0.3 mm,合格后才能进行测图。

第四节 大比例尺地形图测绘

一、选择特征点

1.地物特征点的选择

反映地物轮廓和几何位置的点称为地物特征点,简称地物点。

(1)能用比例符号表示的地物特征点的选择,如居民地等。

(2)能用半比例符号表示的地物特征点的选择,如道路、管线等。

(3)能用非比例符号表示的地物特征点的选择,如水井、泉眼、纪念碑等。

2.地貌特征点的选择

(1)能用等高线表示的地貌特征点的选择,如山头、盆地等。

(2)不能用等高线表示的地貌特征点的选择,如陡崖、冲沟等(见图 6-10)。

图 6-10　特征点的选择

二、大平板仪及测图

1.大平板仪的测量原理(见图6-11)

大平板仪测图法是一种图解测绘法,其测点原理仍是极坐标法,碎部点的水平角是直接图解而得,水平距离用视距方法测量或用皮尺量取。

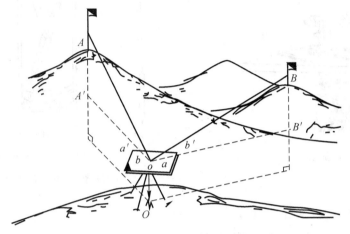

图6-11　大平板仪测量

2.大平板仪的构造

大平板仪由照准仪、图板、基座和附件组成。

(1)照准仪。它由望远镜、竖盘、支柱和直尺组成,其作用和经纬仪相似。平板相当于水平度盘,照准目标后用平行尺来画方向线。竖直度盘分划值为1°,向两个方向依正负每2°为一注记,分别注记到±40°,当望远镜水平时读数为0°。在竖直度盘右侧附有水准管,读数前必须先调整水准管,当气泡居中时才能读取竖直度盘读数,直读到10′,估读到1′。读数窗影像如图6-12所示,其读数分别为0°00′和+6°23′。

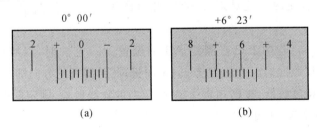

图6-12　照准仪读数窗示意图

(a)望远镜水平读数窗;　(b)望远镜仰视读数窗

(2)图板。图板又称测板,用轻而干的木料制成,一般为60 cm×60 cm×3 cm的方形板,背面有螺孔,用连接螺旋可将其固定在基座上。

基座:基座上有脚螺旋以及水平制动螺旋,其作用与经纬仪相同。基座是通过连接螺旋与三脚架固连的,如图6-13所示。

(3)附件(见图6-14)。

对点器:利用移点器可使地面点与图上相应点位于同一铅垂线上。

长盒罗盘:用以标定图板的方向。

水准器:有管水准器和圆水准器两种,用来整平图板。

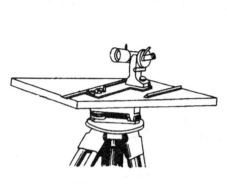

图 6-13 基座

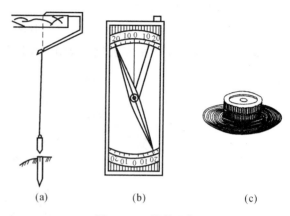

(a) (b) (c)

图 6-14 附件设备

(a)对点器; (b)长盒罗盘; (c)水准器

3.大平板仪的安置(见图 6-15)

平板仪的安置包括对中、整平、定向三个工作步骤。

(1)对中。利用移点器使地面点和图板上相应点位于同一铅垂线上,对中的允许误差一般认为是测图比例尺精度的一半,即:$0.5×0.1M$mm,M 为比例尺分母。当比例尺小于 1∶5 000 时,则可用目估对中。

(2)整平。利用照准仪直尺上的水准器(或单独的水准器),转动平板基座的脚螺旋使平板水平。

(3)定向。利用罗盘定向:将长盒罗盘紧贴南北方向的图廓线转动图板,使磁针北针对准零线,此时图板已定好方向。

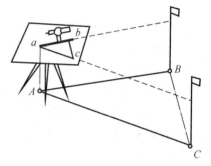

图 6-15 平板仪的安置

根据已知直线定向:若图上已有测线 AB 的位置 ab。定向时,以照准仪直尺边紧贴 ab 线,转动图板用照准仪照准地面上的 B 点,固定图板,此时图板的方向即与实地的方向一致。

说明:罗盘定向精度较低,按已知直线定向,定向的直线愈长,则定向的误差愈小。

4.大平板仪测图步骤(见图 6-16)

(1)安置平板仪于测站 A 上(包括对中、整平、定向),测定竖盘指标差 x,量取仪器高 i。

(2)用照准仪直尺斜边紧贴图上的 a 点,照准碎部点上所立的尺子,读出上、中、下三丝的读数和竖直角。

(3)计算出碎部点与测站间的水平距离和碎部点的高程。

(4)在直尺斜边上,根据计算的水平距离,按比例尺点出碎部点的位置,以点子为小数点注记高程。

(5)测得部分碎部点后,就应该随即勾绘地形。

强调指出:为了防止平板被碰动,需要经常检查平板的定向。

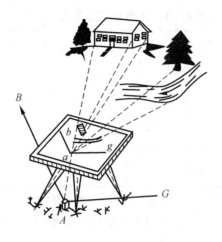

图 6 - 16　平板仪测图

三、经纬仪测绘法测图

1.经纬仪测绘法测图步骤(见图 6 - 17)

(1)测站上的准备工作:安置经纬仪于控制点 A,如图 6 - 17 所示,测定竖直度盘的指标差 x,并用尺子量出仪器高 i,记入手簿,见记录表 6 - 3。

(2)在水平度盘读数为 0°时,照准另一控制点 B,作为起始方向。

(3)转动照准部使望远镜瞄准在碎部点 1 上的视距尺(一般使中丝对准尺上仪器高 i 处,此时 $i=l$),读出上、中、下三丝在尺上的读数,并读出水平度盘及竖盘读数,分别记入手簿内。

(4)算出水平距离 D 及高差 h,并计算碎部点的高程 $H_{测点}$($H_{测点}=H_{测站}+h$,$H_{测站}$为测站点的高程)。水平距离计算到分米,高差、高程计算到厘米。

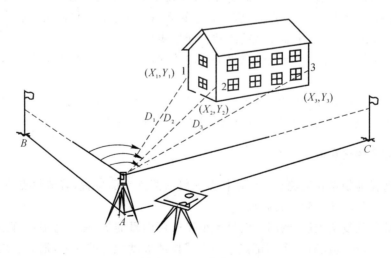

图 6 - 17　经纬仪测图

表 6-3　地形碎部点测量记录表

点号	视距 km	中丝读数	竖盘读数	竖直角 ±α	初算高差 ±h'/m	$\Delta = i-v$ m	高差 +h/m	水平角 β	水平距离 m	高程 m	点号	备注
1	76.0	1.42	93°28′	−3°28′	−4.59	0	−4.59	275°25′	75.7	202.8	1	屋角
2	75.0	2.42	93°00′	−3°00′	−3.92	−1.00	−4.92	372°30′	74.7	202.5	2	$v=$ 2.42
3	51.4	1.42	91°45′	−1°45′	−1.57	0	−1.57	7°40′	51.4	205.9	3	鞍部
4	25.7	1.42	87°26′	+2°34′	+1.15	0	+1.15	178°20′	25.6	208.6	4	

注:测站:A;后视点:B;仪器高:$i=1.42$;指标差 $X=0$;测站高程 $H_A=207.40$。

(5)用量角器和三棱尺将碎部点的位置展绘在图纸上,并注以高程,如图6-18所示。

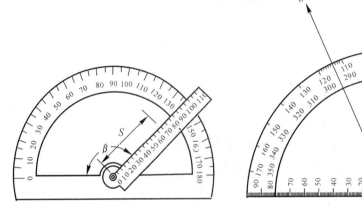
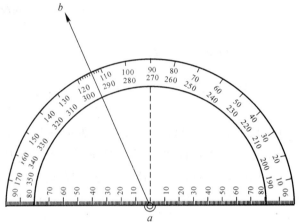

图 6-18　量角器和三棱尺展绘碎部点

(6)测绘部分碎部点后,在现场参照实际情况,在图上勾绘地物轮廓线与等高线。

在施测过程中,每测20~30点后,应检查起始方向是否正确。仪器搬站后,应检查上一站的若干碎部点,检查无误后,才能在新的测站上开始测量。

这种方法也可在野外用经纬仪观测碎部点的数据,做好记录并画出草图,而后在室内根据记录数据和草图来绘制地形图。

经纬仪测绘法测图,操作简单、方便,工作效率高,任务紧迫时可分组进行。其缺点是因在室内绘图,不能对照实地及时发现问题,所以成图后应到现场核对。

四、碎部测量中注意事项

(1)正确选择地物点和地貌点。对地物点一般只测其平面位置,若地物点可作地貌点时,除测定其平面位置外,还应测定其高程。

(2)根据地貌的复杂程度、测图比例尺大小以及用图目的等,综合考虑碎部点的密度。一般图上平均2~3 cm远应有一个碎部点。在直线段或坡度均匀的地方,地貌点之间的最大间距和碎部测量中最大视距长度不宜超过表6-4中的规定。

表 6 - 4　地貌点间距

测图比例尺	立尺点间隔/m	视距长度单位/m	
		主要地物	次要地物地形点
1∶500	15	80	100
1∶1 000	30	100	150
1∶2 000	50	180	250
1∶5 000	100	300	350

五、地物、等高线的勾绘

1.地物的描绘

地物要按地形图图式规定的符号表示,房屋轮廓需用直线连接起来,而道路、河流的弯曲部分则是逐点连成光滑的曲线。不能依比例描绘的地物,应按规定的非比例符号表示。符号的方向、大小和间距均应符合图式规定。

2.等高线的勾绘（见图 6 - 19）

除了城市建筑区和不便于绘等高线的地方,可不绘等高线（采用高程注记或其他符号表示）以外,其他地区的地貌,均应根据碎部点的高程勾绘等高线。勾绘等高线时,先轻轻描绘出山脊线、山谷线等地性线,再根据碎部点的高程勾绘等高线。由于各等高线的高程往往不是等高线的整倍数,因此,必须在相邻点间用内插法定出等高线通过的点位。由于碎部点选在地面坡度变化处,则相邻两点之间的坡度可视为均匀坡度。所以,可以在图上两相邻碎部点的连线上,按平距与高差成比例的关系,定出两点间各条等高线通过的位置。这就是内插等高线依据的原理。内插等高线的方法一般有解析法、目估法等几种。

常用目估法勾绘等高线,其要领是:"先取头定尾,再中间等分"。

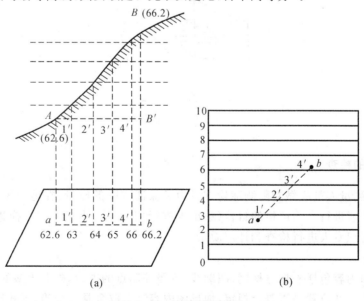

图 6 - 19　等高线的勾绘

第五节　地形图的拼接、检查、清绘、整饰和复制

一、地形图的拼接

在绘制地形图时,当测区面积较大、按照确定的比例尺在一幅图内测绘不完整个测区时,需要分幅测绘。由于测量和绘图误差的影响,在相邻图幅交接处,常出现同一地物错位、同一条等高线错开而使得绘制出的地物与地貌不吻合的现象,如图 6-20 所示。

为了图幅拼接的需要,测绘时规定应测出图廓外 0.5 cm 以上,拼接时用 3～5 cm 宽的透明纸带蒙在接图边上,把靠近图边的图廓线、格网线、地物、等高线描绘在纸带上,然后将相邻图幅与同一图边进行拼接,当误差在允许范围内时,可将相邻图幅按平均位置进行改正。

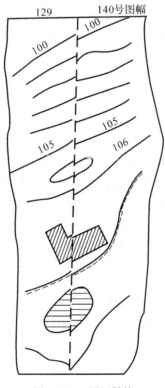

图 6-20　图幅拼接

二、地形图的检查

在测图中,测量人员应做到随测随检查。为了保证成图的质量,在地形图测完后,还必须对完成的成图资料进行全面严格的自检(小组内进行)和互检(小组之间交换进行),并由上级业务管理部门组织专人进行检查和评定质量。

1.室内检查

室内检查的内容包括坐标方格网、图廓线、各级控制点的展绘,外业手簿的记录计算,控制点和碎部点的数量和位置是否符合规定,地形图内容综合取舍是否恰当,图式符号使用是否正

确,等高线表示是否合理,图面是否清晰易读。若发现问题和错误,应到实地检查、修改。

2.巡视检查

巡视检查,即按拟定的路线作实地巡视,将原图与实地对照。巡视中着重检查图上反映地物、地貌与实地是否一致,所测地物、地貌有无遗漏等。

3.仪器检查

仪器检查是在上述两项检查的基础上进行的。仪器检查又称为设站检查,它是在图幅范围内设站,一般采用散点法进行检查,除对已发现的问题进行修改和补测外,还重点抽查原图的成图质量。将抽查的地物点、地貌点与原图上已有的相应点的平面位置和高程进行比较,算出较差,记入专门的手簿,作为评定图幅数学精度的主要依据。

三、地形图的清绘、整饰和复制

清绘和整饰必须使用地形图图式。顺序:先图内后图外,先地物后地貌,先注记后符号。

图内:图廓、坐标格网、控制点、地物、地貌、符号等。

图外:图名、图号、比例尺、平面坐标和高程系统、测绘单位和测绘日期等。

注记:除公路、河流和等高线注记是随着各自的方向变化外,其他各种注记字向朝北,等高线高程注记字头指向上坡方向,避免倒置。等高线不能通过注记和地物。

经过清绘和整饰后,图上内容齐全,线条清晰,取舍合理,注记正确。清绘原图是地形图的最后成果。

复制的方法有制版印刷、静电复印、晒图法等。

习　题

1.解释概念:地形图、比例尺、地形图精度、等高线、等高距、等高线平距。

2.举例:非比例符号、线性符号。

3.简述地形图的内容。

4.简述等高线的特性。

5.简述等高线的种类。

6.简述经纬仪测绘法测图的步骤。

7.若图上 A,B 两点在地形图上的长度 $d=100$ mm,地形图的比例尺分母 $M=1\ 000$。

求:(1) A,B 两点实际水平距离 D;

(2)比例尺的精度。

第七章　全站仪测量

第一节　全站仪结构

一、全站仪概述

随着现代科学技术的发展和计算机的广泛应用,一种集测距装置、测角装置和微处理器为一体的新型测量仪器应运而生。这种能自动测量和计算,并通过电子手簿或直接实现自动记录、存储和输出的测量仪器,称为全站型电子速测仪,简称全站仪(见图 7－1)。

全站型电子速测仪是数字测图中常用的数据采集设备。全站仪分为分体式和整体式两类。分体式全站仪的照准头和电子经纬仪不是一个整体,进行作业时将照准头安装在电子经纬仪上,作业结束后卸下来分开装箱;整体式全站仪是分体式全站仪的进一步发展,照准头和电子经纬仪的望远镜结合在一起,形成一个整体,使用起来更为方便。对于基本性能相同的各种类型的全站仪,其外部可视部件基本相同。全站仪主要由五个系统组成:控制系统、测角系统、测距系统、记录系统和通信系统。

图 7－1　全站仪

控制系统是全站仪的核心,主要由微处理机、键盘、显示器、存储卡、制动和微动旋钮、控制模块和通信接口等软硬件组成。根据要求,通过键盘(面板)可以进行各种控制操作,如:参数预置,选择显示和记录模式,进行存储卡格式化,建立或选择工作文件,数据输入/输出,确定测量模式等。

全站仪的测角系统与传统光学经纬仪测角系统相比较,主要有两个方面的不同:

(1)传统的光学度盘被绝对编码度盘或光电增量编码器所代替,用电子细分系统代替了传统的光学测微器。

(2)由传统的观测者判读观测值及手工记录变为观测者直接读数并自动记录。

和经纬仪一样,全站仪同样有基座、照准部、望远镜等主要部件,按功能划分为电源、测角系统、测距系统、计算机微处理器及应用软件、输入/输出设备等功能相对独立的部分,以下分别作简单介绍。

二、电源

全站仪电源分为机载电池和外接电池两种。机载电池体积小、重量轻,直接安置在仪器上,使用方便,但容量较小。外接电池容量较大,但要通过电缆与仪器连接,使用不方便。较早出厂的全站仪所配电池属镍氢电池,存在容量小、使用寿命短、充电时间长的缺点,不能满足长时间测量的要求,因而有些用户选择配备外接电池。近几年出厂的全站仪均配备锂电池,锂电池具有容量大、无记忆、充电时间短的优势,性能远超镍氢电池,可以满足长时间外业测量的需要,所以一般不需要配备外接电池。

三、测角系统

普通经纬仪是在玻璃度盘上刻上角度分划值,通过随照准部转动的读数装置来观察、读数。全站仪作为先进的光电一体化仪器,角度的读取是自动完成的。其实现度盘读数记录的自动化方法,是随着仪器的转动,光电扫描装置在特殊的电度盘上获取电信号,再根据电信号转换成角度值。按获取电信号的方法分类,光电度盘一般分为两大类,一类称为绝对编码度盘测角系统,另一类称为增量光栅测角系统。

1.绝对编码度盘系统

绝对编码度盘系统在度盘中设计透光与不透光两种状态,分别表示二进制的"0"和"1"。通过光电扫描在度盘的每一个位置直接读出度、分、秒角度值。绝对式编码度盘的读数原理如图 7-2 所示,在玻璃圆盘上刻划出 4 个同心圆环带,每一环带表示一位二进制编码,称为码道,内环带表示高位数,外环带表示低位数。如果再将全圆划分为若干扇区,则每个环带被划分为间距相等的小格。各小格分别以不透光表示"1",透光表示"0",这样每个扇形区由内到外可以读一个 4 位二进制的数。要以 4 位二进制数表示全圆角值,则全圆只能划分为 2^4=16 个扇区,相应的十进制数为 0~15,因而度盘分划值为 $360°/16$=22.5°。这样大的度盘分划值,显然读数是很粗略的,实际应用没有什么意义。若要提高度盘的读数精度,则需要在度盘上划分出更多的码道和扇区。例如,要设计度盘分划值为 20″,则度盘需要分为($360×60×60$)/20=64 800 个扇区,而由 64 800≈2^{16} 知道码道数应为 16 个。与传统经纬仪的光学度盘一样,由于度盘的直径有限,度盘上不可能做出过细的划分,所以实际上也是以适当的码道和扇区对度盘进行刻划,然后借助于测微装置达到细分角值的目的(见图 2-2)。

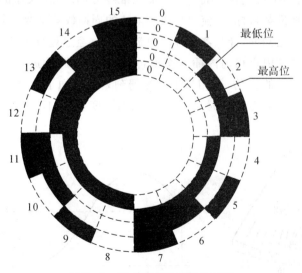

图 7-2　绝对编码度盘读数原理

2.增量光栅测角系统

均匀的刻划有许多一定间隔细线的直尺或圆盘称为光栅尺或光栅盘。刻在直尺上用于直线测量的为直线光栅,如图 7-3 所示;刻在圆盘上的等角距的光栅称为径向光栅,如图 7-4 所示。设光栅的栅线(不透光区)宽度为 a,缝隙宽度为 b,栅距 $d=a+b$。通常 $a=b$,它们都对应着一角度值。栅线为不透光区,缝隙为透光区,在光栅度盘的上下对应位置上装上光源、指示光栅和计数器等,随着照准部转动,计数器可以累计所扫描的栅距数,从而求得所转动的角度。光栅度盘上没有绝对度数,读数装置只是通过累计移动栅的条数,故称为增量式光栅度盘,其读数系统为增量式读数系统。

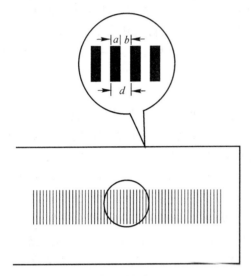

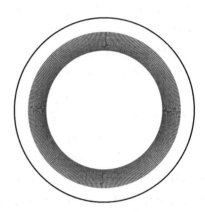

图 7-3　直线光栅　　　　　　　　图 7-4　径向光栅

光栅度盘的计数原理如图 7-5 所示。指示光栅、接收管、发光管位置固定在照准部上。当度盘随照准部移动时,莫尔条纹落在接收管上。度盘每转动一条光栅,莫尔条纹在接收管上移动一周,流过接收管的电流变化一周。当仪器照准零方向时,让仪器的计数器处于零位,而当度盘随照准部转动照准某目标时,流过接收管电流的周期数就是两方向之间所夹的光栅数。由于光栅之间的夹角是已知的,计数器所计的电流周期数经过处理就刻有显示处角度值。如果在电流波形的每一周期内再均匀内插 n 个脉冲,计算器对脉冲进行计数,所得的脉冲数就等于两个方向所夹光栅数的 n 倍,就相当于把光栅刻划线增加了 n 倍,角度分辨率也就提高了 n 倍。使用增量式光栅度盘测角时,照准部转动的速度要均匀,不可突快或太快,以保证计数的正确性。

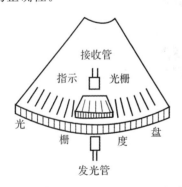

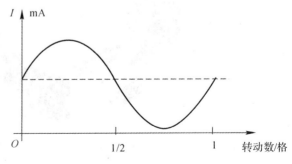

图 7-5　光栅度盘计数原理

3.动态光栅度盘测角原理

动态光栅度盘测角原理如图 7-6 所示,度盘光栅可以旋转,另有两个与度盘光栅交角为 β 的指标光栅 S 和 R,S 为固定光栅,位于度盘外侧;R 为可动光栅,位于度盘内侧。同时,度盘上还有两个标志点 a 和 b,S 只接收 a 的信号,R 只接收 b 的信号,测角时,S 代表任一原方向,R 随着照准部旋转,当照准目标后,R 位置已定,此时启动测角系统,使度盘在马达的带动下,始终以一定的速度逆时针旋转,b 点先通过 R,开始计数。接着 a 通过 S,计数停止,此时计下了 R,S 之间的栅距(ϕ_0)的整倍 n 和不是一个分划的小数 $\Delta\phi_0$,则水平角为 $\beta = n\phi_0 + \Delta\phi_0$。事实上,每个栅格为一脉冲信号,由 R,S 的粗测功能可计数得 n;利用 R,S 的精测功能可测得不足一个分划的相位差 $\Delta\phi_0$,其精度取决于将 ϕ_0 划分成多少相位差脉冲。

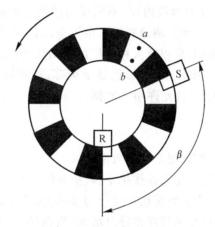

图 7-6 动态光栅度盘测角原理

动态测角除具有前两种测角方式的优点外,最大的特点在于消除了度盘刻划误差等,因此在高精度(0.5″级)的仪器上采用。但动态测角需要马达带动度盘,因此在结构上比较复杂,耗电量也大一些。

四、测距系统

全站仪的测距系统实际上是集合在内的光电测距仪,其测距方法是直接或间接测量电磁波信号在待测点间往返一次的传播时间 t,然后按公式 $d = \frac{1}{2}ct$,求得待测距离 d,式中,c 是光传播速度。

按光电测距仪采用的电磁波类型划分,光电测距可以分为微波测距和光波测距两种,其中光波又可分为激光和红外光两类。微波和激光测距往往用于远程测距,适用于大地测量,全站仪一般用于工程应用测量,测程不需要太长,所以较多地采用红外测距方法。但近年来,随着免棱镜测量方式的兴起,已经越来越多地采用激光测距方式了。

根据测定传播时间的方法的不同,光电测距仪又可分为脉冲式测距仪和相位式测距仪。

全站仪的测距系统与一般测距仪基本一致,只是体积更小,通常采用半导体砷化镓发光二极管作为光源。不同厂家生产的不同类型及系列的全站仪,其最大测程和距离测量误差均有较大变化。

上述测距原理在第四章已介绍过,这里不再赘述。

五、计算机微处理器及应用软件

现代全站仪均内置计算机微处理器,具有与微机类似的操作系统,完成接收输入指令、测量数据接收、计算处理等工作。早期全站仪的微处理器功能较为简单,操作系统属于指令式的DOS系统,内置的测量数据处理软件仅能处理测量坐标计算、根据斜距和竖直直角计算水平距离和高差、后方交会测站坐标计算、光电测距大气折光及曲率改正等简单问题,没有内存,测量数据通过电子手簿储存。20世纪80年代后期随着技术的进步,全站仪的功能越来越复杂,才相对于原有的基本功能,增加了大量方便各种工程施工测量的设计,不仅极大地简化了放样测量外业工作,还能通过输入基本参数,自行计算出放样点坐标(如道路曲线上的主轴点、整桩点)。这个时期的全站仪开始有大容量内存,不同项目的测量数据可以通过文件形式分别保存、管理,能储存数千到数万个碎部点测量数据。由于全站仪内置电脑功能越来越强大,显示屏和操作键盘越来越像掌上电脑,所以有人称这样的全站仪为电脑全站仪。最近出厂的全站仪更是开始采用Windows CE操作系统,彩色显示屏幕,操作键盘更大。更重要的是,具有USB接口,数据通信更加方便,并且允许用户根据自身需要,自行设计测量应用软件,使得电脑全站仪名副其实。

1.输入/输出设备

输入/输出设备包括操作键盘、显示屏和数据接口。

(1)操作键盘。操作键盘用于输入操作指令、数据和仪器设置参数。早期的全站仪操作键盘较小,因为键钮数有限,所以大多数按钮均设计为多功能,按钮的第2,3项功能采用组合输入方式,操作不太方便。近期的全站仪操作键盘增大,按钮增多,数字输入不再采用组合方式而是直接按键输入,因此又被称为"数字键盘"。

(2)显示屏。显示屏用于显示仪器当前的工作方式、状态、观测数据和运算结果。早期的全站仪屏幕较小,没有中文显示。现在国内市场上销售的全站仪都采用中文菜单,其发展的趋势是彩色文字与图像显示正迅速取代黑白的单纯文字及符号显示。

(3)数据接口。数据接口是实现全站仪与外部设备数据通信的设备。由于现在的全站仪均带有内存,不再使用电子手簿,所以这里所说的数据接口,主要是实现全站仪与电子计算机的通信的设备。全站仪的数据接口主要有以下几种。

1)PC卡。PCMCIA(Personal Computer Memory Card Internation Association,个人计算机存储卡国际协会,简称PC卡,也称存储卡)进行数字通信,特点是通用性强,各种电子产品间均可互换使用;形状像一般的银行磁卡,只要插入全站仪的PC卡接口,测量数据就可按标准的数据格式记录到卡上。

另一种是利用全站仪的通信接口,通过电缆进行数据传输。测量完成后,取出PC卡,插入与计算机连接的读卡机上,即可将数据输入到计算机中。20世纪90年代出产的全站仪(如日本索佳SET2C)较多地使用PC卡,后来因为PC卡系统具有价格较高、容易损坏等缺点逐渐被淘汰,近期出产的全站仪已经不再配置PC卡系统。

2)传输电缆通信。这种方式采用通信电缆将全站仪和计算机连接起来,将全站仪内的测量数据输送到计算机,或者将控制点数据由计算机输送到全站仪。通过电缆进行数据通信,其接口有并行接口和串行接口两种。并行通信是各位数据同时并行传输,每位数据占用一条传输线;串行通信则是数据一位一位地传送,每一位数据占用一个固定的时间长度,传输时只需要一条传输线。由于全站仪与计算机之间传输的数据量较小,所以全站仪均是采用串行通信的方式。

全站仪使用的串行通信口是所谓的 RS-232C 标准接口,它是一个 25 针(或者 9 针)的插头。串口中的每一根针对应传输线的传输功能都有标准的规定;传输测量数据最常用的只有 3 条:1 条发送数据线,1 条接收数据线和 1 条地线。

由于将测量数据保存在全站仪内存中既方便又安全,电缆传输方式硬件费用低,所以采用传输电缆通信是目前全站仪使用最多的数据通信方法。

3)USB 接口。最新出产的全站仪内置计算机功能强大,采用了 Windows CE 操作系统,具有 USB 数据接口。这种方法操作相对于传输电缆更加方便、快捷,所以预计很快将会淘汰传输电缆方法。

(4)数据记录与通信。全站仪的记录系统又称为电子数据记录器,它是一种存储测量资料的具有特定软件的硬件设备。数据记录器也有许多类型,但基本功能都一样,起着全站仪与电子计算机之间的桥梁作用,它使野外记录工作实现了自动化,减少了记录计算的差错,大大提高了野外作业的效率。

目前,全站仪记录系统主要有三种形式:接口式、磁卡式和内存式。全站仪的通信系统是野外数据采集到计算机和绘图仪自动成图的桥梁,所涉及的仪器设备有全站仪、计算机、存储卡和读卡器、电子手薄、接口电缆等。

根据全站仪记录系统的不同,有三种不同的通信方案:

1)全站仪→电子手簿→计算机(接口式全站仪);

2)全站仪→存储卡→读卡器→计算机(磁卡式全站仪);

3)全站仪→计算机→(内存式全站仪)。

全站仪以控制系统为核心,由控制系统进行测前准备,选择测量模式,控制数据记录,保证数据通信。控制系统是中枢系统,其他系统均需与其进行信息互访而完成自身使命。在数字测图系统中,全站仪主要用于外业数据的采集,包括控制测量和碎部点测量。

用于数字测图外业数据采集的全站仪的测距精度一般根据情况而定,测角精度一般为 $1''$,$2''$,$5''$。在进行数字测图工作时,应该将仪器的技术指标综合考虑,根据本单位的实际情况选择合适的全站仪。

全站仪通过自身微处理器的控制可以自动完成距离、水平方向、竖直方向、坐标的观测和显示、存储,是数字测图外业数据采集中最常用的一种设备。

全站仪的技术指标主要用全站仪的测距标称精度和测角精度来表示。

全站仪的测距标称精度表达式为

$$m_D = \pm(a + b \cdot \text{ppm} \cdot D) \tag{7.1}$$

式中,m_D 为测距中误差(mm);a 为标称精度中的固定误差(mm);b 为标称精度中的比例误差系数(mm/km);D 为测距长度(km)。

工程中常用全站仪的测角精度一般为 $2''$,$5''$。

六、全站仪的主要特点、基本构成和基本功能

1.全站仪的主要特点

目前工程中所使用的全站仪基本都具备以下主要特点:

(1)采用同轴双速制、微动机构,使照准更加快捷、准确。

(2)控制面板具有人机对话功能。控制面板由键盘和显示屏组成。除照准以外的各种测量功能和参数均可通过键盘来实现。仪器的两侧均有控制面板,操作十分方便。

(3)设有双向倾斜补偿器,可以自动对水平和竖直方向进行修正,以消除竖轴倾斜误差的影响。

(4)机内设有测量应用软件,可以方便地进行三维坐标测量、导线测量、对边测量、悬高测量、偏心测量、后方交会、放样测量等工作。

(5)具有双路通信功能,可将测量数据传输给电子手簿或外部计算机,也可接受电子手簿和外部计算机的指令和数据。这种传输系统有助于开发专用程序系统,提高数据的可靠性与存储安全性。

2.全站仪的基本构成

由于生产厂家不同,全站仪的外形、结构、性能和各部件名称略有区别,但总的来讲是大同小异,为了说明问题,这里以日本拓普康 GTS-312 电子全站仪为例进行介绍。

拓普康 GTS-312 电子全站仪有两面操作按键及显示窗,操作很方便。借助于其内部液体双轴补偿器能自动进行水平和垂直倾斜改正,补偿范围为 $\pm3'$。GTS-312 全站仪的测角最小读数为 $1''$,测角精度为 $2''$,采用增量法读数;测距的最小读数为 1 mm,测距精度为 $m_D = \pm(2 \text{ mm}+2\text{ppm})$,单棱镜测距为 0.001 3~3.0 km,三棱镜测距为 3.0~4.0 km;内有自动记录装置,可存储 24 000 个测量数据(角度、距离、坐标)及提供信息。GTS-312 全站仪除能进行角度测量、距离测量、坐标测量、偏心测量、悬高测量(REM)和对边测量(MLM)外,还能进行数据采集、放样及存储管理、水平角 HO 设置、水平角保持、视准轴偏差校正、打桩标、测站点设定、道路测设。

GTS-312 显示窗采用点阵式液晶显示(LCD),可显示 4 行,每行 20 个字符。通常前 3 行显示测量数据,最后 1 行显示随测量模式变化的按键功能。

3.全站仪的基本功能

(1)测角功能。测量水平角、竖直角或天顶距。

(2)测距功能。测量平距、斜距或高差。

(3)跟踪测量。即跟踪测距和跟踪测角。

(4)连续测量。角度或距离分别连续测量或同时连续测量。

(5)坐标测量。在已知点上架设仪器,根据测站点和定向点的坐标或定向方位角,对任一目标点进行观测,获得目标点的三维坐标值。

(6)悬高测量[REM]。可将反射镜立于悬物的垂点下,观测棱镜,再抬高望远镜瞄准悬物,即可得到悬物到地面的高度。

(7)对边测量[MLM]。可迅速测出相邻两棱镜点间的平距、斜距和高差。

(8)后方交会。仪器测站点坐标可以通过观测两坐标值已存储于内存中的已知点求得,即通过对 2 个以上已知点的观测测定出未知仪器测站点的三维坐标。

(9)距离放样。可将设计距离与实际距离进行差值比较,迅速将设计距离放到实地。

(10)坐标放样。已知仪器点坐标和后视点坐标或已知仪器点坐标和后视方位角,即可进行设计点的三维坐标放样,需要时也可进行坐标变换。

(11)预置参数。可预置温度、气压、棱镜常数等参数。

(12)测量的记录、通信传输功能。

新式全站仪还具有以下功能：

(1)偏心测量。如当需测出大型空心圆柱(桶状、罐状、高大的树木等)物体中心位置,棱镜直接架设有困难时,可先测定圆柱体一侧面相切点的方向,再用仪器照准柱体中心方向即可测出柱体中心位置。

(2)面积测量。利用测点或已存储在仪器中的数据计算某区域的面积。

(3)导线测量。测量程序是厂家提供的,已固化在全站仪中,用户只要根据自己的需要选择调用即可。

(4)道路测设。可根据交点桩坐标以及直圆(缓)点、圆(缓)直点里程计算细部点中桩坐标。

以上是全站仪所必须具备的基本功能。当然,不同厂家和不同系列的仪器产品,在外形和功能上略有区别,这里不再详细列出。

第二节　全站仪的基本操作

一、水平角测量

首先在测站点 O 安置(进行仪器的对中和整平)全站仪,然后按以下步骤进行操作：

(1)按角度测量键,使全站仪处于角度测量模式,照准第一个目标 A(测站左侧目标)。

(2)设置 A 方向的水平度盘读数为 $0°00'00''$。

(3)照准第二个目标 B(测站右侧目标),此时显示的水平度盘读数即为两方向间的水平夹角。

二、距离测量

(1)设置棱镜常数。测距前须将棱镜常数输入仪器中,仪器会自动对所测距离进行改正。

(2)设置大气改正值或气温、气压值。光在大气中的传播速度会随大气的温度和气压而变化,15℃ 和 760mmHg 是仪器设置的一个标准值,此时的大气改正为 0ppm。实测时,可输入温度和气压值,全站仪会自动计算大气改正值(也可直接输入大气改正值),并对测距结果进行改正。

(3)量仪器高、棱镜高并输入全站仪。

(4)距离测量。照准目标棱镜中心,按测距键,距离测量开始,测距完成时显示斜距、平距、高差。

全站仪的测距模式有精测模式、跟踪模式、粗测模式三种。精测模式是最常用的测距模式,测量时间约 2.5 s,最小显示单位为 1 mm;跟踪模式,常用于跟踪移动目标或放样时连续测距,最小显示一般为 1 cm,每次测距时间约 0.3 s;粗测模式,测量时间约 0.7 s,最小显示单位为1 cm或1 mm。在距离测量或坐标测量时,可按测距模式(MODE)键选择不同的测距模式。

应注意,有些型号的全站仪在距离测量时不能设定仪器高和棱镜高,显示的高差值是全站仪横轴中心与棱镜中心的高差。

三、碎部点坐标测量

(1)设定测站点的三维坐标。

(2)设定后视点的坐标或设定后视方向的水平度盘读数为其方位角。当设定后视点的坐标时,全站仪会自动计算后视方向的方位角,并设定后视方向的水平度盘读数为其方位角。

(3)设置棱镜常数。

(4)设置大气改正值或气温、气压值。

(5)量仪器高、棱镜高并输入全站仪。

(6)照准目标棱镜,按坐标测量键,全站仪开始测距并计算显示测点的三维坐标。

四、举例——拓普康 GTS－312

1.面板上按键符号及功能

MODE——进入坐标测量模式键。

◢——进入距离测量模式键。

ANG——进入角度测量模式键。

MENU——进入主菜单测量模式键。

ESC——用于中断正在进行的操作,退回到上一级菜单。

POWER—— 电源开关键。

▶◀——光标左右移动键。

▲▼——光标上下移动、翻屏键。

F1,F2,F3,F4——软功能键,分别对应显示屏上最下面一行相应位置显示的文字命令。

2.显示屏上显示符号的含义

V——竖盘读数。

HR——照准部向右转时水平度盘读数值(瞄准方向值)(即右向水平盘计数增大)。

HL——照准部向左转时水平读盘读数值(瞄准方向值)(即左向水平盘计数增大)。

HD——水平距离。

VD——仪器安置的测站点与立棱镜点(仪器望远镜至棱镜)间高差。

SD——斜距。

＊——正在测距。

N——北(X)坐标,相当于 x。

E——东(Y)坐标,相当于 y。

Z——天顶方向坐标,相当于高程 H。

3.角度测量模式

功能:按 ANG 键进入,可进行水平角、竖直角测量,倾斜改正开关设置。

F1 OSET：设置水平读数。

F2 HOLD：锁定水平读数。

第 1 页 F3 HSET：设置任意大小的水平读数。

F4 P1↓：进入第 2 页。

F1 TILT：设置倾斜改正开关。

第 2 页 F2 REP：复测法。

F3 V％：竖直角用百分数显示。

F4 P2↓：进入第 3 页。

F1 H - BZ:仪器每转动水平角 90°时,是否要蜂鸣声。

F2 R/L：右向水平读数 HR/左向水平读数 HL 切换,一般用 HR。

第 3 页 F3 CMPS：天顶距 V/竖直角 CMPS 的切换,一般取 V。

F4 P3↓:进入第 1 页。

4.距离测量模式

功能:先按◢键进入,可进行水平角、竖直角、斜距、平距、高差测量及 PSM,PPM,距离单位等设置。

F1 MEAS:进行测量。

F2 MODE:设置测量模式,Fine/Coarse/Tragcking（精测/粗测/跟踪）。

第 1 页 F3 S/A：设置棱镜常数改正值(PSM),大气改正值(PPM)。

F4 P1↓:进入第 2 页。

F1 OFSET:偏心测量方式。

F2 SO:距离放样测量方式。

第 2 页 F3 m/f/i:距离单位米/英尺/英寸的切换。

F4 P2↓：进入第 1 页。

5.坐标测量模式

功能:按◢键进入,可进行坐标(N,E,H)、水平角、竖直角、斜距测量及 PSM,PPM,距离单位等设置。

F1 MEAS:进行测量。

F2 MODE:设置测量模式,Fine/Coarse/Tracking。

第 1 页 F3 S/A:设置棱镜改正值(PSM),大气改正值(PPM)。

F4 P1↓:进入第 2 页。

F1 R.HT:输入棱镜高。

F2 INS.HT:输入仪器高。

第 2 页 F3 OCC:输入测站坐标。

F4 P2↓:进入第 3 页。

F1 OFSET:偏心测量方式。

第 3 页 F3 m/f/i：距离单位米/英尺/ 英寸切换。

F4 P3↓:进入第 1 页。

第三节　　南方 NTS - 350 型全站仪测量

1.南方 NTS - 350 仪器特点

(1)功能丰富。南方全站仪 NTS - 350 具备丰富的测量程序,同时具有数据存储功能、参数设置功能,功能强大,适用于各种专业测量和工程测量。

(2)数字键盘操作快速。南方全站仪 NTS-350 功能丰富,操作却相当简单,操作按键改进了 NTS-320 的软键盘方式,采用了软键和数字键盘结合的方式,按键方便、快速,易学易用。

(3)强大的内存管理。采用了具有内存的程序模块,可同时存储测量数据和坐标数据多达3 440 点,若仅存放样坐标数据可存储 10 000 点以上,并可以方便地进行内存管理,可对数据进行增加、删除、修改、传输。

(4)自动化数据采集。野外自动化的数据采集程序,可以自动记录测量数据和坐标数据,可直接向计算机传输数据,实现真正的数字化测量。

(5)望远镜镜头更轻巧。新一代全站仪 NTS-350 在原有的基础上,对外观及内部结构进行了更加科学合理的设计,望远镜镜头更加小巧,方便测量。

(6)特殊测量程序。在具备常用的基本测量模式(角度测量、距离测量、坐标测量)之外,还具有特殊的测量程序,可进行悬高测量、偏心测量、对边测量、距离放样、坐标放样、设置新点、后方交会、面积计算,功能相当的丰富,可满足专业测量的要求。

(7)中文界面和菜单。全站仪 NTS-350 采用了汉化的中文界面,对于中国用户更直观,更便于操作,显示屏更大,设计更加人性化,字体更清晰、美观,使仪器操作更加得心应手。

2.全站仪使用注意事项

(1)日光下测量应避免将物镜直接瞄准太阳。若在太阳下作业应安装滤光器。

(2)避免在高温和低温下存放仪器,亦应避免温度骤变(使用时气温变化除外)。

(3)仪器不使用时,应将其装入箱内,置于干燥处,注意防震、防尘和防晒。

(4)若仪器工作处的温度与存放处的温度差异太大,应先将仪器留在箱内,直至它适应环境温度后再使用。

(5)仪器长期不使用时,应将仪器上的电池卸下分开存放。电池应每月充电一次。

(6)仪器运输应将仪器装于箱内进行,运输时应小心避免挤压、碰撞和剧烈震动,长途运输最好在箱子周围使用软垫。

(7)仪器安装至三脚架或拆卸时,要一只手先握住仪器,以防仪器跌落。

(8)外露光学件需要清洁时,应用脱脂棉或镜头纸轻轻擦净,切不可用其他物品擦拭。

(9)仪器使用完毕后,用绒布或毛刷清除仪器表面灰尘。仪器被雨水淋湿后,切勿通电开机,应用干净软布擦干并在通风处放一段时间。

(10)作业前应仔细全面检查仪器,确信仪器各项指标、功能、电源、初始设置和改正参数均符合要求时再进行作业。

(11)即使发现仪器功能异常,非专业维修人员也不可擅自拆开仪器,以免发生不必要的损坏。

3.仪器部件名称

NTS-350 型全站仪的外形及各部分名称如图 7-7 所示。

4.仪器开箱和存放

(1)开箱。轻轻地放下箱子,让其盖朝上,打开箱子的锁栓,开箱盖,取出仪器。

(2)存放。盖好望远镜镜盖,使照准部的垂直制动手轮和基座的圆水准器朝上,将仪器平卧(望远镜物镜端朝下)放入箱中,轻轻旋紧垂直制动手轮,盖好箱盖并关上锁栓。

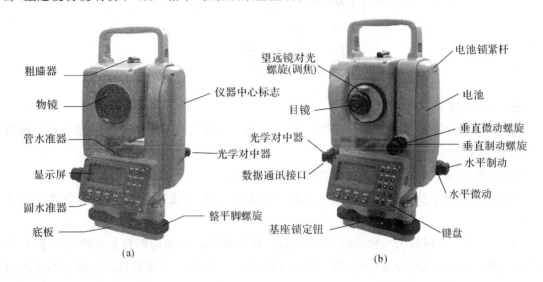

图 7-7　NTS-350 型全站仪

5.安置仪器

将仪器安装在三脚架上,精确整平和对中,以保证测量成果的精度,应使用专用的中心连接螺旋的三脚架。

操作参考步骤:仪器的整平与对中。

(1)安置三脚架。首先,将三脚架打开,升到适当高度,拧紧三个固定螺旋。

(2)将仪器安置到三脚架上。将仪器小心地安置到三脚架上,松开中心连接螺旋,在架头上轻移仪器,直到锤球对准测站点标志中心,然后轻轻拧紧连接螺旋。

(3)利用圆水准器粗平仪器。

1)旋转两个脚螺旋 A,B,使圆水准器气泡移到与上述两个脚螺旋中心连线相垂直的一条直线上。

2)旋转脚螺旋 C,使圆水准器气泡居中。

(4)利用长水准器精平仪器。

1)松开水平制动螺旋,转动仪器使管水准器平行于某一对脚螺旋 A,B 的连线。再旋转脚螺旋 A,B,使管水准器气泡居中。

2)将仪器绕竖轴旋转 90°(100g),再旋转另一个脚螺旋 C,使管水准器气泡居中。

3)再次旋转 90°,重复步骤(1)(2),直至四个位置上气泡均居中为止。

(5)利用光学对中器对中。根据观测者的视力调节光学对中器望远镜的目镜。松开中心连接螺旋,轻移仪器,将光学对中器的中心标志对准测站点,然后拧紧连接螺旋。在轻移仪器时不要让仪器在架头上有转动,以尽可能减少气泡的偏移。

(6)精平仪器。按第(4)步精确整平仪器,直到仪器旋转到任何位置时,管水准气泡始终居中为止,然后拧紧连接螺旋。

6.电池的信息与装卸和充电

(1)电池信息。电池信息如下:

> HR:170°30′20″
> HD:235.343 m
> VD:36.551 m ≡
> 测量 模式 S/A P1↓

≡:电量充足,可操作使用。

≡:刚出现此信息时,电池尚可使用 1 h 左右;若不掌握已消耗的时间,则应准备好备用的电池或充电后再使用。

≡:电量已经不多,尽快结束操作,更换电池并充电。

— 闪烁到消失:从闪烁到缺电关机大约可持续几分钟,电池已无电,应立即更换电池并充电。

注:①电池工作时间的长短取决于环境条件,如周围温度、充电时间和充电的次数等,为安全起见,建议提前充电或准备一些充好电的备用电池。②电池剩余容量显示级别与当前的测量模式有关,在角度测量模式下,电池剩余容量够用,并不能够保证电池在距离测量模式下也能用。因为距离测量模式耗电高于角度测量模式,当从角度模式转换为距离模式时,由于电池容量不足,有时会中止测距。

(2)电池安装。按下电池盒底部插入仪器的槽中,按压电池盒顶部按钮,使其卡入仪器中固定归位。

(3)电池充电。电池充电应用专用充电器,本仪器配用 NC - 20A 充电器。

充电时先将充电器接好电源 220 V,从仪器上取下电池盒,将充电器插头插入电池盒的充电插座,充电器上的指示灯为橙色时表示正在充电,充电 6 h 后或指示灯为绿色时表示充电完毕,拔出插头。

取下机载电池盒时注意事项:每次取下电池盒时,都必须先关掉仪器电源,否则仪器易损坏。

充电时注意事项:

(1)尽管充电器有过充保护回路,充电结束后仍应将插头从插座中拔出。

(2)要在 0～ ±45℃温度范围内充电,超出此范围可能引起充电异常。

(3)如果充电器与电池已连接好,指示灯却不亮,此时充电器或电池可能损坏,应修理。

存放时注意事项:

(1)可充电电池可重复充电 300～500 次,电池完全放电会缩短其使用寿命。

(2)为更好地获得电池的最长使用寿命,请保证每月充电一次。

7.反射棱镜

全站仪在进行测量距离等作业时,须在目标处放置反射棱镜。反射棱镜有单(三)棱镜组,可通过基座连接器将棱镜组连接在基座上,然后安置到三脚架上,也可直接安置在对中杆上。棱镜组由用户根据作业需要自行配置。

南方测绘仪器公司所生产的棱镜组如图 7 - 8 所示。

8.基座的装卸

(1)拆卸。如有需要,三角基座可从仪器(含采用相同基座的反射棱镜基座连接器)上卸下,先用螺丝刀松开基座锁定钮固定螺丝,然后逆时针转动锁定钮约180°,即可使仪器与基座分离(见图7-9)。

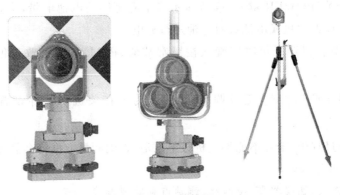

图7-8　棱镜组

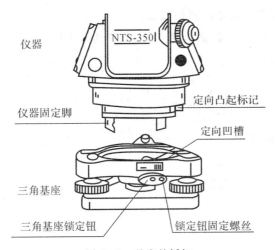

图7-9　基座的拆卸

(2)安装。将仪器的定向凸出标记与基座定向凹槽对齐,把仪器上的三个固定脚对应放入基座的孔中,使仪器装在三角基座上,顺时针转动锁定钮约180°使仪器与基座锁定,再用螺丝刀将锁定钮固定螺丝旋紧。

9.望远镜目镜调整和目标照准

瞄准目标的方法(供参考):

(1)将望远镜对准明亮天空,旋转目镜筒,调焦看清十字丝(先朝自己方向旋转目镜筒,再慢慢旋进调焦至十字丝清晰)。

(2)利用粗瞄准器内的三角形标志的顶尖瞄准目标点,照准对眼睛与瞄准器之间应保留有一定距离。

(3)利用望远镜调焦螺旋使目标成像清晰。当眼睛在目镜端上下或左右移动发现有视差时,说明调焦或目镜屈光度未调好,这将影响观测的精度,应仔细调焦并调节目镜筒消除视差。

10.开机和调整对比度

(1)开机。

1)确认仪器已经整平。

2)打开电源开关(POWER 键)。确认显示窗中有足够的电池电量,当显示"电池电量不足"(电池用完)时,应及时更换电池或对电池进行充电。

(2)对比度调节。仪器开机时应确认棱镜常数值(PSM)和大气改正值(PPM),请参阅"13.初始设置"。

通过按 F1 (↓)或 F2 (↑)键可调节对比度,为了在关机后保存设置值,可按 F4 (回车)键。

在进行测量的过程中,千万不能不关机拔下电池,否则测量数据将会丢失。

11.字母、数字的输入方法

字母、数字的输入,如仪器高、棱镜高、测站点和后视点等。

(1)条目的选择与数字的输入。

例 7.1 选择数据采集模式中的测站仪器高。

箭头指示将要输入的条目,按[▲][▼]键上下移动箭头行。

```
点号 －>  PT－01
标识符：_____
仪高：0.000 m
输入 查找 记录 测站
```

按[▼]键将－>移动到仪高条目。

```
点号：PT－01
标识符：_____
仪高＝_____ m
回退 － － － － 回车
```

按 F1 键进入输入菜单。

```
点号：PT－01
标识符：_____
仪高 －> 0.000 m
输入 查找 记录 测站
```

按 1 输入"1"。

按 . 输入".．"。

按 5 输入"5 ",回车。

此时仪高输入为 1.5m。

(2)输入字符。

例 7.2　输入数据采集模式中的测站点编码"SOUTHI"。

1)用[▲][▼]键上下移动箭头行,移到待输入的条目。

```
点号－>
标识符:
仪高:0.000 m
输入　查找　记录　测站
```

2)按 F1 (输入)键,箭头即变成等号(＝),这时在底行上显示字符。

```
点号 ＝
标识符:
仪高: 0.000 m
回退　空格　数字 回车
```

3)按 F3 可以切换到字母输入方式。

```
点号 ＝
标识符:
仪高:0.000 m
回退　空格　数字　回车
```

注:当菜单中显示"字母"时即可输入字母,当菜单中显示"数字"时即可输入数字。当所输入的字母中有连续两个字母在同一键上,在输入其中的第二个字母时,则需要用[▶]键将光标移到下一位。

按 STU 键,显示"S";

连续按三次 MNO 键,显示"O";

按 PQR 键,显示"U";

连续按三次 STU 键,显示"T";

连续按两次 GHI 键,显示"H";

按[▶]键,光标显示到下一位,再按三次 GHI 键,显示"I"。

(3)修改字符,可以按[◀][▶]将光标移到待修改的字符上,并再次输入。

12.键盘功能与信息显示

(1)操作键。NTS‐350型全站仪的键盘及各键功能如图 7‐10 所示。

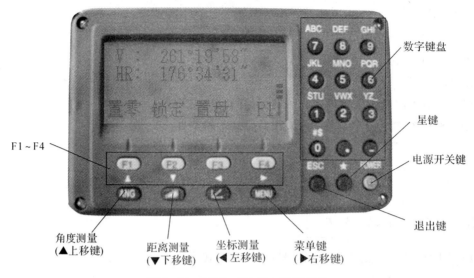

图 7 - 10　NTS - 350 型全站仪键盘

键盘上各键名称及功能如表 7 - 1 所示。

表 7 - 1　按键名称及功能

按　键	名　称	功　能
ANG	角度测量键	进入角度测量模式（▲上移键）
◢	距离测量键	进入距离测量模式（▼下移键）
□	坐标测量键	进入坐标测量模式（◀左移键）
MENU	菜单键	进入菜单模式（▶右移键）
ESC	退出键	返回上一级状态或返回测量模式
POWER	电源开关键	电源开关
F1 ~ F4	软键（功能键）	对应于显示的软键信息
0 ~ 9	数字键	输入数字和字母、小数点、负号
★	星键	进入星键模式

键盘屏幕上显示的符号含义如表 7 - 2 所示。

表 7 - 2　显示符号及含义

显示符号	含　义
V%	垂直角（坡度显示）
HR	水平角（照准部向右转水平度盘读数增大）（右角）
HL	水平角（照准部向左转水平度盘读数增大）（左角）

续　表

显示符号	含　义
HD	水平距离
VD	高差
SD	倾斜
N	北向坐标
E	东向坐标
Z	高程
*	EDM（电子测距）正在进行
m	以米为单位
ft	以英尺为单位
fi	以英尺与英寸为单位

（2）功能键（F1，F2，F3，F4）。

1）角度测量模式（三个界面菜单）。

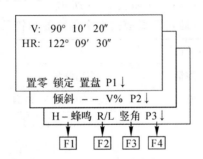

测量模式中各个按键的显示与功能如表7-3所示。

表7-3　角度测量模式三个界面显示符号及功能

页　数	软　键	显示符号	功　能
第1页（P1）	F1	置零	水平角置为0°0′0″
	F2	锁定	水平角读数锁定
	F3	置盘	通过键盘输入数字设置水平角
	F4	P1↓	显示第2页软键功能
第2页（P2）	F1	倾斜	设置倾斜改正开或关,若选择开,则显示倾斜改正
	F2	——	———————————————
	F3	V％	垂直角与百分比坡度的切换
	F4	P2↓	显示第3页软键功能

续 表

页 数	软 键	显示符号	功 能
第3页 （P3）	F1	H－蜂鸣	仪器转动至水平角 0°,90°,180°,270°是否蜂鸣的设置
	F2	R/L	水平角右/左计数方向的转换
	F3	竖角	垂直角显示格式(高度角/天顶距)的切换
	F4	P3↓	显示第1页软键功能

2)距离测量模式(两个界面菜单)。

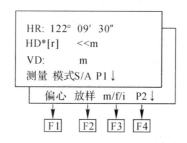

测量模式中各个按键的显示与功能如表7-4所示。

表7 4 距离测量模式两个界面显示符号及功能

页 数	软 键	显示符号	功 能
第1页 （P1）	F1	测量	启动距离测量
	F2	模式	设置测距模式为 精测/跟踪/－－－
	F3	S/A	温度、气压、棱镜常数等设置
	F4	P1↓	显示第2页软键功能
第2页 （P2）	F1	偏心	偏心测量模式
	F2	放样	距离放样模式
	F3	m/f/i	距离单位的设置 米/英尺/英寸
	F4	P2↓	显示第1页软键功能

3)坐标测量模式(三个界面菜单)。

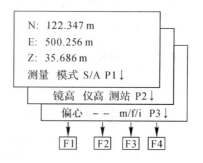

测量模式中各个按键的显示与功能如表7-5所示。

表7-5 坐标测量三个界面显示符号及功能

页　数	软　键	显示符号	功　能
第1页 (P1)	F1	测量	启动测量
	F2	模式	设置测距模式为 精测/跟踪
	F3	S/A	温度、气压、棱镜常数等设置
	F4	P1↓	显示第2页软键功能
第2页 (P2)	F1	镜高	设置棱镜高度
	F2	仪高	设置仪器高度
	F3	测站	设置测站坐标
	F4	P2↓	显示第3页软键功能
第3页 (P3)	F1	偏心	偏心测量模式
	F2	———	——————————
	F3	m/f/i	距离单位的设置 米/英尺/英寸
	F4	P3↓	显示第1页软键功能

(3)星键模式。按下星键可以对以下项目进行设置：

1)对比度调节。按星键后，通过按[▲]或[▼]键，可以调节液晶显示对比度。

2)照明。按星键后，通过按F1选择"照明"，按F1或F2选择开关背景光。

3)倾斜。按星键后，通过按F2选择"倾斜"，按F1或F2选择开关倾斜改正。

4)S/A。按星键后，通过按F4选择"S/A"，可以对棱镜常数和温度、气压进行设置，并且可以查看回光信号的强弱。

13.初始设置

(1)温度、气压、棱镜常数等设置。该模式可显示电子距离测量(EDM)时接收到的光线强度(信号水平)、大气改正值(PPM)和棱镜常数改正值(PSM)。

(2)设置大气改正。全站仪发射红外光的光速随大气的温度和压力而改变，本仪器一旦设置了大气改正值，即可自动对测距结果实施大气改正。

改正公式如下：(计算单位：m)

F1(精测)＝14 985 518 Hz

F1(跟踪测)＝149 855.18 Hz

F1(跟踪测)＝151 368.82 Hz

发射光波长：$\lambda = 0.865\ \mu m$

NTS系列全站仪标准气象条件(即仪器气象改正值为0时的气象条件)：

气压：1 013 hPa；温度：20℃

大气改正值的计算：

$$\Delta S = 273.8 - 0.290\ 0P/(1 + 0.003\ 66T)(ppm) \tag{7.2}$$

式中，ΔS 为改正系数(ppm)；P 为气压(hPa，当使用的气压单位是 mmHg 时，按1hPa＝

0.75mmHg进行换算);T 为温度(℃)

(3)大气折光和地球曲率改正。仪器在进行平距测量和高差测量时,可对大气折光和地球曲率的影响进行自动改正。

大气折光和地球曲率的改正依下面所列的公式计算:

经改正后的平距:

$$D = S\left[\cos\alpha + \sin\alpha\ S\ \cos\alpha(K-2)/2R_e\right] \tag{7.3}$$

经改正后的高差:

$$H = S\left[\sin\alpha + \cos\alpha\ S\ \cos\alpha(1-K)/2R_e\right] \tag{7.4}$$

若不进行大气折光和地球曲率改正,则计算平距和高差的公式为

$$D = S\cos\alpha \tag{7.5}$$

$$H = S\sin\alpha \tag{7.6}$$

式中,$K=0.14$,大气折光系数;$R_e = 6\ 370$ km,地球曲率半径;α(或 β),从水平面起算的竖角(垂直角);S,斜距。

(4)设置反射棱镜常数。南方全站的棱镜常数的出厂设置为 -30,若使用棱镜常数不是 -30 的配套棱镜,则必须设置相应的棱镜常数。一旦设置了棱镜常数,则关机后该常数仍被保存。

14.角度测量

(1)水平角和垂直角测量。水平角右角和垂直角的测量,确认处于角度测量模式后,具体操作见表 7－6。

表 7－6　角度测量模式操作过程及显示

操作过程	操作	显示
①照准第一个目标 A	照准 A	V: 82°09′30″ HR: 90°09′30″ 置零 锁定 置盘 P1↓
②设置目标 A 的水平角为 0° 00′00″ 按 F1(置零)键和 F3(是)键	F1 F3	水平角置零 ＞OK? － － － － －［是］［否］ V: 82°09′30″ HR: 0°00′00″ 置零 锁定 置盘 P1↓
③照准第二个目标 B,显示目标 B 的 V/H	照准目标 B	V: 92°09′30″ HR: 67°09′30″ 置零 锁定 置盘 P1↓

瞄准目标的方法(供参考):

1)将望远镜对准明亮天空,旋转目镜筒,调焦看清十字丝(先朝自己方向旋转目镜筒,再慢慢旋进调焦使十字丝清晰)。

2）利用粗瞄准器内的三角形标志的顶尖瞄准目标点,照准时眼睛与瞄准器之间应保留有一定距离。

3）利用望远镜调焦螺旋使目标成像清晰。

4）当眼睛在目镜端上下或左右移动发现有视差时,说明调焦或目镜屈光度未调好,这将影响观测的精度,应仔细调焦并调节目镜筒消除视差。

（2）水平角（右角/左角）切换。确认处于角度测量模式后,具体操作见表 7－7。

表 7－7　角度测量模式设置操作过程及显示

操作过程	操　作	显　示
①按 F4（↓）键两次转到第 3 页功能	F4 两次	V：122°09′30″ HR：90°09′30″ 置零 锁定 置盘 P1↓ 倾斜――― V％ P2↓ H－蜂鸣 R/L 竖角 P3↓
②按 F2（R/L）键。右角模式（HR）切换到左角模式（HL）。	F2	V：122°09′30″ HL：269°50′30″ H－蜂鸣 R/L 竖角 P3↓
③以左角 HL 模式进行测量		
每次按 F2（R/L）键,HR/HL 两种模式交替切换		

（3）水平角的设置。

1）通过锁定角度值进行设置。确认处于角度测量模式后,具体操作见表 7－8。

表 7－8　通过锁定角度值进行设置操作过程及显示

操作过程	操　作	显　示
①用水平微动螺旋转到所需的水平角	显示角度	V：122°09′30″ HR：90°09′30″ 置零 锁定 置盘 P1↓
②按 F2（锁定）键	F2	水平角锁定 HR：¨90°09′30″ ＞设置 ？ ――― ――― ［是］［否］
③照准目标	照准	
④按 F3（是）键完成水平角设置＊1）,显示窗变为正常的角度测量模式	F3	V：122°09′30″ HR：90°09′30″ 置零 锁定 置盘 P1↓
＊1）若要返回上一个模式,可按 F4（否）键		

2)通过键盘输入进行设置。确认处于角度测量模式后,具体操作见表 7-9。

表 7-9　通过键盘输入进行设置操作过程及显示

操作过程	操 作	显 示
①照准目标	照准	V:122°09′30″ HR:90°09′30″ 置零 锁定 置盘 P1↓
②按 F3（置盘）键	F3	水平角设置 HR: 输入 ― ― ― ― ― ［回车］
③通过键盘输入所要求的水平角 *1),如:150°10′20″	F1 150.1020 F4	V:122°09′30″ HR:150°10′20″ 置零 锁定 置盘 P1↓

随后即可从所要求的水平角进行正常的测量

15.垂直角与斜率(％)的转换

确认处于角度测量模式后,具体操作见表 7-10。

表 7-10　垂直角与斜率(％)的转换设置操作过程及显示

操作过程	操 作	显 示
①按 F4（↓）键转到第 2 页	F4	V:90°10′20″ HR:90°09′30″ 置零 锁定 置盘 P1↓ 倾斜 ― ― ― V％ P2↓
②按 F3（V％）键 *1)	F3	V:-0.30％ HR:90°09′30″ 倾斜 ― ― ― V％ P1↓

*1)每次按 F3(V％)键,显示模式交替切换;

*2)当高度超过 45°(100％)时,显示窗将出现(超限)(超出测量范围)

16.距离测量

在进行距离测量前,通常需要确认大气改正的设置和棱镜常数的设置。

（1）大气改正的设置。当设置大气改正时,通过测量温度和气压可求得改正值。

（2）棱镜常数的设置。棱镜常数为－30,设置棱镜改正为－30,如使用其他常数的棱镜,则在使用之前应先设置一个相应的常数,即使电源关闭,所设置的值也仍被保存在仪器中。

（3）距离测量(连续测量)。确认处于测角模式后,具体操作见表7－11。

表7－11　距离测量(连续测量)设置操作过程及显示

操作过程	操作	显示
①照准棱镜中心	照准	V：90°10′20″ HR：170°30′20″ H－蜂鸣 R/L 竖角 P3↓
②按 ◢ 键,距离测量开始 *1),*2);	◢	HR：170°30′20″ HD＊[r] ＜＜m V：m 测量 式 S/A P1↓ HR：170°30′20″ HD＊ 235.343m VD：235.51m 测量 式 S/A P1↓
显示测量的距离 *3)～ *5) 再次按 ◢ 键,显示变为水平角（HR）、垂直角（V）和斜距（SD）	◢	V：90°10′20″ HR：170°30′20″ SD＊ 241.551m 测量 模式 S/A P1↓

＊1)当光电测距(EDM)正在工作时,"＊"标志就会出现在显示窗;

＊2)将模式从精测转换到跟踪;

在仪器电源打开状态下,要设置距离测量模式;

＊3)距离的单位表示为:"m"(米)或"ft" "fi"(英尺),并随着蜂鸣声在每次距离数据更新时出现;

＊4)如果测量结果受到大气抖动的影响,仪器可以自动重复测量工作;

＊5)要从距离测量模式返回正常的角度测量模式,可按 ANG 键;

＊6)对于距离测量,初始模式可以选择显示顺序(HR,HD,VD)或(V,HR,SD)

（4）距离测量（N 次测量/单次测量）。在输入测量次数后,仪器就按设置的次数进行测量,并显示出距离平均值。当输入测量次数为 1 时,因为是单次测量,仪器不显示距离平均值。

确认处于测角模式后,具体操作见表7－12。

表 7 - 12　距离测量(N 次测量/单次测量)设置操作过程及显示

操作过程	操作	显示
①照准棱镜中心	照准	V：122°09′30″ HR：90°09′30″ 置零 定置盘 P1↓
②按 ◢ 键,连续测量开始 * 1)	◢	HR：170°30′20″ HD * [r] <<m V：m 测量 模式 S/A P1↓
③当连续测量不再需要时,可按 F1 (测量)键 * 2),测量模式为 N 次测量模式; 当光电测距(EDM)正在工作时,再按 F1(测量)键,模式转变为连续测量模式	F1	HR：170°30′20″ HD * [n] <<m V：m 测量 模式 S/A P1↓ HR：170°30′20″ HD：566.346 m VD：89.678 m 测量 模式 S/A P1↓

* 1)在仪器开机时,测量模式可设置为 N 次测量模式或者连续测量模式;

* 2)在测量中,要设置测量次数(N 次)

用软键选择距离单位米/英尺/英尺、英寸:通过软键可以改变距离测量模式的单位,此项设置在电源关闭后不保存;然后进行初始设置,此设置关机后仍被保留。具体操作见表 7-13。

表 7 - 13　用软键选择距离单位米/英尺/英尺、英寸设置操作过程及显示

操作过程	操作	显示
①按 F4 (↓)键转到第二页功能	F4	HR：170°30′20″ HD：2.000m VD：3.678m 测量 模式 S/A P1↓ 偏心 放样 m/f/i P2↓
②每次按 F3 (m/f/i)键,显示单位就可以改变; 每次按 F3 键,(m/f/i)键,单位模式依次切换	F3	HR：170°30′20″ HD：566.346 ft VD：89.678 ft 偏心 放样 m/f/i P2↓

（5）精测模式/跟踪模式。这个设置在关机后不保留；然后进行初始设置，此设置关机后仍被保留。具体操作见表7-14。

表7-14　精测模式/跟踪模式设置操作过程及显示

操作过程	操作	显示
①在距离测量模式下按 F2 （模式）＊1）键所设置模式的首字符（F/T）	F2	HR：170°30′20″ HD：566.346 m VD：89.678 m 测量模式 S/A P1↓
②按 F1 （精测）键精测， F2 （跟踪）键跟踪测量	F1 － F2	HR：170°30′20″ HD：566.346 m VD：89.678 m 精测 跟踪 －－－ F HR：170°30′20″ HD：566.346 m VD：89.678 m 测量 模式 S/A P1↓

＊1）要取消设置，按 ESC 键

17.放样

该功能可显示出测量的距离与输入的放样距离之差。

$$测量距离－放样距离＝显示值$$

放样时可选择平距（HD）、高差（VD）和斜距（SD）中的任意一种放样模式，具体操作见表7-15。

表7-15　放样设置操作过程及显示

操作过程	操作	显示
①在距离测量模式下按 F4 （↓）键，进入第2页功能	F4	HR：170°30′20″ HD：566.346m VD：89.678m 测量 模式 S/A P1↓ 偏心放样 m/f/i P2↓
②按 F2 （放样）键，显示出上次设置的数据	F2	放样 HD：0.000 m 平距 高差 距 －－－

续 表

操作过程	操 作	显 示
③通过按 F1 ～ F3 键选择测量模式。 F1:平距， F2:高差， F3:斜距 例:水平距离	F1	放样 HD：0.000 m 输入 ——— ——— 回车
④输入放样距离 * 1)350 m	F1 输入 350 F4	放样 HD：350.000 m 输入 ——— ——— 回车
⑤照准目标(棱镜)测量开始，显示出测量距离与放样距离之差	照准 P	HR：120°30′20″ dHD * [r]<<m VD：m 输入—— ——— 回车
⑥移动目标棱镜，直至距离差等于 0 m 为止		HR：120°30′20″ dHD * [r] 25.688 m VD：2.876 m 测量 模式 S/A P1↓

* 1)若要返回到正常的距离测量模式,可设置放样距离为 0 m 或关闭电源

18.偏心测量模式

共有四种偏心测量模式:角度偏心测量、距离偏心测量、平面偏心测量和圆柱偏心测量。

偏心测量的测距模式可采用 N 次精测模式。

(1)角度偏心测量模式。当棱镜直接架设有困难时,此模式是十分有用的,如在树木的中心。只要安置棱镜于和仪器平距相同的点 P 上,在设置仪器高度/棱镜高后进行偏心测量,即可得到被测物中心位置的坐标(见图 7-11)。

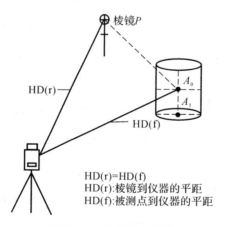

图 7-11 角度偏心测量

当测量 A_0 的投影——地面点 A_1 的坐标时,设置仪器高/棱镜高。

当测量 A_0 点的坐标时,只设置仪器高(设置棱镜高为 0)。

在进行偏心测量之前,应设置仪器高/棱镜高,具体操作见表 7-16。

设置测站点的坐标,可参阅"20.测站点坐标的设置"。

表 7-16 偏心/仪器高/棱镜高设置操作过程及显示

操作过程	操作	显示
①在测距模式下按 F4(↓)键,进入第 2 页功能	F4	HR:170°30′20″ HD:566.346m VD:89.678m 测量 模式 S/A P1↓<hr>偏心 放样 m/f/I P2↓
②按 F1(偏心)键	F1	偏心测量 1/2 F1:角度偏心 F2:距离偏心 F3:平面偏心 P1↓
③按 F1(角度偏心)键,进入偏心测量	F1	角度偏心 HR:170°30′20″ HD:m 测量 — — — — — —
④照准棱镜 P,按 F1(测量)键测量仪器到棱镜之间的水平距离	照准[P] F1	角度偏心 HR:170°30′20″ HD* << m 测量 — — — — —<hr>角度偏心 HR:170°30′20″ HD* 547.339 m 下步 — — — — —
⑤利用水平制动与微动螺旋照准 A_0 点	照准 A_0	角度偏心 HR:170°30′20″ HD:.339 m 下步 — — — — —
⑥显示 A_0 点的高差	◢	角度偏心 HR:170°30′20″ VD:2.328 m 下步 — — — — —

续 表

操作过程	操 作	显 示
⑦显示 A_0 点的斜距,每次按 ◢键,则依次显示平距、高差 和斜距	◢	角度偏心 HR: 170°30′20″ SD: 538.888 m 下步 — — — — — — — —
⑧显示 A_0 点或 A_1 点的 N (北)坐标,每次按 □ 键,则依 次显示 N(北),E(东)和 Z(竖向) 坐标	□	N:8.384 m E:−6.888 m Z:0.146 m 下步 — — — — — — — —

按 F1 (下步)键,可返回操作步骤④;

按 ESC 键,返回先前模式

(2)距离偏心测量模式。如果已知树或是池塘的半径,现要测定其中心的距离和坐标,为测定 P_0 点的距离或坐标,输入如图 7-12 所示的偏心距 OHD 并在距离偏心测量模式下测量 P_1 点,在显示屏上就会显示出点 P_0 的距离和坐标,具体操作见表 7-17。

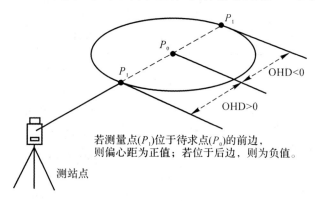

图 7-12 距离偏心测量

设置测站点坐标,可参阅"20.测站点坐标的设置"。

表 7-17 距离偏心测量模式设置操作过程及显示

操作过程	操 作	显 示
①在测距模式下按 F4 (↓) 键,进入第 2 页功能	F4	HR:170°30′20″ HD:566.346 m VD:89.678 m 测量 模式 S/A P1↓ 偏心 放样 m/f/i P2↓

续 表

操作过程	操 作	显 示
②按 F1（偏心）键	F1	偏心测量 1/2 F1：角度偏心 F2：距离偏心 F3：平面偏心 P1↓
③按 F2（距离偏心）键，进入偏心测量	F2	距离偏心 输入向前偏距 OHD：0.000 m 输入 — — — — — 确定
④按 F1（输入）键，输入偏心距，按 F4（回车）	F1 输入偏心距 F4	距离偏心 HR：170°30′20″ HD：m 测量 — — — — —
⑤照准棱镜 P_1，按 F1（测量）键开始测量；测距结束后将会显示出加上偏心距改正后的测量结果	照准 P_1 F1	距离偏心 HR：170°30′20″ HD：<< m >测量…… 距离偏心 HR：170°30′20″ HD＊ 10.339 m 下步 — — — — — —
⑥显示 P_0 点的高差，每次按 ◢ 键，则依次显示平距、高差和斜距	◢	距离偏心 HR：170°30′20″ VD：12.328 m 下步 — — — — — 距离偏心 HR：170°30′20″ SD：1.218 m 下步 — — — — —
⑦显示 P_0 点的坐标	▫	N：8.384 m E：−6.888 m Z：0.146 m 下步 — — — — —

按 F1（下步）键，可返回操作步骤④；按 ESC 键，返回先前模式

(3)平面偏心测量模式。该功能用于测定无法直接测量的点位,如图 7-13 测定一个平面边缘的距离或坐标。此时首先应在该模式下测定平面上的任意三个点(P_1,P_2,P_3)以确定被测平面,照准测点 P_0,然后仪器就会计算并显示视准轴与该平面交点距离和坐标,具体操作见表 7-18。

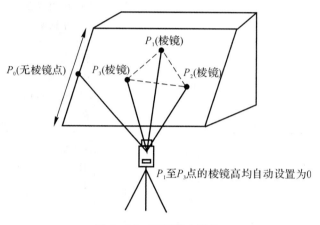

P_1 至 P_3 点的棱镜高均自动设置为0

图 7-13 平面偏心测量

设置测站点坐标可参阅"20.测站点坐标的设置"。

表 7-18 平面偏心测量模式设置操作过程及显示

操作过程	操作	显示
①在测距模式下按 F4 (↓)键,进入第 2 页功能	F4	HR:170°30′20″ HD:566.346m VD:89.678m 测量 模式 S/A P1↓ 偏心 放样 m/f/i P2↓
②按 F1 (偏心)键	F1	偏心测量 1/2 F1:角度偏心 F2:距离偏心 F3:平面偏心 P1↓
③按 F3 (平面偏心)键	F3	平面偏心 N001♯ SD * : m 测量 — — — —

续　表

操作过程	操　作	显　示
④照准棱镜 P_1,按 $\boxed{F1}$(测量)键,开始 N 次测量,测量结束显示屏提示进行第二点测量	照准 P_1 $\boxed{F1}$	平面偏心 N001# SD * [n]: <<m 测量……
⑤按同样方法进行第二点和第三点测量。	照准 P_2 $\boxed{F1}$	平面偏心 N002# SD * : m 测量 — — — — —
仪器计算并显示视准轴与平面之间交点的坐标和距离值 * 1),2)	照准 P_3 $\boxed{F1}$	平面偏心 N003# SD * : m 测量 — — — — —
		HR:170°30′20″ HD:12.328 m VD * : 1.314 m 退出 — — — — —
⑥照准平面边缘(P_0)* 3),4)	照准 P_0	HR:50°10′12″ HD:11.314 m VD * : 4.245 m 退出 — — — — —
⑦每次按 ◢ 键,则依次显示平距、高差和斜距,按 □ 键,则显示坐标	◢	V:80°45′45″ HR:50°10′12″ SD * : 4.245 m 退出 — — — — —

* 1) 若由 3 个观测点不能通过计算确定一个平面,则会显示错误信息,此时应从第一点开始重新观测;

* 2) 数据显示为偏心测量模式之前的模式;

* 3) 当照准方向与所确定的平面不相交的时候会显示错误信息;

* 4) 目标点 P_0 反射镜高度自动设置为 0。

(4)圆柱偏心测量模式。首先直接测定圆柱面上(P_1)点的距离,然后通过测定圆柱面上的(P_2)和(P_3)点方向角即可计算出圆柱中心的距离、方向角和坐标。

圆柱中心的方向角等于圆柱面点(P_2)和(P_3)方向角的平均值(见图 7 - 14),具体操作见表 7 - 19。

设置测站点坐标可参阅"20.测站点坐标的设置"。

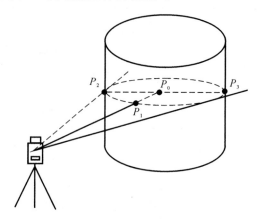

图 7-14 圆柱偏心测量

表 7-19 圆柱偏心测量模式设置操作过程及显示

操作过程	操作	显示
①在测距模式下按 F4（↓）键，进入第 2 页功能	F4	HR：170°30′20″ HD：566.346m VD：89.678m 测量 模式 S/A P1↓ 偏心 放样 m/f/i P2↓
②按 F1（偏心）键	F1	偏心测量 1/2 F1：角度偏心 F2：距离偏心 F3：平面偏心 P1↓
③按 F4（P1↓）键	F4	偏心测量 2/2 F1：圆柱偏心 　　　　　　P1↓
④按 F1（圆柱偏心）键	F1	圆柱偏心 中心 HD：m 测量
⑤照准圆柱面的中心（P_1），按 F1（测量）键开始 N 次测量，测量结束后，显示屏提示进行左边点（P_2）的角度观测	照准 P_1 F1	圆柱偏心 中心 HD＊[n]：m ＞测量……

续　表

操作过程	操　作	显　示
⑥照准圆柱面左边点(P_2),按$\boxed{F4}$(设置)键,测量结束后,显示屏提示进行右边点(P_3)的角度观测　　*显示的"方向错误"提示要照准正确目标	照准P_2 $\boxed{F4}$	圆柱偏心 左边 HR:$170°30'20''$ —————————设置
⑦照准圆柱面右边点(P_3),按$\boxed{F4}$(设置)键,测量结束后,仪器和圆柱中心(P_0)之间的距离被计算	照准P_3 $\boxed{F4}$	圆柱偏心 右边 HR:$230°30'20''$ —————————设置 圆柱偏心 HR:$120°30'20''$ HD:24.251 m 下步——————————
⑧若要显示高差(VD),可按$\boxed{\blacktriangleleft}$键,每按一次,则依次显示平距、高差和斜距。若要显示P_0点的坐标,可按$\boxed{\blacktriangleleft}$键	$\boxed{\blacktriangleleft}$	圆柱偏心 HR:$100°30'20''$ VD:2.185 m 下步——————————
⑨若要退出圆柱偏心测量,可按$\boxed{ESC}$键,显示屏返回到先前的模式		

19.坐标测量

坐标测量的步骤:通过输入仪器高和棱镜高后测量坐标时,可直接测定未知点的坐标。

(1)要设置测站点坐标值,参见"20.测站点坐标的设置"。

(2)要设置仪器高和目标高,参见"20.(1)仪器高的设置"和"20.(2)棱镜高的设置"。

(3)要设置后视,并通过测量来确定后视方位角,方可测量坐标。

未知点的坐标由下面公式计算并显示出来(见图7-15):

测站点坐标:(N_0,E_0,Z_0)

相对于仪器中心点的棱镜中心坐标:(n,e,z)

仪器高:仪高

未知点坐标:(N_1,E_1,Z_1)

棱镜高:镜高

高差:Z(VD)

$$N_1 = N_0 + n$$
$$E_1 = E_0 + e$$
$$Z_1 = Z_0 + 仪高 + Z - 镜高, 仪器中心坐标(N_0, E_0, Z_0 + 仪器高)$$

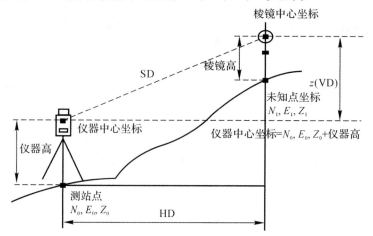

图 7-15 坐标测量

进行坐标测量,具体操作见表 7-20。

注意:要先设置测站坐标、测站高、棱镜高及后视方位角。

表 7-20 坐标测量模式操作过程及显示

操作过程	操 作	显 示
①设置已知点 A 的方向角 *1)	设置方向角	V:122°09′30″ HR:90°09′30″ 置零 锁定 置盘 P1↓
②照准目标 B	照准棱镜	N:<< m E: m Z: m 测量 模式 S/A P1↓
③按 F1(测量)键,开始测量	F1	N* 286.245 m E:76.233 m Z:14.568 m 测量 模式 S/A P1↓

*1)参阅"14.(3)水平角的设置"

在测站点的坐标未输入的情况下,(0,0,0)作为缺省的测站点坐标

当仪器高未输入时,仪器高以 0 计算;当棱镜高未输入时,棱镜高以 0 计算

20.测站点坐标的设置

设置仪器(测站点)相对于坐标原点的坐标,仪器可自动转换和显示未知点(棱镜点)在该坐标系中的坐标(见图 7-16),具体操作见表 7-21。

电源关闭后,可保存测站点坐标。

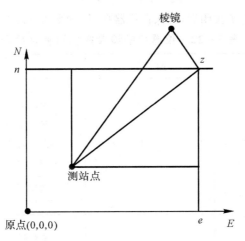

图 7－16　测站点坐标

表 7－21　测站点坐标的设置操作过程及显示

操作过程	操　作	显　示
①在坐标测量模式下,按 F4 (↓)键,转到第 2 页功能	F4	N:286.245 m E:76.233 m Z:14.568 m 测量 模式 S/A P1↓ 镜高 仪高 测站 P2↓
②按 F3 (测站)键	F3	N—> 0.000 m E:0.000 m Z:0.000 m 输入 －－－－－－ 回车
③输入 N 坐标＊1)	F1 输入数据 F4	N:36.976 m E—> 0.000 m Z:0.000 m 输入 －－－－－－ 回车
④按同样方法输入 E 和 Z 坐标,输入数据后,显示屏返回坐标测量显示		N:36.976 m E:298.578 m Z:45.330 m 测量 模式 S/A P1↓

＊1)参见"11.字母数字的输入方法"

输入范围:

－999999.999 ↖ N、E、Z ↖ ＋999999.999m

－999999.999 ↖ N、E、Z ↖ ＋999999.999ft

－999999.11.7 ↖ N、E、Z ↖ ＋999999.11.7ft＋inch

(1)仪器高的设置。电源关闭后,可保存仪器高,具体操作见表 7 – 22。

表 7 – 22 仪器高的设置操作过程及显示

操作过程	操作	显示
①在坐标测量模式下,按 F4（↓）键,转到第 2 页功能	F4	N：286.245 m E：76.233 m Z：14.568 m 测量 模式 S/A P1↓ 镜高 仪高 测站 P2↓
②按 F2（仪高）键,显示当前值	F2	仪器高 输入 仪高 0.000 m 输入 — — — — — 回车
③输入仪器高 * 1)	F1 输入仪器高 F4	N：286.245 m E：76.233 m Z：14.568 m 测量 模式 S/A P1↓

* 1)参阅"11.字母数字的输入方法"

输入范围:

$$-999.999 \leqslant 仪器高 \leqslant +999.999 m$$

$$-999.999 \leqslant 仪器高 \leqslant +999.999 ft$$

$$-999.11.7 \leqslant 仪器高 \leqslant +999.11.7 ft + inch$$

(2)棱镜高的设置。此项功能用于获取 Z 坐标值,电源关闭后,可保存目标高,具体操作见表 7 – 23。

表 7 – 23 棱镜高的设置操作过程及显示

操作过程	操作	显示
①在坐标测量模式下,按 F4 键,进入第 2 页功能	F4	N：286.245 m E：76.233 m Z：14.568 m 测量 模式 S/A P1↓ 镜高 仪高 测站 P2↓

续 表

操作过程	操 作	显 示
②按 F1（镜高）键,显示当前值	F1	镜高 输入 镜高 0.000 m 输入 － － － － － 回车
③输入棱镜高 * 1)	F1 输入棱镜高 F4	N：286.245 m E：76.233 m Z：14.568 m 测量 模式 S/A P1↓

＊1)参阅"11.字母数字的输入方法"

输入范围：

$$-999.999 \leqslant 棱镜高 \leqslant +999.999m$$

$$-999.999 \leqslant 棱镜高 \leqslant +999.999f$$

$$-999.11.7 \leqslant 棱镜高 \leqslant +999.11.7f+inch$$

21.仪器的检验与校正

仪器在出厂时均经过严密的检验与校正,符合质量要求。但仪器经过长途运输或环境变化,其内部结构会受到一些影响。因此,新购买的仪器以及到测区后在作业之前均应对仪器进行各项检验与校正,以确保作业成果精度(见图 7-17)。

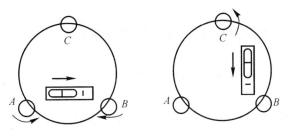

图 7-17　水准器的检验与校正

(1)长水准器。

检验:方法见本书第二章第三节的内容。

校正：

1)在检验时,若长水准器的气泡偏离了中心,先用与长水准器平行的脚螺旋进行调整,使气泡向中心移近一半的偏离量。剩余的一半用校正针转动水准器校正螺丝(在水准器右边)进行调整至气泡居中。

2)将仪器旋转 180°,检查气泡是否居中。如果气泡仍不居中,重复步骤 1),直至气泡居中。

3)将仪器旋转 90°,用第三个脚螺旋调整气泡居中。

重复检验与校正步骤,直至照准部转至任何方向气泡均居中为止。

(2)圆水准器。

检验:长水准器检校正确后,若圆水准器气泡亦居中,就不必校正。

校正:若气泡不居中,用校正针或内六角扳手调整气泡下方的校正螺丝使气泡居中。校正时,应先松开气泡偏移方向对面的校正螺丝(1 或 2 个),然后拧紧偏移方向的其余校正螺丝使气泡居中。气泡居中时,三个校正螺丝的紧固力均应一致。

(3)望远镜分划板。

检验:

1)整平仪器后在望远镜视线上选定一目标点 A,用分划板十字丝中心照准 A 并固定水平和垂直制动手轮。

2)转动望远镜垂直微动手轮,使 A 点移动至视场的边沿(A'点)。

3)若 A 点是沿十字丝的竖丝移动,即 A'点仍在竖丝之内的,则十字丝不倾斜不必校正。

如图 7 - 18 所示,A'点偏离竖丝中心,则十字丝倾斜,需对分划板进行校正。

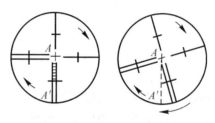

图 7 - 18 分划板的校正

校正:

1)首先取下位于望远镜目镜与调焦手轮之间的分划板座护盖,便看见四个分划板座固定螺丝(见图 7 - 19)。

2)用螺丝刀均匀地旋松该四个固定螺丝,绕视准轴旋转分划板座,使 A'点落在竖丝的位置上。

3)均匀地旋紧固定螺丝,再用上述方法检验校正结果。

4)将护盖安装回原位。

(4)视准轴与横轴的垂直度(2C)。

检验:

1)距离仪器同高的远处设置目标 A,精确整平仪器并打开电源。

2)在盘左位置将望远镜照准目标 A,读取水平角(例:水平角 L = 10°13′10″)。

3)松开垂直及水平制动手轮中转望远镜,旋转照准部盘右照准同一 A 点,照准前应旋紧水平及垂直制动手轮,并读取水平角(例:水平角 R = 190°13′40″)。

4)$2C = L - (R \pm 180°) = -30'' \geqslant \pm 20''$,需校正(见图 7 - 20)。

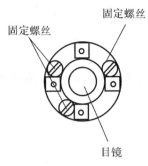

图 7-19 分划板固定螺丝

图 7-20 十字丝的校正

校正：

1)用水平微动手轮将水平角读数调整到消除 C 后的正确读数：
$$R+C=190°13'40''-15''=190°13'25''$$

2)取下位于望远镜目镜与调焦手轮之间的分划板座护盖,调整分划板上水平左右两个十字丝校正螺丝,先松一侧,后紧另一侧的螺丝,移动分划板使十字丝中心照准目标 A。

3)重复检验步骤,校正至 $|2C|<20''$ 符合要求为止。

4)将护盖安装回原位。

(5)竖盘指标零点自动补偿。

检验：

1)安置和整平仪器后,使望远镜的指向和仪器中心与任一脚螺旋 X 的连线相一致,旋紧水平制动手轮。

2)开机后指示竖盘指标归零,旋紧垂直制动手轮,仪器显示当前望远镜指向的竖直角值。

3)朝一个方向慢慢转动脚螺旋 X 至 10 mm 圆周距左右时,显示的竖直角相应随着变化,到消失出现"b"信息,表示仪器竖轴倾斜已大于 $3'$,超出竖盘补偿器的设计范围。当反向旋转脚螺旋复原时,仪器又复现竖直角。在临界位置可反复试验观其变化,表示竖盘补偿器工作正常。

校正:当发现仪器补偿失灵或异常时,应送厂检修。

(6)竖盘指标差(i 角)和竖盘指标零点设置。

在完成(4)和(5)的检校项目后再检验本项目。

检验：

1)安置整平好仪器后开机,将望远镜照准任一清晰目标 A,得竖直角盘左读数 L。

2)转动望远镜再照准 A,得竖直角盘右读数 R。

3)若竖直角天顶为 $0°$,则 $i=(L+R-360°)/2$;若竖直角水平为 $0°$,则 $i=(L+R-180°)/2$ 或 $(L+R-540°)/2$。

4)若 $|i|\geq10''$,则需对竖盘指标零点重新设置。

校正：

1)整平仪器后,按住 F1 键开机,显示：

```
校正模式
F1：垂直角零基准
F2：仪器常数
```

2)在盘左水平方向附近上下转动望远镜,待上行显示出竖直角后,转动仪器精确照准与仪器同高的远处任一清晰稳定目标 A,按 F4 键。显示：

```
垂直角基准校正
＜第一步＞ 正镜 盘左
V：  88°09′30″
                    回车
```

3)旋转望远镜,盘右精确照准同一目标 A,按 F4 键,设置完成,仪器返回测角模式。显示：

```
垂直角基准校正
＜第二步＞ 倒镜 盘右
V：   279°0′0″
                    回车

          ＜设置！＞
```

4)重复检验步骤重新测定指标差(i 角)。若指标差仍不符合要求,则应检查校正(指标零点设置)的三个步骤的操作是否有误、目标照准是否准确等,按要求再重新进行设置。

5)经反复操作仍不符合要求时,应送厂检修。

注意:零点设置过程中所显示的竖直角是没有经过补偿和修正的值,只供设置中参考,不能作它用。

(7)光学对中器。

检验:

1)将仪器安置到三脚架上,在一张白纸上画一个十字交叉并放在仪器正下方的地面上。

2)调整好光学对中器的焦距后,移动白纸使十字交叉位于视场中心。

3)转动脚螺旋,使对中器的中心标志与十字交叉点重合。

4)旋转照准部,每转 90°,观察对中点的中心标志与十字交叉点的重合度。

5)如果照准部旋转时,光学对中器的中心标志一直与十字交叉点重合,则不必校正。否则需按下述方法进行校正(见图 7 - 21)。

对中器校正螺丝(四个)

图 7 - 21 光学对中器的校正

校正：

1)将光学对中器目镜与调焦手轮之间的改正螺丝护盖取下。

2)固定好十字交叉白纸并在纸上标记出仪器每旋转90°时对中器中心标志落点,如图7-19中的A,B,C,D点。

3)用直线连接对角点A,C和B,D,两直线交点为O。

4)用校正针调整对中器的四个校正螺丝,使对中器的中心标志与O点重合。

5)重复检验步骤4),检查校正至符合要求。

6)将护盖安装回原位。

(8)仪器常数(K)的检验与校正。仪器常数在出厂时进行了检验,并在机内作了修正,使$K=0$。仪器常数很少发生变化,但建议此项检验每年进行1~2次。此项检验适合在标准基线上进行,也可以按下述简便的方法进行。

检验：

1)选一平坦场地在A点安置并整平仪器,用竖丝仔细在地面标定同一直线上间隔50 m的B,C两点,并准确对中地安置反射棱镜。

2)仪器设置了温度与气压数据后,精确测出AB,AC的平距。

3)在B点安置仪器并准确对中,精确测出BC的平距。

4)可以得出仪器测距常数：

$$K=AC-(AB+BC)$$

K应接近于0,若$|K|>5$ mm,应送标准基线场进行严格的检验,然后依据检验值进行校正(见图7-22)。

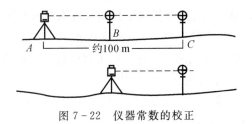

图7-22　仪器常数的校正

校正：

经严格检验证实仪器常数K不接近于0已发生变化,用户如果须进行校正,将仪器加常数按综合常数K值进行设置(按F1键开机)。

1)应使用仪器的竖丝进行定向,严格使A,B,C三点在同一直线上。B点地面要有牢固清晰的对中标记。

2)B点棱镜中心与仪器中心是否重合一致,是保证检测精度的重要环节,因此,最好在B点用三脚架和两者能通用的基座,(如用三爪式棱镜连接器及基座)互换时,三脚架和基座保持固定不动,仅换棱镜和仪器的基座以上部分,可减少不重合误差。

(9)视准轴与发射电光轴的平行度。

检验：

1)在距仪器50 m处安置反射棱镜。

2)用望远镜十字丝精确照准反射棱镜中心。

3)打开电源进入测距模式,按 MEAS 键作距离测量,左右旋转水平微动手轮,上下旋转垂直微动手轮,进行电照准,通过测距光路畅通信息闪亮的左右和上下的区间,找到测距的发射电光轴的中心。

4)检查望远镜十字丝中心与发射电光轴照准中心是否重合,如基本重合,即可认为合格(见图 7-23)。

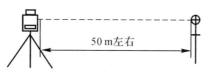

50 m左右

图 7-23 视准轴的校正

校正:

如望远镜十字丝中心与发射电光轴中心偏差很大,则须送专业修理部门校正。

(10)基座脚螺旋。如果脚螺旋出现松动现象,可以调整基座上脚螺旋调整用的 2 个校正螺丝,拧紧螺丝到合适的压紧力度为止。

(11)反射棱镜有关组合件。

1)反射棱镜基座连接器。

基座连接器上的长水准器和光学对中器是否正确应进行检验,其检校方法见 21(1)和21(7)的说明。

2)对中杆垂直。

如图 7-22 所示,在 C 点划字,对中杆下尖立于 C(整个检验不要移动,两支脚 e 和 f 分别支于十字线上的 E 和 F,调整 ef 的长度使对中杆圆水准器气泡居中。

在十字线上不远的 A 点安置置平仪器,用十字丝中心照准 C 点(脚尖)固定水平制动手轮,上仰望远镜使对中杆上部 D 在水平丝附近,指挥对中杆仅伸缩支脚 e,使 D 左右移动至照准十字丝中心。此时,C,D 两点均应在十字丝中心线上。

将仪器安置到另一"+"字线上的 B 点,用同样的方法(此时,仅伸缩支脚 f)令对中杆的 D 点重合到 C 点的十字丝中心线上。

经过仪器在 AB 两点的校准,对中杆已垂直,若此时杆上的圆水准器的气泡偏离中心,则调整圆水准器下边的三个改正螺丝使气泡居中。

再作一次检校,直至对中杆在两个方向上都垂直且圆气泡亦居中为止。

22.南方 NTS-350 型仪器的技术指标(见表 7-24)

表 7-24 南方 NTS-350 型仪器的技术指标

项 目		技 术 指 标
望远镜	成像	正像
	放大倍率	30×
	有效孔径	望远:45 mm,测距:50 mm
	分辨率	4″
	视场角	1°30′

续 表

项　目		技　术　指　标
望远镜	最短视距	m
	视距乘常数	100
	视距精度	≤0.4％D
	筒长	154 mm
	测角方式	光电增量式
	光栅盘直径(水平、竖直)	79 mm
	最小显示读数	1″/5″可选
	探测方式	水平角：双
		竖直角：双
	测角单位	360°/400gon/6400mil 可选
	竖直角 0°	位置天顶 0°/水平 0°可选
	精度	NTS－352：2″级
		NTS－355：5″级
		NTS－355S：5″级
距离测量	单个棱镜(在良好气象条件下)	
		NTS－352：1.8 km
		NTS－355：1.6 km
		NTS－355S：1.4 km
	三棱镜组((在良好气象条件下))	
		NTS－352：2.6 km
		NTS－355：2.3 km
		NTS－355S：2.0 km
	数字显示	最大：999 999.999 m，最小：1 mm
	单位	米 m/英尺 ft 可选
	精度	±(3 mm＋2ppm・D)
	测量时间	精测单次 3 s，跟踪 1 s
	平均测量次数	可选取 2～255 次的平均值
	气象改正	输入参数自动改正
	大气折光和地球曲率改正	输入参数自动改正，$K＝0.14/0.2$ 可选
	反射棱镜常数改正	输入参数自动改正
水准器	长水准器	30″/2 mm
	圆水准器	8′/2 mm
竖盘补偿器	系统	液体电容式，可选
	工作范围	±3′
	分辨率	1″

续 表

项　　目		技 术 指 标
光学 对中器	成像	正像
	放大倍率	3×
	调焦范围	0.5 m～∞
	视场角	5°
显示器	类型	LCD,四行,图形式
数据传输	接口	RS-232C
机载 电池	电源	可充电镍－氢电池
	电压	直流 6 V
	连续工作时间	NB-10A 电池　　2 h
		NB-20A 电池　　8 h
使用环境	使用环境温度	－20～＋45℃
尺寸 及质量	外形尺寸	160 mm×150 mm×330 mm
	质量	6.5 kg

23.仪器出错信息代码表(见表 7-25)

表 7-25　仪器出错信息代码

错误代码	错误说明	处理措施
计算错误	数据输入错误,无法计算	正确输入数据
删除错误	删除坐标数据操作不成功	确认待删除的坐标数据,重新删除
文件已存在	该文件名已存在	改用别的文件名
文件溢出	创建文件时,已存在48个文件	如有必要,可先发送或删除若干文件
初始化失败	初始化不成功	确认待初始化的数据,再试一下初始化
超限	输入数据超限	重新输入
存储错误	内存出异常	将内存初始化
内存空间不足	内存容量不足	将数据从内存下载到计算机
数据不存在	查找模式下找不到数据	确认数据存在,然后再查找
无文件存在	内存中无文件存在	必要时可建文件
文件名错误	未选定文件情况下使用文件	确认文件存在,再选定一个文件
距离太短	相对于直线的目标点测量,第1点与第2点之间的距离在1 m以内	要使第1点与第2点之间的距离大于1 m

续 表

错误代码	错误说明	处理措施
点号已存在	新点号在内存中已存在	设置新点名,重新输入
点名错误	输入不正确名字或点号(点号)在内存中不存在	输入正确名字或输入文件中的点号
X 补偿超限	仪器倾斜误差超过 $3'$	精确整平仪器
ERROR01－08	角度测量系统出现异常	如果连续出现此错误信息码,则该仪器必须送修

当出现 E＊ 的错误提示时,若经过处理后错误信息仍然继续存在,则可同南方测绘仪器公司或厂家取得联系。

习　　题

1.简述全站仪的基本功能。

2.简述全站仪距离测量的步骤。

3.简述全站仪碎部点坐标测量的步骤。

4.简述全站仪使用的注意事项。

5.熟练掌握全站仪的使用。

第八章 地形图的应用和数字化测图

第一节 地形图的分幅与编号

地形图的分幅方法有两种,一种是按经纬线分幅的梯形分幅法(又称为国际分幅),另一种是按坐标格网分幅的矩形分幅法。前者用于国家基本图的分幅,后者则用于城市或工程建设大比例尺地形图的分幅。

一、梯形分幅和编号

梯形分幅编号法有两种形式,一种是 1990 年以前地形图分幅编号标准产生的,称为旧分幅与编号;另一种是 1990 年以后新的国家地形图分幅编号标准所产生的,称为新分幅与编号。

1. 国际 1:100 万比例尺地形图的分幅与编号

全球 1:100 万的地形图实行统一的分幅与编号。将整个地球表面自 180°子午线由西向东起算,经差每隔 6°划分纵行,全球共 60 纵行,用阿拉伯数字 1~60 表示。又从赤道起,分别向南、向北按纬差 4°划分成 22 横列,以大写拉丁字母 A,B,…,V 表示。任一幅 1:100 万比例尺地形图的大小就是由纬差 4°的两纬线和经差 6°的两经线所围成的面积,每一幅图的编号由其所在的"横列-纵行"的代号组成。例如,某处的经度为 114°30′18″,纬度为 38°16′08″,则其所在图幅的编号为 J-50,如图 8-1 所示。为了说明该图幅位于北半球还是南半球,应在编号前附加一个 N(北)或 S(南)字母,由于我国国土均位于北半球,故 N 字母从略。国际 1:100 万图的分幅与编号是其余各种比例尺图梯形分幅的基础。

2. 1:50 万、1:25 万、1:10 万比例尺图的分幅与编号

直接在 1:100 万图的基础上,按表 8-1 中规定的相应纬差和经差划分。

每幅 1:100 万图划分为 4 幅 1:50 万图,以 A,B,C,D 表示。如某地在 1:50 万图的编号为 J-50-C,如图 8-2 所示。

每幅 1:100 万图又可划分为 36 幅 1:25 万图,分别用[1],[2],…,[36]表示。如某地所在 1:25 万图的编号为 J-50-[13],如图 8-2 所示。

每幅 1:100 万图还可划分为 144 幅 1:10 万图,分别以 1,2,3,…,144 表示。如某地所在 1:10 万图的编号为 J-50-62,如图 8-3 所示。

3. 1:5 万、1:2.5 万比例尺图的分幅与编号

直接在 1:10 万图的基础上进行。其划分的经差和纬差也列入表 8-1 中。

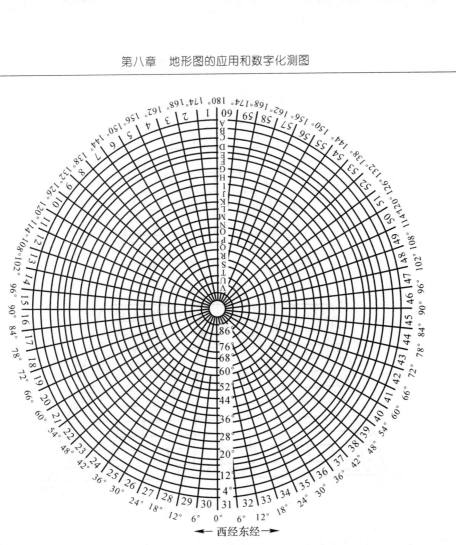

图 8-1　1∶100 万地图的国际分幅

表 8-1　按梯形分幅的各种比例尺图的划分及编号

比例尺	图幅大小		分幅代号	某地的图号
	经差	纬差		
1∶100 万	6°	4°	横行 A,B,C,…,V 纵列 1,2,3,…,60	J-50
1∶50 万	3°	2°	A,B,C,D	J-50-C
1∶25 万	1°30′	1°	[1],[2],[3],…,[36]	J-50-[15]
1∶10 万	30′	20′	1,2,3,…,144	J-50-92
1∶5 万	15′	10′	A,B,C,D	J-50-92-A
1∶2.5 万	7′30″	5′	1,2,3,4	J-50-92-A-2
1∶1 万	3′45″	2′30″	(1),(2),(3),…,(64)	J-50-92-(3)
1∶5 000	1′52.5″	1′15″	a,b,c,d	J-50-92-(3)-d
1∶2 000	37.5″	25″	1,2,3,…,9	J-50-92-(3)-d-2

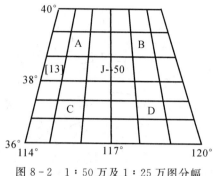

图 8-2　1：50 万及 1：25 万图分幅

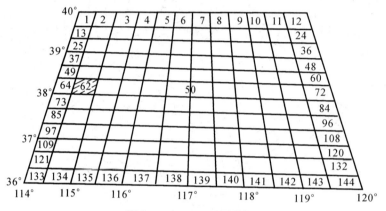

图 8-3　1：10 万图分幅

　　每幅 1：10 万图可划分为 4 幅 1：5 万图,在 1：10 万图的图号后边加上各自的代号 A,B,C,D。如某处所在 1：5 万图的编号为 J-50-62-A,如图 8-4 所示。

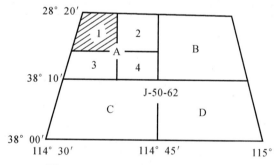

图 8-4　1：5 万及 1：2.5 万图分幅

　　每幅 1：5 万图四等分,得 1：2.5 万图,分别用 1,2,3,4 编号。如某地在 1：2.5 万图的编号为 J-50-62-A-1,如图 8-4 所示。

　　每幅 1：10 万图可划分为 64 幅 1：1 万图,在 1：10 万图的图号后边加上各自的代号(1),(2),…,(64)。如某处所在 1：1 万图的编号为 J-50-62-(1),如图 8-5 所示。

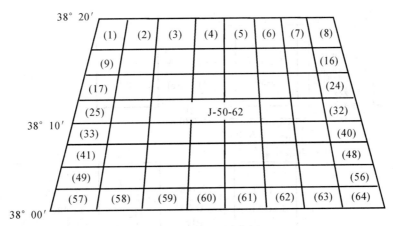

图 8-5　1∶1 万图分幅

4. 1∶5 000 比例尺图的分幅与编号

每幅 1∶1 万图分成 4 幅 1∶5 000 的图,并在 1∶1 万图的图号后加上各自的代号 a,b,c,d。如某地在 1∶5 000 梯形分幅图的编号为 J-50-62-(9)-c,如图 8-6 所示。

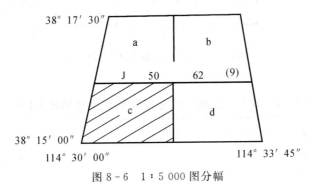

图 8-6　1∶5 000 图分幅

各种分幅法之间的关系如图 8-7 所示。

5. 新的分幅与编号

我国 2012 年 6 月发布了《国家基本比例尺地形图分幅与编号》(GB/T 13989—2012)的国家标准,自 2012 年 10 月起实施。新测和更新的基本比例尺地形图,均须按照此标准进行分幅和编号。新的分幅编号对照以前有以下特点:①1∶2 000,1∶1 000,1∶500 地形图列入国家基本比例尺地形图系列,使基本比例尺地形图增至 11 种。②分幅虽仍以 1∶100 万地形图为基础,经纬差也没有改变,但划分的方法不同,即全部以 1∶100 万地形图为基础加密划分而成;此外,过去的列(纬)、行(经)现在改称行、列。③编号仍以 1∶100 万地形图编号为基础,后接比例尺的代码,再接相应比例尺图幅的行(纬)、列(经)所对应的代码。因此,所有 1∶5000 ~1∶50 万地形图的图号均由 5 个元素 10 位代码组成。编码系列统一为一个根部,编码长度相同,计算机处理和识别十分方便。

1∶100 万的地形图的分幅按照国际 1∶100 万地形图分幅的标准进行,其他比例尺以 1∶100 万为基础分幅,一幅 1∶100 万的地形图分成其他比例尺的地形图的情况见表 8-2。

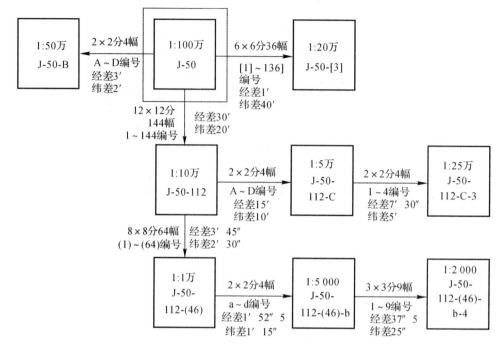

图 8 - 7　地图国际分幅法分幅框图

表 8 - 2　1∶100 万的地形图分成其他比例尺的地形图的情况

比例尺	1∶100 万	1∶50 万	1∶25 万	1∶10 万	1∶5 万	1∶2.5 万	1∶1 万	1∶5 000
	1×1	2×2	4×4	12×12	24×24	48×48	96×96	192×192
图幅数	1	4	16	144	576	2 304	9 216	36 864
经差	6°	3°	1°30′	30′	15′	7′30″	3′45″	1′52.5″
纬差	4°	2°	1°	10′	10′	5′	2′30″	1′15″

(1)编号。

1)1∶100 万地形图的编号。与国际分幅编号一致,只是行和列的称谓相反,1∶100 万地形图的图号是由该图所在的行号(字符码)和列号(数字码)组合而成,中间不再加连字符。如北京所在 1∶100 万地形图的图号为 J50。

2)1∶50 万~1∶5 000 比例尺地形图的编号。均由 5 个元素(五节)10 位代码构成,即 1∶100 万地形图的行号(第一节字符码 1 位),列号(第二节数字码 2 位),比例尺代码(第三节字符 1 位),该图幅的行号(第四节数字码 3 位),列号(第五节数字码 3 位),共 10 位,如表 8 - 3 所示。

表 8 - 3　10 位代码的构成

字符码 1 位	数字码 2 位	字符码 1 位	数字码 3 位	数字码 3 位
英文字符 纬行代码	2 位阿拉伯数字 经列代码	英文字符 比例尺代码	3 位阿拉伯数字 行代码	3 位阿拉伯 数列代码

(2)手算公式。

1)根据公式

$$\begin{cases} 横列号 = \dfrac{纬度}{4°}(整商) + (数字与英文字符顺序对应) & (8.1) \\ 纵行号 = \dfrac{东经度}{6°}(整商) + 31\ 或者 = \dfrac{180° - 西经度}{6°}(整商) + 1 & (8.2) \end{cases}$$

可计算出第一节字符码和第二节数字码,由此可算得相应 1∶100 万图幅左上角的起算纬度 Φ 和起算经度 λ。

$$起算纬度 \quad \Phi = 行序列 \times 4° \tag{8.3}$$

$$起算经度 \quad \lambda = (序列号 - 31) \times 6° \tag{8.4}$$

2)按比例尺选择第三节比例尺的代码,而后根据比例尺查得与比例尺相应图幅的纬差 Φ_0 和经差 λ_0。

二、矩形分幅与编号

1. 矩形分幅方法与编号

矩形分幅适用于大比例尺地形图,1∶500,1∶1 000,1∶2 000,1∶5 000 比例尺地形图图幅一般为 50 cm×50 cm 或 40 cm×50 cm,以纵横坐标的整千米或整百米数的坐标格网作为图幅的分界线,称为矩形或正方形分幅(见表 8 - 4),以 50 cm×50 cm 图幅最常用。

表 8 - 4　正方形及矩形分幅的图廓规格

比例尺	矩形分幅		正方形分幅		
	图幅大小 cm×cm	实地面积 m²	图幅大小 cm×cm	实地面积 km²	一幅 1∶5 000 图所含幅数/幅
1∶5 000	50×40	5	40×40	4	1
1∶2 000	50×40	0.8	50×50	1	4
1∶1 000	50×40	0.2	50×50	0.25	16
1∶500	50×40	0.05	50×50	0.0625	64

(1)正方形分幅与编号。正方形分幅是以 1∶5 000 比例尺图为基础,取其图幅西南角 x 坐标和 y 坐标以千米为单位的数字,中间用连字符连接作为它的编号。例如,某图西南角的坐标 $x=3\ 510.0$ km,$y=25.0$ km,则其编号为 3 510.0 - 25.0。1∶5 000 比例尺图四等分便

得 4 幅 1∶2 000 比例尺图;编号是在 1∶5 000 比例尺图的图号后用连字符加各自的代号Ⅰ，Ⅱ，Ⅲ，Ⅳ，如 3510.0 − 25.0 −Ⅱ。

依此类推,1∶2 000 比例尺图四等分便得 4 幅 1∶1 000 比例尺图;1∶1 000 比例尺图的编号是在 1∶2 000 比例尺图的图号后用连字符附加各自的代号Ⅰ，Ⅱ，Ⅲ，Ⅳ，如 3 510.0 − 25.0 −Ⅱ-Ⅳ。

1∶1 000 比例尺图再四等分便得 4 幅 1∶500 比例尺图;1∶500 比例尺图的编号是在 1∶1 000比例尺图的图号后用连字符附加各自的代号Ⅰ，Ⅱ，Ⅲ，Ⅳ，如 3510.0 − 25.0 −Ⅱ-Ⅳ -Ⅲ。

(2)矩形图幅的编号。编号也是取其图幅西南角 x 坐标和 y 坐标(以千米为单位),中间用连字符连接作为它的编号。编号时,1∶5 000 地形图,坐标取至 1km;1∶2 000,1∶1 000 地形图坐标取至 0.1 km;1∶500 地形图,坐标取至 0.01 km。

2.独立地区测图的特殊编号

独立地区测图是正方形与矩形分幅,都是按规范全国统一编号的,大型工程项目的测图也力求与国家或城市的分幅、编号方法一致。但有些独立地区的测图,或者由于与国家或城市控制网没有关系,或者由于工程本身保密的需要,或者小面积测图,也可以采用其他特殊的编号方法。

(1)按坐标编号。

第一种情况,当测区与国家控制网联测时,图幅编号为:图幅所在投影带中央经线的经度-x 西南角(km)-y 西南角(km)。如某 1∶2 000 地形图的编号为"112°-3108.0 − 38656.0",表示图幅所在投影带中央经线的经度为 112°,图幅西南角的坐标为 $x = 3\ 108$ km，$y = 38\ 656$ km(38 为投影带带号)。

第二种情况,当测区采用独立坐标系时,图幅编号为:测区坐标起算点的坐标(x, y)-图幅西南角纵坐标－图幅西南角横坐标,坐标以千米或百米为单位。如某图幅编号为"30,30 − 16 −18",表示测区起算点坐标为 $x = 30$ km，$y = 30$ km，图幅西南角坐标为 $x = 16$ km，$y = 18$ km。

(2)数字顺序编号。小面积独立测区的图幅编号,可采用数字顺序进行编号。如图 8 − 8 所示,虚线表示测区范围,数字表示图幅编号,排列顺序一般从左到右,从上到下。矩形分幅的地形图编号应以方便管理和使用为目的,可以不必强求统一。

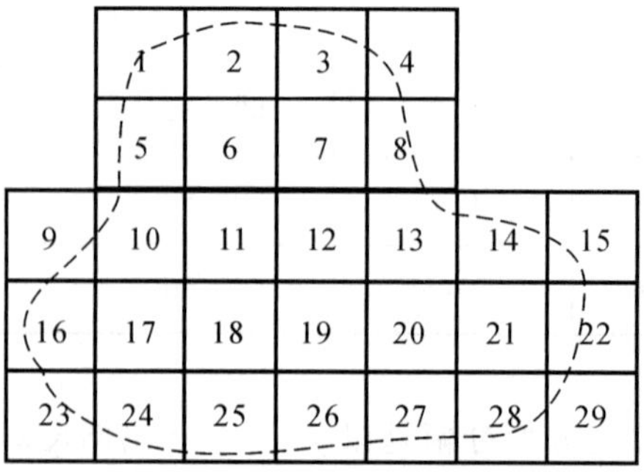

图 8 − 8　数字顺序编号

第二节　地形图的基本应用

一、在地形图上确定点位坐标

利用地形图上的坐标格网来进行量算。如图 8-9 所示,欲求出图中 A 点的平面直角坐标,先从图中找出 A 点所在千米格网西南角的坐标:$x_a = 3\ 342$ km,$y_a = 19\ 236$ km(前两位数 19 为高斯投影带带号)。过 A 点作平行于 X 轴和 Y 轴的两条直线 gh 和 ef,然后用尺子量得 ag 和 ae 的图上长度:$ag = 15$ mm,$ae = 11$ mm;再按比例尺(1:2.5 万)求得 ag 和 ae 的实地距离为 0.375 km 和 0.275 km。

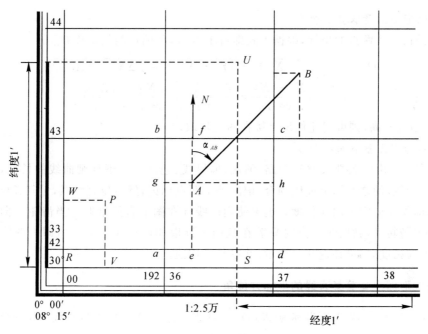

图 8-9　求图上一点的坐标

则 A 点的坐标为

$$x_A = x_a + \Delta x_{aA} = 3\ 342 + 0.375 = 3\ 342.375 \text{ km}$$
$$y_A = y_a + \Delta y_{aA} = 19\ 236 + 0.275 = 19\ 236.275 \text{ km}$$

为了校核和消减图纸伸缩误差的影响,量取 ag 和 ae 的同时还应量取 gb 和 ed,所量长度应满足下式:

$$\begin{cases} ag + gb = l \\ ae + ed = l \end{cases} \tag{8.5}$$

式中,l 为方格边长。

当 $ag + gb \neq l$ 时,A 点坐标应按式(8.6)计算:

$$\left.\begin{array}{l} x_A = x_a + \dfrac{ag}{ag + gb} \times l \times M \\[3mm] y_A = y_a + \dfrac{ae}{ae + ed} \times l \times M \end{array}\right\} \tag{8.6}$$

式中,M 为地形图比例尺分母。

用相同方法可以求出图上 B 点坐标 x_B,y_B 和图上任一点的平面直角坐标。

有时因工作需要,需求图上某一点的地理坐标(经度 λ、纬度 ϕ),则可通过分度带及图廓点的经纬度注记数求得。

根据内图廓间注记的地理坐标(经纬度)也可图解出任一点的经纬度。

二、在地形图上量算线段长度

1. 在地形图上量取直线长度

(1)已知 A,B 两点的坐标,根据下式即可求得 A,B 两点间的距离 D_{AB}。

$$D_{AB} = \sqrt{(X_B - X_A)^2 + (Y_B - Y_A)^2} = \sqrt{\Delta X_{AB}^2 + \Delta Y_{AB}^2} \tag{8.7}$$

或

$$D_{AB} = \frac{X_B - X_A}{\cos\alpha} = \frac{Y_B - Y_A}{\sin\alpha} = \frac{\Delta X_{AB}}{\cos\alpha} = \frac{\Delta Y_{AB}}{\sin\alpha} \tag{8.8}$$

(2)若精度不高,则可用比例尺直接在图上量取。

2. 在地形图上量取曲线长度

在地形图应用中,经常要量算道路、河流、境界线、地类界等不规则曲线的长度,最简便的方法是取一细线,使之与图上曲线吻合,记出始末两点标记,然后拉直细线,量其长度并乘以比例尺分母,即得相应实地曲线长度。也可使用曲线计在图上直接量取。当齿轮在曲线上滚动时,指针便跟随转动,到曲线终点时只需在盘面上读取相应比例尺的数值即为曲线的实地长度。需要提高精度时,可往返几次测量,并取其平均值。

三、在地形图上量算某直线的坐标方位角

如图 8-10 所示,设 A 点坐标为 (X_A, Y_A),B 点坐标为 (X_B, Y_B),则直线 AB 的坐标方位角

$$\alpha_{AB} = \arctan\frac{Y_B - Y_A}{X_B - X_A} = \arctan\frac{\Delta Y_{AB}}{\Delta X_{AB}} \tag{8.9}$$

象限由 Δy,Δx 的正负号或图上确定。

若精度要求不高,可过 A 点作 x 轴的平行线(或延长 BA 与坐标纵线交叉),用量角器直接量取直线 AB 的方位角。此法精度低于计算法。

有的地形图附有三北方向图,则可推算出 AB 直线的真方位角、磁方位角。坐标方位角、真方位角、磁方位角三者利用三北方向图给出的子午线收敛角、磁偏角可以相互推算求得。

四、在地形图上求算某点的高程

利用地形图上的等高线,可以求出图上任意一点的高程。如所求点恰好在等高线上,则该点的高程就等于等高线的高程。如所求点不在等高线上,则在相邻等高线的高程之间用比例内插法求得其高程。如图 8-11 所示,欲求 A 点高程,则可通过作大致与两等高线垂直的直线 PQ,量出 $PQ = 18$ mm,$AP = 5$ mm。该地形图的等高距为 2 m,设 A 点对高程较高的一条等

高线的高差为 h，则

$$h : 2 = AP : PQ$$

$$h = 2 \times AP \div PQ = 2 \times 5 \div 18 = 0.56 \text{ m}$$

A 点高程　　　　　　　　　　$H_A = 66 - 0.56 = 65.4 \text{ m}$

考虑到地形图上等高线自身的高程精度，A 点的高程可根据内插法原理用目估法求得。

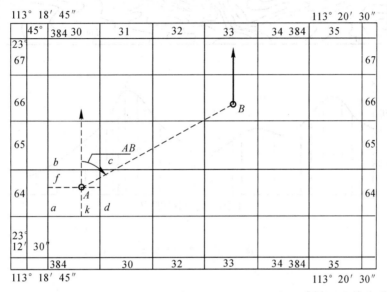

图 8-10　求直线 AB 的坐标方位角

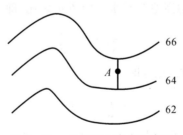

图 8-11　地形图上求点的高程

五、在地形图上按一定方向绘制断面图

欲沿 AB 方向绘制断面图，可在绘图纸或方格纸上绘制 AB 水平线，过 A 射点作 AB 的垂线作为高程轴线。然后在地形图上用卡规自 A 点分别卡出 A 点至各点的距离，并分别在图上自 A 点沿 AB 方向截出相应的点。再在地形图上读取各点的高程，按高程轴线向上画出相应的垂线。最后，用光滑的曲线将各高程线顶点连接起来，即得 AB 方向的断面图（见图8-12）。

断面过山脊、山顶或山谷处的高程变化点的高程，可用比例内插法求得。绘制断面图时，高程比例尺比水平比例尺大 $10 \sim 20$ 倍是为了使地面的起伏变化更加明显。如，水平比例尺是 1：2 000，高程比例尺为 1：200。

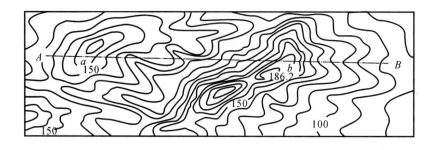

(a)

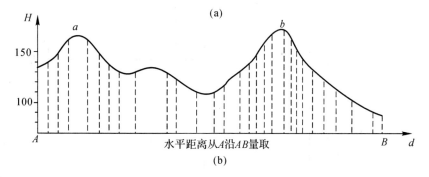

(b)

图 8-12 绘制断面图

六、按指定坡度选定线路

直线的坡度 i 是其两端点的高差 h 与水平距离 d 之比,即

$$i = \tan\alpha = \frac{h}{d} \tag{8.10}$$

在公路上坡度一般以百分数表示,即

$$i = \frac{h}{d} \times 100\% \tag{8.11}$$

在公路路线设计时,往往要求在线路不超过某一限制坡度的条件下,选定一条最短路线。如图 8-13 所示,若地形图的比例尺为 1 : 5 000,等高距 $h = 2$ m,今由 A 点到 D 点选一条路线,其路线的平均纵坡规定为 $i = 4\%$,则相邻等高线间应有的图上距离为

$$d = \frac{h}{iM} \tag{8.12}$$

$$d = \frac{2}{0.04 \times 5\ 000} = 10 \text{ mm}$$

因其图上距离为 10 mm,使两脚规开口长度为 10 mm,从 A 点起用两脚规画圆弧与较高的等高线上交出 1 点,再从 1 点用同法在较高的等高线上交出 2 点,如此继续下去即得 3,4,5,…,D 的交点位置。若直线 34 长度大于两脚规距离,说明 34 直线坡度小于 4%,图上可有两条路线可走,最后根据路线的选线设计要求,从中选定一条路线。

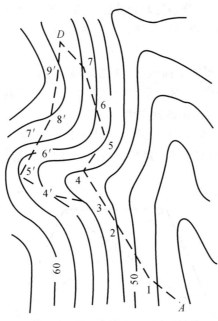

图 8－13　按指定坡度选定线路

七、确定汇水面积

修筑道路时有时要跨越河流或山谷,这时就必须建桥梁或涵洞;兴修水库必须筑坝拦水。而桥梁、涵洞孔径的大小,水坝的设计位置与坝高,水库的蓄水量等,都要根据汇集于这个地区的水流量来确定。汇集水流量的面积称为汇水面积。

由于雨水是沿山脊线(分水线)向两侧山坡分流,所以汇水面积的边界线是由一系列的山脊线连接而成的。一条公路经过山谷,拟在 M 处架桥或修涵洞,其孔径大小应由流经该处的流水量决定,而流水量又与山谷的汇水面积有关。量测该面积的大小,再结合气象水文资料,便可进一步确定流经公路 M 处的水量,从而对桥梁或涵洞的孔径设计提供依据。

确定汇水面积的边界线时,应注意以下两点:

(1) 边界线(除公路段外)应与山脊线一致,且与等高线垂直;

(2) 边界线是经过一系列的山脊线、山头和鞍部的曲线,并与河谷的指定断面(公路或水坝的中心线)闭合。

第三节　面积量算

一、图解法

测量上所指的面积是实地面积的水平投影,下面介绍几种常用的图解法。

(一) 几何图形法

该方法适用于由折线连接成的闭合多边形。把图形分解成若干个三角形或矩形、梯形等简单几何图形,如图8-14所示。分别量取计算面积所需的元素,计算其面积,将所有面积相加得整个图形的图上面积,再乘以比例尺分母的二次方即得到其实地面积。其关系式为

$$A = A'M^2 \tag{8.13}$$

式中,A 为实地面积;A' 为地形图上面积;M 为地形图比例尺分母。

例如在 1:500 比例尺图中,某多边形图分成若干个简单几何图形后,算得它们的面积总和为 400 cm²,则该多边形相应的实地面积为

$$A = 400 \text{ cm}^2 \times 500^2 = 10\ 000 \text{ m}^2$$

由于计算面积的一切数据都是用图解法取自图上,因受图解精度的限制,用此法测定面积的相对误差大约为 1/100。

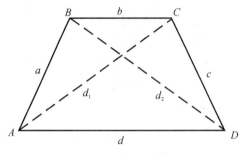

图 8-14 几何法计算面积

(二) 网点板法和方格法

1. 网点板法

利用网点板计算面积称为网点板法。网点板是在透明模片上印(或刺)有间隔为 2 mm,4 mm 或其他规格的方格网点或方格网,计算面积时,把它随机覆盖在要量测的图形上,如图 8-15 所示。查数图形内网点数,再加上位于图形边界上网点数的一半(两点折数一点)得总点数,则总面积为

$$A = \left(\frac{d \times M}{1\ 000}\right)^2 \times n \tag{8.14}$$

式中,d 为以 mm 为单位的网点间距;M 为测图比例尺分母值;n 为总网点数。

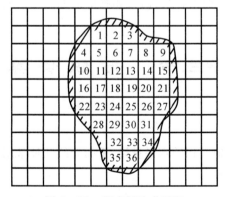

图 8-15 网点板法求面积

例如：在图 8-15 中，位于图形内的网点数为 41，位于图形边界上的共 10 点，折算一半为 5 点，网点间距为 4 mm，测图比例尺为 1∶2.5 万，试求所测图形面积。

解　$A = (4 \times 25\ 000)^2 / 1\ 000^2 \times 46\ \text{m}^2 = 460\ 000\ \text{m}^2$

为了提高量测面积的精度，应任意移动网点板，对同一图形需测 2～3 次，并取各次点数的平均值作为最后结果。

2. 透明方格纸法

把印有（或画上）间隔为 2 mm（或 4 mm 或其他规格）的透明方格网盖在要测量面积的图形上，如图 8-16 所示，位于图形内的完整格数为 40，不完整格数为 28，已知方格的规格为 2 mm，绘图比例尺为 1∶5 000，求该图形的面积。

解
$$n = 40 + 28/2 = 54$$

$$A = \left(\frac{2 \times 5\ 000}{1\ 000}\right)^2 \times 54\ \text{m}^2 = 5\ 400\ \text{m}^2$$

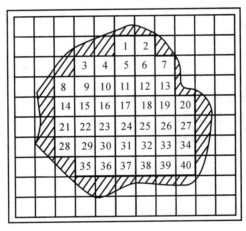

图 8-16　透明方格纸法求面积

3. 平行线法（积距法）

在胶片或透明纸上，按间隔 2 mm，4 mm 或其他规格画上一些相互平行的直线，如图 8-17 所示。使用时，将透明模片放在图形上，使图形边缘上的 A，B 两点分别位于模片任意两平行线中间，整个图形被平行线分成许多等高的梯形和两个三角形（图中虚线图形），梯形或三角形的高就是两平行线的间距。图中虚线为三角形的底或梯形的上底和下底，图中实线长度 l_d 为三角形或梯形的中线长度，因此图形面积为

$$A = l_1 h + l_2 h + \cdots + l_i h$$

即
$$A = (l_1 + l_2 + \cdots + l_i) h \qquad (8.15)$$

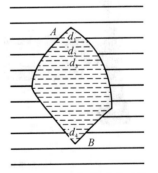

图 8-17　平行线法求面积

计算上式时应注意长度单位的统一，实际长度与图上长度的统一。

二、解析法

解析法是根据图形边界线转折点的坐标来计算图形面积的大小。图形边界线转折点的坐标可以在地形图上通过坐标格网来量测,而有的图形边界线转折点的坐标是在外业实测的,可直接计算。

如图8-18所示,图上土地边界1,2,3,4各点坐标已知,其面积为梯形 $122'1'$ 加梯形 $233'2'$ 的面积减去梯形 $144'1'$ 与梯形 $433'4'$ 的面积,即

$$A = 1/2\big[(x_1+x_2)(y_2-y_1)+(x_2+x_3)(y_3-y_2)-$$
$$(x_1+x_4)(y_4-y_1)-(x_3+x_4)(y_3-y_4)\big] \tag{8.16}$$

解开括号,归并同类项,得

$$A = 1/2\big[x_1(y_2-y_4)+x_2(y_3-y_1)+x_3(y_4-y_2)+x_4(y_1-y_3)\big]$$

或

$$A = 1/2\big[y_1(x_4-x_2)+y_2(x_1-x_3)+y_3(x_2-x_4)+y_4(x_3-x_1)\big]$$

推广至 n 边形

$$A = \frac{1}{2}\sum_{i=1}^{x} x_i(y_{i+1}-y_{i-1}) \tag{8.17}$$

或

$$A = \frac{1}{2}\sum_{i=1}^{n} y_i(x_{i-1}-x_{i+1}) \tag{8.18}$$

使用以上两式时,应注意两项括号内坐标的下标,当出现 0 或 $(n+1)$ 时,要分别以 n 或 1 代之。上面两式计算结果,可供比较检核。

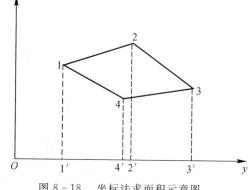

图 8-18 坐标法求面积示意图

三、求积仪法

(一)KP-90N 型求积仪

1. KP-90N 型求积仪的构造

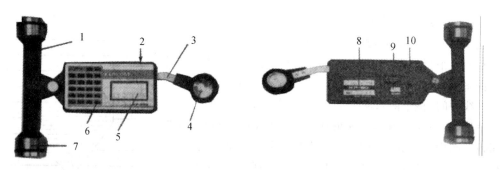

图 8-19 KP-90N 型求积仪构造图

1—动极轴; 2—交流转换器插座; 3—跟踪臂; 4—跟踪放大镜;

5—显示部; 6—功能键; 7—动极; 8—电池(内藏); 9—编码器; 10—积分车

2. 电源

本仪器可用 D/C(电池式直流电)和 A/C(交流电)两种电源。

(1)直流电源:安装在主机底部的镍镉式蓄电池,一般能连续使用30 h。在电源将耗尽时,则显示出"Batt-E"符号,此时,需用专用交流转换器进行充电(约能进行1 000次以上的充电)。充电时应关上主机电源,即按下OFF键。充电时间约15 h。

(2)交流电源(220V):利用专用交流转换器(为附件),能直接使用220V交流电源。

(3)自动断电功能:测量后,若忘记关上电源,经过3 min后,电源自动切断。

(4)测定数据长时间固定:机器在测量中,若因事必须暂停作业,则按下HOLD(固定)键,3 min后,电源自动切断;在返回工作时,顺次按下ON键、HOLD键后,固定状态被解除,能继续进行下面的测量。

(二)KP-90N型电子求积仪的使用方法

1. 准备工作

将图纸固定在平整的图板上,把跟踪放大镜放在图的中央,并使动极轴与跟踪臂约成90°。然后用跟踪放大镜沿图形轮廓线试绕行2~3周,以检查是否能平滑地移动。如果在转动中出现困难,可调整动极位置,以期平滑移动。

2. 打开电源

按下ON键,显示屏上显示0。

3. 设定面积单位

按UNIT(单位)键,定出面积单位(可选用米制、日制和英制三种)。应该注意,即使已设定了面积单位,但绕测后所显示的数据仍是脉冲数,只有按下AVER(决断)键后,显示数值才是面积。

多数图幅只用一种比例尺,但在工程测量中有些图幅却包括水平和垂直两种比例尺,因此,设定时也有所不同。

设定比例尺为1:M:利用数字键定出M值,再按SCALE(比例尺)键、R-S键,则以M^2的形式被输入到存储器内。

例:设定1:100比例尺的操作步骤见表8-5。

表8-5　设定比例尺1:100

键操作	符号显示	操作内容
1 0 0	cm² 100	对比例尺进行置数100
SCALE	SCALE cm² 0	设定比例尺1:100
R-S	SCALE cm² 10 000	$100^2=10\ 000$ 确认比例尺1:100已设定
START	SCALE cm² 0	比例尺1:100设定完毕,可开始测量

例:设定水平比例尺为1:100,垂直比例尺为1:50的操作步骤见表8-6。

表 8 - 6　设定横比例尺 1：100,纵比例尺 1：50

键操作	符号显示	操作内容
① ⓪ ⓪	cm² 100	对横比例尺进行置数 100
SCALE	SCALE cm² 0	设定比例尺 1：100
⑤ ⓪	SCALE cm² 50	对纵比例尺进行置数 50
START	SCALE cm² 0	纵横比例尺设定完毕
R-S	SCALE cm² 5 000	100×50＝5 000 确认横比例尺 1：100、 纵比例尺 1：50 已设定
START	SCALE cm² 0	横比例尺 1：100、 纵比例尺 1：50 已设定完毕,可开始测量

4.跟踪图形

在图形边界上选取一点作为起点,该点尽可能位于图的左侧边界中心,并与跟踪放大镜中心重合。此时,按下 START(开始)键,蜂鸣器发出声音,显示窗显示 0。然后把放大镜中心准确地沿着图形边界顺时针方向移动,直至起点止,再按 AVER 键,即显示面积;如果要测定若干块面积的总和,即进行累加测量,在第一块面积结束后(回到起点),不按 AVER 键而改按 HOLD 键;若对同一块面积要测定数次并取其平均值,则按 MEMO 键,在测量结束后,最后按 AVER 键,平均面积即显示出来。

5.累加测量

利用 HOLD 键,能把大面积图形分割成若干块进行累加测定。在第一个图形测定后按下 HOLD 键,即把已测得的面积固定起来;当测定第二块图形时,再按 HOLD 键,这样便解除固定状态。可以同法进行其他各块面积的测定。

6. 平均测量

为了提高测量的精度,可对一块面积重复几次测量,取平均值作为最后结果。测定时主要使用 MEMO 键和 AVER 键,即每次测量结束后,须按 MEMO 键,最后按 AVER 键。

(三)注意事项

(1)电子求积仪不能置于太阳直射、高温、高湿的地方,特别要远离暖气装置。

(2)严防强烈冲撞和粗暴使用。

(3)不能使用稀释剂、挥发油及湿布等擦洗,而应用柔软、干燥的布擦拭。

(4)除更换电池外,不允许随便打开电池盒盖。在电池取出后,严禁把仪器和交流转换器连接使用,这样会使仪器遭受严重损坏。

四、CAD 法

举例：多边形面积计算。

待量取面积边界为多边形，已知各顶点平面坐标，打开 Windows 记事本，每行按"点号，y，x，0"，输入多边形顶点坐标，以扩展名.dat 存盘。

（1）执行 CASS 下拉菜单"绘图处理/展野外测点点号"命令，选择已创建的坐标文件，展绘多边形顶点于 AutoCAD 绘图区。

（2）执行多段线命令 Pline，连接多边形顶点为封闭多边形。

（3）执行面积命令 Area 计算封闭多边形面积。

第四节　数字测图及应用

一、数字测图

数字测图就是用全站仪或 GPS RTK 采集碎部点坐标，使用数字测图软件进行绘图的测图方法。

方法：草图法、电子平板法。

数字测图软件：南方测绘 CASS。软件界面见图 8-20。

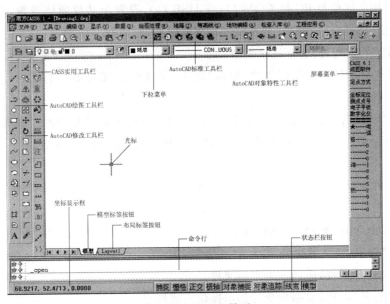

图 8-20　CASS 界面

（1）下拉菜单：执行测量功能。

（2）屏幕菜单：绘制地物。

（3）图形区：显示图形与操作。

（4）工具栏：AutoCAD 命令、测量功能——快捷工具。

（5）命令提示区：命令记录区，提示用户操作。

(一) 地物草图法数字测图流程

第一步:通过全站仪(或 GPS RTK)测量碎部点三维坐标。

第二步:领图员绘制碎部点构成的地物形状、类型,记录碎部点点号(与全站仪自动记录点号一致)。

第三步:全站仪内存碎部点三维坐标下传→PC 机数据文,转换→ CASS 坐标格式文件并展点。

第四步:根据野外绘制草图在 CASS 中绘制地物。

1.人员组织

(1) 观测员:操作全站仪,观测、记录数据,注意检查零方向、与领图员核对点号。

(2) 领图员:指挥跑尺员,现场勾绘草图,熟悉地形图图式,保证草图简洁、正确。

注意事项:与观测员对点号(每测 50 个点对一次点号),草图纸应固定格式,不应随便画在几张纸上,每张草图含日期、测站、后视、测量员、绘图员,搬站时,尽量换张草图纸。

(3) 跑尺员:现场跑尺,对跑点有经验,保证内业制图方便,经验不足由领图员指挥跑尺。

(4) 内业制图员:领图员担任内业制图任务,操作 CASS 展绘坐标文件,对照草图连线成图。

2. 野外采集数据下传

数据线连接全站仪与 PC 机 COM 口(或 USB 口),设置全站仪通信参数,CASS 执行"数据/读取全站仪数据"命令,弹出"全站仪内存数据转换"对话框。

(1) "仪器"下拉列表:选全站仪类型。

(2) 设置与全站仪相同通信参数,勾选"联机"复选框。"CASS 坐标文件"文本框输入数据文件名和路径。

(3) 单击"转换"按钮,按提示操作全站仪发送数据;单击对话框"确定"按钮;将发送数据保存到设定坐标文件;也可用全站仪通信软件下传坐标并存储为坐标文件。

3. 展碎部点

将坐标文件中点的三维坐标展绘在绘图区,点位右边注记点号,结合野外草图描绘地物,点位与点号对象位于"ZDH"(意为展点号)图层,点位对象即 AutoCAD 的"Point"对象。

(1)执行 Ddptype 命令修改点样式。

(2)执行"绘图处理\展野外测点点号"命令。

(3)弹出文件对话框,选择一个坐标文件。

(4)单击"打开"按钮,根据命令行提示操作完成展点。

(5)执行 Zoom/E 命令,查看展绘碎部点点位和点号。

(6)执行"绘图处理\切换展点注记"命令,根据需要修改点注记方式。

(二) 电子平板法数字测图流程

第一步:数据线连接笔记本电脑与测站全站仪。

第二步:全站仪所测碎部点坐标自动传输到笔记本电脑,并展绘在 CASS 绘图区。

第三步：完成一个地物碎部点测量工作后，现场实时绘制地物。

1. 人员组织

观测员：操作全站仪，观测，数据下传笔记本电脑。

制图员：指挥跑尺员，现场操作笔记本电脑，内业处理整饰地形图。

跑尺员：现场跑尺。

2. 创建测区已知点坐标文件

第一步：执行"编辑\编辑文本文件"命令。

第二步：调用 Windows 记事本创建测区已知点坐标文件。

3. 测站准备

(1)参数设置。

1)测站安置全站仪。

2)数据线连接全站仪与笔记本电脑 COM 口（或 USB 口）。

3)执行"文件\CASS6.1 参数设置"命令。

4)有四个选项卡，根据实际情况设置。

(2)展已知点。

1)执行"绘图处理\展野外测点点号"命令。

1)展绘已知点坐标文件。

(3)测站设置。

1)单击屏幕菜单"电子平板"按钮。

2)操作弹出的"电子平板测站设置"对话框。

3)输入测站点坐标、定向点坐标。

4)输入仪器高、检查点坐标。

5)完成操作后，对话框显示检查方向水平角。

6)操作全站仪实测检查方向水平角检核。

4. 测图操作

举例：测绘四点三层砼房屋。

(1)操作全站仪照准立在第一个房角点棱镜。

(2)单击屏幕菜单的"居民地"按钮。

(3)"居民地和垣栅"对话框中选择"四点砼房屋"。

(4)单击"确定"按钮，命令行提示：

绘图比例尺 1:<500> Enter

①已知三点/②已知两点及宽度/③已知四点<1>：Enter

请输入标高(0.00)：1.82

等待全站仪信号……

CASS 驱动全站仪自动测距

所测碎部点坐标自动展绘到 CASS 绘图区（见图 8-21）。

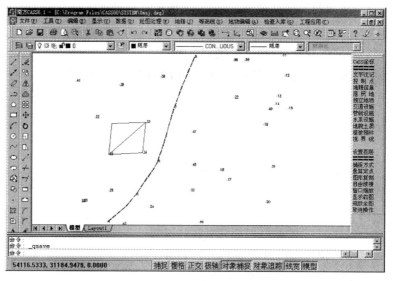

图 8-21　点的展绘

(三)绘制等高线

操作 CASS 创建数字地面模型 DTM 自动生成等高线。

DTM:在一定区域范围内,规则格网点或三角形点的平面坐标和其他地形属性的数据集合。地形属性是点高程,数字地面模型又称为数字高程模型 DEM。

DEM:从微分角度三维地描述测区地形的空间分布。用它可按用户设定的等高距生成等高线,绘制任意方向的断面图、坡度图,计算指定区域的土方量。

以 CASS6.1 自带地形点坐标文件 dgx.dat 为例介绍。

1. 建立 DTM

(1)执行"等高线\建立 DTM"命令(见图 8-22)。

(2)"建立 DTM"对话框中勾选"由数据文件生成"。

(3)选择坐标文件 dgx.dat。

(4)单击"确定"按钮。

(5)显示三角网——"SJW"图层。

2. 绘制等高线

(1)执行"等高线\绘制等高线"命令。

(2)在"绘制等值线"对话框,完成对话框设置。

(3)单击"确定"按钮,CASS 自动绘制等高线。

3. 等高线修饰(见图 8-23)

(1)注记等高线:位于下拉菜单"等高线\等高线注记"。批量注记等高线,一般选"沿直线高程注记",先执行 Line 命令绘制一条垂直于等高线的辅助直线,直线方向应为注记高程字符字头朝向,执行"沿直线高程注记"命令,自动删除辅助直线,注记字符放置在 DGX(等高线)图层。

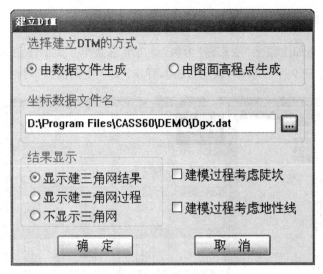

图 8-22　DTM 的建立

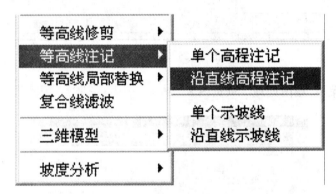

图 8-23　等高线的注记

(2)等高线修剪。位于下拉菜单"等高线\等高线修剪"下（见图 8-24）。

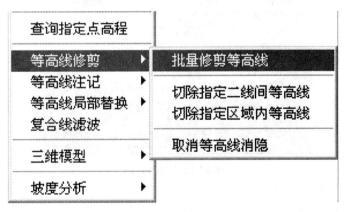

图 8-24　等高线修剪

（四）地形图整饰

加注记：以为道路加上路名"迎宾路"为例，单击屏幕菜单"文字注记"按钮（见图 8-25），"注记"对话框选"注记文字"，单击"确定"按钮，弹出"文字注记信息"对话框。

图 8-25　文字注记

加图框：下拉菜单"绘图处理"下（见图 8-26）。

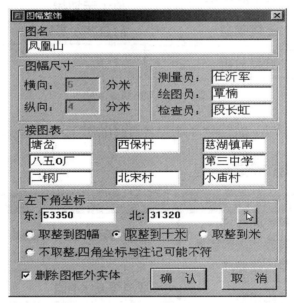

图 8-26　绘图处理

二、数字地形图应用简介

举例：查询计算与结果注记。

(1) 查询指定点坐标

执行"工程应用\查询指定点坐标"命令：

输入点：(圆心捕捉图根点如：D121),测量坐标：X＝31 194.120 米 Y＝53 167.880 米 H＝495.800 米,图上注记点的坐标。

执行屏幕菜单的"文字注记"命令：

"注记"对话框双击坐标注记图标,鼠标点取指定注记点和注记位置后,CASS 自动标注该点的 X,Y 坐标。

(2)查询两点的距离和方位角

执行"工程应用\查询两点距离及方位"命令：第一点：(圆心捕捉 D121 点),第二点：(圆心捕捉 D123 点),两点间距离＝45.273 米,方位角＝201 度 46 分 57.39 秒。

(3)查询线长

执行"工程应用\查询线长"命令,提示如下：

选择精度：(1)0.1 米 (2)1 米 (3)0.01 米 <1> 3 Enter,选择曲线：(点取图 11-22 中 D121 点至 D123 的直线),CASS 弹出提示框给出查询的线长值。

(4)查询封闭对象的面积

执行"工程应用\查询实体面积"命令：

选择对象：(点取砼房屋轮廓线上的点),实体面积为 202.683 平方米。

(5)注记封闭对象的面积

执行"工程应用\计算指定范围的面积"命令：

1 选目标/2.选图层/3.选指定图层的目标<1> 1 选目标：选择指定的封闭对象,2.选图层：输入图层名,注记图层全部封闭对象面积,3.选指定图层的目标：输入图层名。

选择该图层上封闭对象,注记面积,CASS 将各类房屋放置在 JMD(居民地)图层,面积注记文字位于封闭对象的中央,并自动放置在 MJZJ(面积注记)图层。

(6)统计注记面积

对图中面积注记求和。统计全部房屋面积的方法：

执行"工程应用\统计指定区域的面积"命令：面积统计——可用：窗口(W.C)/多边形窗口(WP.CP)/...等多种方式选择已计算过面积的区域,选择对象：all,选择对象：Enter,总面积＝597.88 平方米。

也可点取单个面积注记文字。

面积注记文字较分散时,窗选方式选择面积注记对象,CASS 自动过滤出 MJZJ 图层上面积注记对象进行统计计算,统计结果只在命令行提示,不注记在图上。

也可设置 MJZJ 为当前图层,冻结其余图层选择。

(7)计算指定点围成的面积

执行"工程应用\指定点所围成的面积"命令：

输入点：Enter,指定点所围成的面积＝×.×××平方米,CASS 计算出指定点围成的多边形面积,结果只在命令行提示,不注记在图上。

习　　题

1.简述梯形分幅的方法和编号。

2.简述矩形分幅的方法和编号。

3.简述地形图的基本应用。

4.简述 KP-90N 电子求积仪的使用方法。

5.掌握 CASS 软件。

6.根据表 8-7 的点位坐标,按 1∶200 的比例展绘在 x,y 坐标系中,按解析法计算各点围成封闭图形的实际面积。

表　8-7

点　名	x/m	y/m	点　名	x/m	y/m
1	+5.9	-7.8	8	+4.4	4.9
2	+7.0	-8.3	9	+3.2	6.2
3	7.7	-13.1	10	3.0	9.4
4	-0.2	-7.5	11	0.2	7.5
5	-0.5	-7.5	12	-0.1	7.5
6	-0.5	-7.0	13	-0.1	7.0
7	-0.2	-7.0	14	0.2	7.0
面积					

第九章 建筑工程控制测量与施工测量

第一节 建筑施工平面控制网的建立

一、建筑工程概述

建筑工程种类繁多,一般分为工业建筑工程和民用建筑工程两大类。建筑工程测量是指建筑工程在各阶段所进行的测量工作。建筑工程测量应遵循由整体到局部的原则,首先在施工场地上以勘测设计阶段建立的测图控制网为基础建立统一的施工控制网,然后根据施工控制网来测设建(构)筑物的轴线,再根据其轴线测设其细部。

工程建设在施工阶段所进行的测量工作称为施工测量。施工测量主要包括施工控制网测量、施工放样测量、竣工测量和施工期间的变形监测。放样又称测设,其工作的目的是将图纸上设计好的建(构)筑物的平面位置和高程位置标定到实地。

施工控制网不单是施工放样的依据,同时也是变形监测、竣工测量以及以后进行建筑物扩建或改建的依据。

二、施工控制网概述

控制网根据其用途不同分为两大类,即国家基本控制网和工程控制网。国家基本控制网的主要作用是提供全国范围内的统一参考框架。国家基本控制网的特点是控制面积大,控制点间距离较长,点位的选择主要考虑布网是否有利,不侧重具体工程施工利用时是否有利。它一般分级布设,共分一、二、三、四4个等级。工程控制网是针对某项工程而布设的专用控制网。工程控制网分为测图控制网、施工控制网、变形监测网等。

由于勘测阶段所建立的测图控制网是为了测图服务的,点的位置是根据地形条件确定的,测图控制网建立时建(构)筑物的总体布置尚未确定,因而在点位的分布和密度方面都难以满足施工放样的要求。故此,为了进行施工放样测量,必须建立施工控制网。

为工程建设的施工而布设的测量可控制网称为施工控制网。其作用在于限制施工放样时测量误差的积累,使整个建筑区的建(构)筑物能够在平面及竖向方面正确地衔接,以便对工程的总体布置和施工定位起到宏观控制作用,同时便于不同作业区同时施工。施工控制网分为平面控制网和高程控制网两种。

变形监测网不同于一般工程控制网,该种网的特点之一是精度要求高,其次还要求对某一特殊方向或区域的变形有足够的灵敏度,以及将网点的物理变形与观测误差而引起的其他模型误差加以分离的可区分性。

施工控制网是根据施工放样的精度要求,通常采用独立坐标系统建立起来的不同形状的控制网。由于工程的主轴线往往不能与勘测设计期间建立的测量坐标轴平行,设计人员要根据现场的实际情况来独立施工坐标系,这就使得独立施工坐标系的坐标轴与工程的主轴线的方向一致。因此,在施工控制网建立之前必须将设计的施工控制点的坐标换算为城市坐标系的坐标,以便根据城市控制网点将其测设到实地上去。在工程施工时,有时也要把城市坐标转换为施工坐标,这一工作称为坐标换算。

如图 9-1 所示,XOY 为城市坐标系,$xO'y$ 为施工坐标系或设计坐标系,施工坐标系或设计坐标系的纵、横轴分别用 a,b 表示。设计人员给定建筑物的定位坐标时均给定设计坐标,用设计坐标系中的坐标定各建筑物的位置。图 9-2 所表示的是设计坐标系中的任意一点 P 的设计坐标与城市坐标之间的关系。

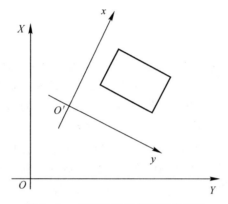

图 9-1　施工坐标系与城市坐标系

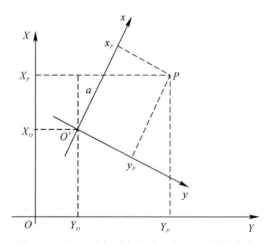

图 9-2　施工坐标系与城市坐标系之间的关系

将施工坐标转换为城市坐标的公式为

$$\left.\begin{array}{l} X_P = X_0 + x_P \cos\alpha - y_P \sin\alpha \\ Y_P = Y_0 + y_P \cos\alpha - x_P \sin\alpha \end{array}\right\} \tag{9.1}$$

式中,X_0,Y_0 为施工坐标系原点 O' 在城市坐标系中的坐标;α 为两坐标系的纵轴间的夹角。

三、施工控制网的精度

施工控制网的点位、密度以及精度取决于建设的性质,施工控制网点的精度一般要高于测图控制网,它具有控制范围小、控制点的密度大、精度要求高、受施工干扰大等特点。

在施工阶段,测量工作的任务是直接为施工服务,测量工作的精度主要体现在相邻点位的相对位置上。对于各种不同的建筑物,或对于同一建筑物中各个不同的部分,这些精度要求并不一致,而且往往相差很大。施工控制网精度的确定,应从保证各种建(构)筑物放样精度要求考虑。所以,施工控制网的精度要根据控制网的布设情况和放样工作的条件来考虑控制网误差与细部放样误差,以便合理计算。

施工控制网是建筑物放样的依据。放样的精度与施工控制网的精度要求相关。而建筑物放样的精度要求,又是根据建筑物竣工时对于设计尺寸的允许偏差及建筑限差来确定的。建筑物竣工时的实际误差是由施工误差(包括构件制造误差、施工安装误差)、测量的放样误差以及外界条件的影响(如温度等)所引起的,测量误差只是其中的一部分。

设 M 为放样后所得的放样点的点位误差,m_1 为控制点误差对放样点的影响,m_2 为放样过程中所产生的误差,则

$$M = \sqrt{m_1^2 + m_2^2} \tag{9.2}$$

当控制点误差的影响仅占总误差的 10% 时,即 $m_1^2 = 0.2 m_2^2$,$m_1 \approx 0.4M$。对于工业场地来说,由于施工控制网的点位致密,放样距离较近,操作比较容易,因此放样误差也就比较小。此时可以参照误差等影响的原则,就是使控制点误差的影响与放样误差影响相等的原则。

$$m_1 = m_2 = \frac{M}{\sqrt{2}} \tag{9.3}$$

控制点误差影响和放样误差的比例如何得当,要根据工程的大小、类型和重要性确定。

四、施工控制网的布设

施工控制网建立的目的主要是为工程建设提供工程范围内统一的参考框架,为各项测量工作提供位置基准,在工程施工期间为各种建筑物的放样提供测量的控制基础。另外,在工程建成后为工程的运营管理阶段的维护保养、扩建改建提供依据。

施工平面控制网的布设应根据总平面设计图和施工地区的地形条件来选择控制网的形式,确定合理的布设方法。对于起伏较大的山岭地区,一般采用三角测量(或边角测量)的方法建网;对于地形平坦的建设场地,多采用导线网;而对于建筑物密集而且规划的工业建设场地,则采用矩形控制网,即所谓的建筑方格网。

在施工期间,要求在建筑物近旁的不同高度上都必须布设临时水准点。临时水准点的密度应保证放样时只设一个测站就能将高程传递到建筑物上。

第二节　　平面矩形控制网布设

一、概述

由于一般的厂房都是矩形的(有的有些不规则的凹凸,但基本形状仍是规则的)或有规律

的,因而在每个建筑系统中,其轴线基本上都是互相平行或垂直的。我们常把将各边布设成矩形或正方形,且与拟建的建(构)筑物平行而便于施工放样的平面控制网称为建筑方格网或矩形控制网。在矩形控制网中,与主要建筑物平行,作为矩形网定向及测设依据的两条相互垂直的直线称为矩形控制网的主轴线。所以主轴线的选定应考虑整个建筑场地的需要。

建筑方格网的首级控制可采用轴线法或布网法,其施测的主要技术要求应符合下列规定:

(1)轴线法

1)轴线宜位于场地的中央,与主要建筑物平行;长轴线上的定位点不得少于 3 个;轴线点的点位中误差不应大于 5 cm。

2)放样后的主轴线点位,应进行角度观测,检查直线度;测定交角的测角中误差,不应超过 2.5″;直线度的限差,应在 180°±5″ 以内。

3)轴交点,应在长轴线上丈量全长后确定。

4)短轴线,应根据长轴线定向后测定,其测量精度应与长轴线相同,交角的限差应在 90°±5″ 以内。

(2)布网法

宜增测对角线的三边网,各等级三边网的起始边至最远边之间的三角形个数不宜多于 10 个。三边测量的主要技术要求应符合表 9-1 的规定。

表 9-1   三边测量的主要技术要求

等级	平均边长 /km	测距中误差 /mm	测距相对中误差
二等	9	36	≤1/250 000
三等	4.5	30	≤1/150 000
四等	2	20	≤1/100 000
一级小三边	1	25	≤1/40 000
二级小三边	0.5	25	≤1/20 000

标桩的埋设深度,应根据地冻线和场地平整的设计标高确定。建筑方格网的测量,应符合下列规定:

1)角度观测可采用方向观测法,其主要技术要求应符合表 9-2 的规定。

表 9-2   角度观测的主要技术要求

方格网等级	经纬仪型号	测角中误差 /(″)	测回数	两次读数差 /(″)	半测回归零差 /(″)	一测回中两倍照准差变动范围 /(″)	各测回方向较差 /(″)
Ⅰ 级	DJ1	5	2	≤1	≤5	≤9	≤5
	DJ2	5	3	≤3	≤8	≤13	≤9
Ⅱ 级	DJ2	8	2		≤12	≤18	≤12

2)当采用电磁波测距仪测定边长时,应对仪器进行检测,采用仪器的等级及总测回数应

符合表9-3的规定。

表9-3 采用仪器的等级及总测回数

方格网等级	仪器分级	总测回数/回
Ⅰ级	Ⅰ、Ⅱ精度	4
Ⅱ级	Ⅱ精度	2

（3）方格网点平差后，应确定归化数据，并在实地标板上修正至设计位置。

（4）建筑方格网竣工后，应经过实地复测检查，方能提供给委托单位。

二、矩形控制网的设计与布设

矩形网的首级网一般为十字型、多十字型、田字型、多田字型，边长为 $300\sim500$ m。在首级网下进行加密，边长一般为 $100\sim200$ m。矩形控制网常用的建立方法有基线法和轴线法两种。在确定建筑物控制网四边位置时应注意：一是便于厂房施工定位、放样和检查；二是便于量距；三是标桩的安全和稳固。

基线法是根据建筑场地的控制网定出矩形网的一条边作为基线，再在基线的两端测设直角，设置矩形的两条短边，并沿着各边丈量距离，定标桩。这种方法布网比较简单，测设方便，但是精度比较低。因此该网只适用于一般的中小型建筑物。例如图9-3中，A_1A_2 为基线，分别以 A_1，A_2 两端点为顶点，并分别以 A_2，A_1 两点定向，测设直角得到 A_1B_1 和 A_2B_2 方向。沿两方向量取矩形的短边长 a，定 B_1，B_2 两点。

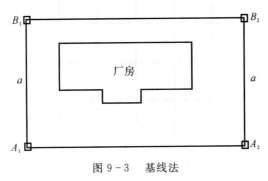

图9-3 基线法

轴线法是先根据建筑场地的控制网定出矩形控制网的主轴线，由主轴线测设短轴线，再根据十字轴线测设出矩形的四边，并沿着矩形的四边丈量距离，定标桩。这种方法布网灵活性大，标桩容易选择合适的位置，误差比较均匀，但是测设的工序较多，比较费时。因此该网适用于大型建筑物或大面积建筑场地。如图9-4中，由长轴 AB 定出短轴 CD，并由 A，B，C，D 四点定出矩形的四边方向，沿其四边方向定出 E，F，G，H 四点。

对于用轴线法测设建筑场地的控制网，其主轴线原则上应与建筑物的主轴线一致，但是还应考虑现场的地形条件和施工情况。

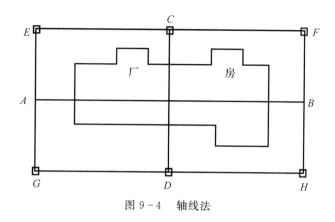

图 9-4　轴线法

三、矩形网主轴线放样

　　主轴线的测设方法与建筑基线测设的方法相似。首先,准备测设数据;然后,测设两条相互垂直的主轴线 AOB 和 COD,如图 9-5 所示。主轴线由 5 个主点 A,B,C,D,O 组成,其测量坐标值在原勘测设计阶段的测量坐标系中一般由设计单位给出,也可以在总平面图上用图解法求得某一主轴线点的坐标值后,按主轴线的方位角与长度推导出其他主轴线点的测量坐标值。根据得到的主轴线点的测量坐标值与附近的测量控制点,通过计算用极坐标法测设主轴线的点并标定到实地中。

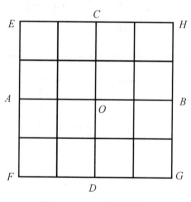

图 9-5　主轴线放样

　　最后,精确检测主轴线点的相对位置关系,并与设计值相比较,如果超限,则应进行调整。将标定到实地主轴线上的 A,B,O 三点作为初测点用 A',B',O' 表示。实测 $\angle A'O'B'=\beta$(要求精度为 $\pm 5''$),将 β 与 $180°$ 比较,若 $\beta\neq 180°$,则要校正。如图 9-6 所示,令其改正数为 d,则

$$d=\frac{ab}{a+b}\cdot\frac{90°-\dfrac{\beta}{2}}{\rho''}\qquad(9.4)$$

　　同理,对于主轴线上的 C,D 两点进行归化改正。如图 9-7 所示,把初测的 C,D 两点用 C',D' 来表示,实测 $\angle AOC'=\beta_1,\angle C'OB=\beta_2$(精度为 $\pm 5''$),若 $\beta\neq 90°$,则要进行改正,令其改正数为 d,则

$$d = \frac{\beta_2 - \beta_1}{2\rho} l \qquad (9.5)$$

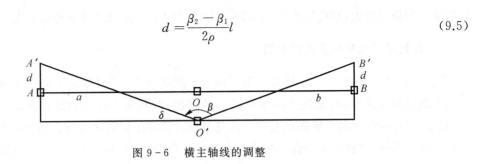

图 9 - 6 横主轴线的调整

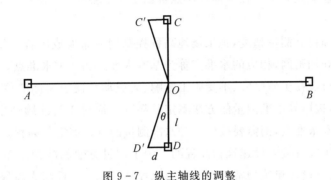

图 9 - 7 纵主轴线的调整

四、矩形网的放样、归化

主轴线测设后，分别在 A，B，C，D 四点安置经纬仪，后视瞄准 O 点，向左右测设水平角 90°，即可交会出田字形方格网点。随后进行检核，测量相邻两点间的距离（AE，AF，BH，BG，CE，CH，DF，DG），看是否与设计值相等，测量其角度（E，F，G，H 为顶点所对应的角）是否为 90°，误差应均在允许范围内，并埋设永久性标志。

第三节 高程控制网的建立

一、一般高程控制网

建设工程高程控制网一般按水准测量方法来建立。为了统一水准测量规格，考虑到建设工程的特点，城市测量和工程测量技术规范规定：水准测量依次分为二、三、四 3 个等级。一般将首级高程控制网与平面控制网并网设立，观测时水准路线一般要布设成闭合环形，平面控制网加密时，高程控制网对应加密，可布设成复合路线和节点图形，观测等级相应降低。各等级水准测量的精度和国家水准测量相应等级的精度一致。

城市和建设工程水准测量是各种大比例尺测图、城市工程测量和城市地面沉降观测的高程控制基础，又是工程建设施工放样和建筑物垂直形变监测的依据。

水准测量的实施，其工作程序是水准网的图上设计、水准点的选定、水准标石的埋设、水准网测量、平差计算和成果表的编制。水准网的布设应力求做到经济合理，因此，首先要对测区情况进行调查研究，搜集和分析测区已有的水准测量资料，从而拟定出比较合理的布设方案。

如果测区的面积较大,则应先在 $1:25\ 000 \sim 1:100\ 000$ 比例尺的地形图上进行图上设计。

二、建筑场地高程起算点的设置

建筑施工场地的高程控制测量一般采用水准测量方法,应根据施工场地附近的国家或城市高等级已知水准点,测定施工场地水准点的高程,以便纳入统一的高程系统。在施工场地上,水准点的密度,应尽可能满足安置一次仪器即可测设出所需的高程。而测图时敷设的水准点往往是不够的,因此还需增设一些水准点。在一般情况下,建筑基线点、建筑方格点以及导线点也可兼作高程控制点。只要在平面控制点桩面上中心点旁边,设置一个突出的半球状标志即可。

为了便于检核和提高测量精度,施工场地高程控制网应布设成闭合或复合路线。高程控制网可分为首级网和加密网,相应的水准点称为基本水准点和施工水准点。

基本水准点应布设在土质坚实、不受施工影响、无震动和便于实测的位置,并埋设永久性标志。一般情况下,按四等水准测量的方法测定其高程。而对于为连续性生产车间或地下管道测设所建立的基本水准点,则需要按照三等水准测量的方法测定其高程。

施工水准点是用来直接测设建筑物高程的。为了测设方便和减少误差,施工水准点应靠近建筑物。此外,由于设计建筑物常以底层室内地坪高 ±0.000 标高为高程起算面,为了施工引测方便,常在建筑物内部或附近测设 ±0.000 水准点。±0.000 水准点的位置,一般选在稳定的建筑物墙、柱的侧面,用红漆绘成顶为水平线的"▼"形,其底端表示 ±0.000 位置。

第四节　　施　工　测　量

一、测设已知水平角

根据设计和施工的要求,将设计好的建筑物的空间位置与形状在实地上标定出来的工作,称为施工放样,简称放样、测设或定位。

1. 概念

测设已知水平角工作与测量水平角的工作正好相反。测设已知水平角实际上是根据地面上已有的一条方向线和设计的水平角值,用经纬仪在地面上标定出另一条方向线的工作。

2. 直接放样方法

(1) 在 O 点安置经纬仪,以正镜位置照准 B 方向,水平读盘置数为零。

(2) 计算放样角值 β。角 β 为 $\angle AOP$ 的值:

$$\beta = \alpha_{OP} - \alpha_{OA} \tag{9.6}$$

(3) 顺时针转动照准部,使度盘读数为 β,制动照准部,在此方向线上距离 O 点 S(大小可根据实际情况确定)处确定一点 P'。

(4) 倒镜照准 A 方向,度盘置数为 $180°0'00''$,顺时针转动照准部,使度盘读数为 $180°+\beta$,在视线方向上距 O 点 S 处确定一点 P''。

(5) 连接 $P'P''$,取中点 P,则 OP 即为待放样方向,$\angle AOP$ 为放样的角。直接放样法一般用于精度要求不高的角度(方向)放样(见图 9 - 8)。

3. 精确归化放样方法

精确方法又称为垂线改正法,当角度测设的精度要求较高时采用。

(1)先用直接放样法放样出 $\angle AOP'$,精确测量 $\angle AOP'$,得到其测量值为 β'。

(2)计算差值:

$$\Delta\beta = \beta' - \beta \tag{9.7}$$

若 $\Delta\beta < 0$,角度放小了;若 $\Delta\beta > 0$,角度放大了,分别向外(向内)改化该角。由于 $\Delta\beta$ 很小,直接改化角度受仪器精度、操作过程的影响很大,因此可采用线量改正法。

令 q 为线量改正值,则

$$q = \frac{\Delta\beta}{\rho''}S$$

其中,

$$\rho'' = 20\ 6265'' \tag{9.8}$$

(3)在 P' 点作 OP' 的垂线,在垂线上由 P' 点起,按 $\Delta\beta$ 的符号向内(向外)量取 q 值,端点为 P,则 OP 方向即为待定方向,$\angle AOP$ 即为待放样的角 β(见图 9 - 9)。

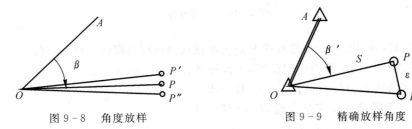

图 9 - 8　角度放样　　　　　　　图 9 - 9　精确放样角度

二、测设已知水平距离

水平距离的测设就是将设计水平距离测设在上述已测设方向上。

工具和仪器:钢尺、测距仪或全站仪。

(1)钢尺:测设长度小于一整尺段的水平距离。

(2)测距仪:A 点安置测距仪,AC 方向测设距离,加气象改正与倾斜改正后距离等于设计平距。

(3)全站仪:A 点安置全站仪,AC 方向测设平距。

三、测设已知高程

1. 概念

测设已知高程就是根据地面上已知水准点的高程和设计点的高程,在地面上测设出设计点的高程标志线的工作。

2. 方法

如图 9 - 10 所示,已知某水准点的高程 H_A,欲在附近测设一高程为 H_B 的高程位置。

测设时,先在水准点与待测设点之间安置水准仪,在水准点上立尺,读出后视读数 a,由此求出仪器的视线高 $H_i = H_A + a$,再根据 B 点的设计高程,计算出水准尺立于该标志线上的应读前视数

$$b_应 = H_i - H_设 \tag{9.9}$$

然后,将水准尺紧贴 B 点木桩的侧面,并上下挪动,使水准仪望远镜的十字丝横丝正好对准应读前视数 $b_应$,沿尺底画一短横线,该短横线的高程即为欲测设的已知高程。为了检核,可改变仪器的高度,重新读出后视读数和前视读数,计算该短横线的高程,与设计高程比较,若符合要求,则将该短横线作为测设的高程标志线,并注记相应高程符号和数值。

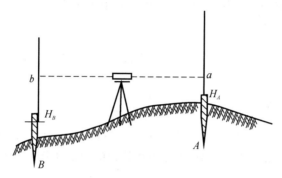

图 9 - 10　高程放样

例:水准点 $H_A = 12.345$ m,欲放样 B 点为测设室内地坪高程(± 0.000):$H_B = 13.016$ m。

(1) 水准仪置于 A,B 两点中间位置,A 尺读数:$a = 1.358$ m。

(2) 仪器视线高程:$H_i = H_A + a = 12.345 + 1.358 = 13.703$ m。

(3) 瞄准 B 尺读数 b 应满足方程 $H_B = H_i - b$。

(4) $b = H_i - H_B = 13.703 - 13.016 = 0.687$ m。

(5) 木桩一侧画线,使 B 点桩位水准尺读数为 0.687 m。

(6) B 点高程就等于欲测设的高程 13.016 m。

四、测设已知坡度

在修道路,敷设上、下水管道和开挖排水沟施工中,往往需在地面上测设设计坡度线。坡度测设仪器有水准仪、经纬仪、全站仪。

1. 水准仪测设方法

如:已知地面 A 点高程 H_A,要沿 AB 方向测设坡度 i 直线,AB 平距是 D,水准仪测设步骤如下:

(1) 计算 B 点设计高程:$H_B = H_A + iD$,用水平距离和高程测设方法测设 B 点。

(2) 在 A 点安置水准仪,使一个脚螺旋在 AB 方向,另两个脚螺旋连线垂直 AB 方向线,水准仪高 m,望远镜瞄准 B 点水准尺,旋转 AB 方向脚螺旋,使视线倾斜至水准尺读数为仪器高 m,则仪器视线坡度即为 i。

2. 全站仪测设方法

南方测绘 NTS - 310P 全站仪放样坡度步骤:

(1) 在 A 点安置全站仪,打开仪器电源。

(2) 按 ANG 键进入角度测量模式。

(3) 按 F4 键翻页到 P2 页软键菜单。

（4）按 F3（V％）键将竖盘读数切换为坡度显示。

（5）制动望远镜，旋转望远镜微动螺旋。

（6）使 V 的值等于设计坡度值 2％。

（7）望远镜视准轴的坡度即为设计坡度 2％。

五、测设已知坐标的点位

点位测设包括点的平面位置测设和高程位置测设两方面。

（一）点的平面位置测设

根据施工现场控制网的形式、现场条件、建筑物大小、测设精度和仪器工具配备等，通常采用的方法有如下几种。

1. 直角坐标法

直角坐标法是按直角坐标原理确定某点的平面位置的一种方法。当建筑场地已有相互垂直的主轴线或矩形方格网时，常采用直角坐标法测设点的平面位置。

如图 9-11 所示，A，B 为建筑方格点，其坐标已知，P 为设计点，其坐标(x_p, y_p)可以从设计图上查获。欲将 P 点测设在地面上，其步骤如下：

（1）计算测设数据 Δx，Δy，由图中可知：

$$\left. \begin{array}{l} \Delta x = x_p - x_A \\ \Delta y = y_p - y_A \end{array} \right\} \tag{9.10}$$

（2）测设方法。

1）安置经纬仪于 A 点，瞄准 B 点，沿视线方向用钢尺测设横距 Δy，在地面上定出 M 点。

2）安置经纬仪于 M 点，瞄准 A 点，顺时针测设 $90°$ 水平角，沿直角方向用钢尺测设纵距 Δx，即获得 P 点在地面上的位置。

3）重复操作或利用 P 点与其他点之间的关系检核 P 点的位置。

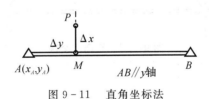

图 9-11　直角坐标法

2. 极坐标法

极坐标法是根据极坐标原理确定某点平面位置的方法。当已知点与待测设点之间的距离较近时常采用极坐标法。

如图 9-12 所示，A，B 为测量控制点，其坐标 x_A，y_A，x_B，y_B 为已知，P 为设计点，其坐标x_p，y_p 由设计图上可以查得，要将 P 点测设于地面，其步骤如下：

（1）计算测设数据 β，D 。

（2）测设方法 。

1）安置经纬仪于 A 点，瞄准 B 点，顺时针测设水平角 β，在地面上标定出 AP 方向线。

2）自 A 点开始，用钢尺沿 AP 方向线测设水平距离 D_{AP}，在地面上标定出 P 点的位置。

3）检核 P 点的位置。

3. 距离交会法

距离交会法是根据测设的距离相交会定出点的平面位置的一种方法。当测设时,不便安置仪器、测设精度要求不高,且距离小于一钢尺长度的情况下常采用这种方法。

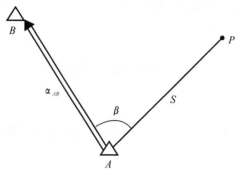

图 9-12 极坐标放样

如图 9-13 所示,A,B 为两控制点,P 为待测设点,其步骤如下:

(1)计算测设数据 D_1,D_2。

(2)测设方法。测设时,使用两根钢尺,分别使两钢尺的零刻线对准 A,B 两点,同时拉紧和移动钢尺,两尺上读数 D_1,D_2 的交点就是 P 点的位置。测设后,应对 P 点进行检核。

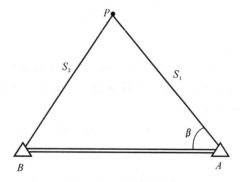

图 9-13 距离交会法

(二)点的高程位置测设

如前所述,当已知水准点与待测设点之间高差不大时,可直接测设其高程标志。若已知水准点与待测设点的高差相差较大时,则需要引测高程。从低处向高处传递高程如图 9-14 所示,从高处向低处传递高程如图 9-15 所示。

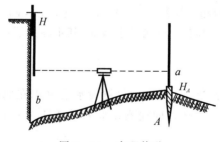

图 9-14 高程传递

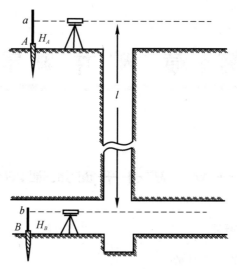

图 9-15　竖井高程传递原理

如图 9-15 所示,欲在深基坑内测设一点 B,其高程 H 设为已知,则前视数应为

$$b_{应} = (H_A + a_1) - L - H_{设} \tag{9.11}$$

习　　题

1.绘图加以简述测设水平角的步骤。

2.绘图加以简述测设水平角高程的步骤。

3.绘图加以简述极坐标法测设点位的步骤。

4.水准测量法进行高差放样,设计高差 $h = -1.500$ m,设站观测后视尺 $a = 0.657$ m,高差放样的 b 计算值为 2.157 m,画出高差测设的图形。

5.如图 9-16 所示:已知点 A,B 和待测设点 P 坐标为

$A:x_A = 2\ 250.346$ m, $y_A = 4\ 520.671$ m;

$B:x_B = 2\ 786.386$ m, $y_B = 4\ 472.145$ m;

$P:x_P = 2\ 285.834$ m, $y_P = 4\ 780.617$ m。

按极坐标法计算放样的 β, S_{AP}。

6.如图 9-17 所示:B 点的设计高差 $h = 13.6$ m(相对于 A 点),中间悬挂一把钢尺,$a_1 = 1.530$ m,$b_1 = 0.380$ m,$a_2 = 13.480$ m,计算 b_2。

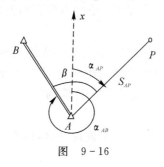

图　9-16

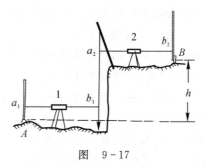

图　9-17

第十章 矿井测量

第一节 矿井平面控制测量

一、井下平面控制测量概述

1. 井下平面控制测量的主要目的

在井下建立统一的平面坐标系统,为井下生产提供可靠的数据。

2. 井下平面控制测量的特点

井下测量时,受井下条件所限,只能沿巷道设点,最初只能布设成支导线的形式,随着巷道不断向前延伸及巷道数量的不断增多,逐渐可以布设成闭合导线、复合导线及导线网等。

3. 井下平面控制测量的等级

按照高级控制低级的原则,井下平面控制测量分为基本控制和采区控制两类。基本控制导线精度较高,是矿井的首级控制导线,其精度应能满足一般贯通工程的要求;采区控制导线精度较低,应能满足施工测量和测图的要求。

根据《煤矿测量规程》的规定,井下基本控制导线分为 7″ 和 15″ 两级,主要敷设在斜井或平硐,井底车场,水平(阶段)运输巷道,矿井总回风巷道,暗斜井,集中上山、下山,集中运输石门等主要巷道内,各矿可根据井田范围的大小,选用其中的一种作为本矿的基本控制导线。

在井田一翼长度小于 1 km 的小型井中,亦可以采用 30″ 作为基本控制导线。

4. 井下经纬仪导线的形状

井下经纬仪导线的形状也和地面一样有复合导线、闭合导线、支导线及导线网等。一般来说,基本导线在主要巷道时多布设成支导线形式,但当已掘巷道增多时,则可形成闭合导线、复合导线及导线网。

5. 井下经纬仪导线点的分类及编号

井下导线点按其使用时间的长短分为永久点和临时点两类。永久点使用时间较长,应设置在便于使用和便于保存的稳定的硐顶上或巷道顶、底板的岩石内;临时点保存时间较短,一般设在顶板上或牢固的棚梁上。

我国绝大多数矿井都将导线点设置在巷道的顶板上或棚梁上,这是因为点在顶板上不仅使用方便,容易寻找,不易被井下行人或运输车辆破坏,而且用垂球对中时,仪器在点下对中比在点上对中要精确一些。只有在顶板岩石松软、破碎、容易移动或某些特殊的情况下,才将其设置在巷道的底板上。

永久导线点应设置在矿井的主要巷道内,一般每隔 300~500 m 设置一组,每组不得少于 3 个点,有条件时,可在主要巷道内全部埋设永久导线点。

至于临时点,可设置在棚梁上,也可用水泥或水玻璃粘在顶板上。

导线点的编号应力求简单易记,并能根据编号推知测点所在巷道的位置。用罗马字母、英文字母以及阿拉伯数字的适当组合可达到上述要求。

二、井下经纬仪导线的外业

1. 导线点的选择和设置

选择导线点时,应综合考虑以下要求:

(1) 导线点应尽量设在稳固的碹顶、棚梁或顶板的岩石中,选择能避开电缆和淋水且不影响运输之处,以便保存和观测。

(2) 相邻导线点应通视良好,间距尽量大而均匀。基本控制导线边长不小于 30 m,钢尺量边时以 90 m 左右为宜,采区控制导线的边长应不小于 15 m。

(3) 凡巷道分岔、拐弯、变坡点和已停止掘进的工作面等处均应设点,从选定该处点以前的 2～3 个测点开始,应注意调整边长,避免出现较长边与较短边相邻的情况。

(4) 选点时应综合考虑各种情况,使测点的分布更为合理。永久点应于施测前 1～2 天设置完毕,临时点和次要巷道的点也可边选边测。

2. 人员构成

水平角观测井下测量组一般由 5 人组成,测角时,观测、记录、前后视照明各一人。

3. 边长测量

边长测量通常在测角之后进行,有钢尺量边和光电测距仪量边两种方法。

(1)钢尺量边。采用钢尺量边时,两人拉尺,两人读数,一人记录并测记温度。用钢尺丈量基本控制导线边长时,应遵守以下规定:

1) 对钢尺施以比长时的拉力,悬空丈量并测记温度。

2) 分段丈量时,最小尺段长度不得小于 10 m,定线偏差小于 5 cm。

3) 每尺段应以不同起点读数 3 次,读至毫米,长度互差不应大于 3 mm。

4) 导线边长必须往返丈量,丈量结果加入比长,温度、垂曲、倾斜改正数变为水平边长后,互差不得大于该边长的 1/6 000。

在边长小于 15 m 或倾斜角大于 15°的倾斜巷道中丈量边长时,往返丈量水平边长的允许互差可适当放宽,但不得大于该边长的 1/4 000。

5) 丈量采取控制导线边长时,可凭经验拉力,不测温度,采用往返丈量或错动钢尺位置 1 m 以上的方法丈量两次,其互差均不得大于该边长的 1/2 000。

(2)光电测距仪量边。光电测距仪量边方法已经在矿井测量中广泛采用,当井下采用光电测距仪测量边长时,应遵守以下作业要求:

1) 作业前,应对测距仪进行必要的检查和校正。

2) 气压的测定应读至 100 Pa,温度的测定应读至 1℃。

3) 每条边的测回数不得少于两个,采用单向观测或往返(或同时间)观测时,其限差为:一测回读数较差不得大于 10 mm,单测回间较差不得大于 15 mm;往返(或不同时间)观测同一条边长时,化算为水平距离(经气象和倾斜改正)后的互差,不得大于该边长的 1/6 000。

4) 作业人员必须经过专业训练,并按测距仪使用说明书的规定进行操作和维护仪器。

5) 仪器严禁淋水和拆卸,应建立电源使用卡片,定时充电。

6) 仪器在井下使用时,应严格遵守《煤矿安全规程》的有关规定。

4. 导线的延长及检查

井下导线都是随巷道掘进分段测设的,亦即逐段向前延测。一般规定,基本控制导线每隔300～500 m 延测一次;采区控制导线随巷道掘进每 30～100 m 延测一次。

三、井下经纬仪导线测量的内业

井下经纬仪导线测量的内业是在外业工作全部完成之后进行的,在内业计算前,应根据《规程》要求,对外业记录和计算进行严格的检查,在确认准确无误后,方可进行计算。

通过内业计算,求得各导线边的方位角和各导线点的坐标,并展点绘图,以便为后续测量及施工提供准确的资料。

内业计算步骤同地面导线测量。

第二节　矿井高程测量

一、井下高程概述

井下高程测量的目的就是要解决各种采掘工程在竖直方向上的几何关系问题。其具体任务有以下几项:

(1) 在井下建立与地面统一的高程系统。

(2) 确定井下各主要巷道内水准点与永久导线的高程以建立井下高程控制网。

(3) 巷道掘进时,给定巷道在竖直面内的方向。

(4) 确定巷道底板的高程。

井下高程测量以矿井高程联系测量得到的高程起始点为依据,测定井下导线点和高程点的标高。同地面一样,确定井下点的高程仍可采用水准测量和三角高程测量的方法。

井下高程点应埋设在巷道顶、底板或两帮的稳定岩石中、碹体上或井下永久固定设备的基础上。永久导线点也可作为高程点。所有的高程点都应统一编号,并将编号明显地标记在高程点的附近。

高程点一般应每隔 300～500 m 设置一组,每组至少应由三个高程点组成,两高程点间距离以 30～80 m 为宜。

二、井下水准测量

当巷道的倾角不超过 8°时,宜采用水准测量方式来测定高程点间的高差。

井下水准测量路线可布设成复合路线、闭合路线、水准网及水准支线等形式。

由于井下高程点有的设在底板上,有的设在顶板上,因此观测时水准尺应相应地正立或倒立。这样在计算高差时,可能出现如图 10-1 所示的四种情况。

(1) 前、后视立尺都在底板上,如图 10-1(b) 所示,则

$$h = a - b \tag{10.1}$$

(2) 后视立尺点在底板,前视立尺点顶板(尺子须倒立),如图 10-1(c) 所示,则

$$h = a - (-b) \tag{10.2}$$

(3) 前、后视立尺点都在顶板上(前、后视尺均倒立),如图 10-1(d) 所示,则

$$h = b - a = (-a) - (-b) \tag{10.3}$$

(4) 后视立尺点在顶板(尺须倒立),前视立尺点在底板,如图 10-1(a) 所示,则

$$h = -a - b = (-a) - b \tag{10.4}$$

在上述四种情况中,不难看出,凡水准尺倒立于顶板时,只需在读数前面加上负号就可参加计算,计算两点间的高差仍和地面一样,等于后视读数,即 $h = a - b$。测点在顶、底、左右帮的位置可用符号"┬""┴""┤""├"形象地表示。

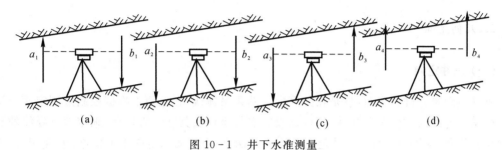

图 10-1 井下水准测量

三、井下三角高程测量

适用于倾角大于 8° 的主要倾斜巷道。

高差可按下式计算:

$$h = L\sin\delta + i - v \tag{10.5}$$

式中,L 为加各项改正数后的倾斜长。

由于测点所处的位置不同,利用上式计算高差时,应当注意,当测点在顶板上时,i 和 v 的数值前面应加上"-"号;δ 的符号则由实测的倾角决定,仰角时为"+",俯角时为"-"。

第三节 矿井平面联系测量

为了满足矿井日常生产、管理和安全等需要,要将矿井地面测量和井下测量联系起来,建立统一坐标系统。这种把井上、井下坐标系统统一起来所进行的测量工作就称为矿井联系测量。矿井联系测量分为矿井平面联系测量和矿井高程联系测量。矿井平面联系测量是解决井上、井下平面坐标系统的统一问题;矿井高程联系测量是解决井上、井下高程系统的统一问题。

一、矿井平面联系测量概述

(1) 矿井平面联系测量的任务:根据地面已知点的平面坐标和已知边的方位角,确定井下导线起算点的平面坐标和起算边的方位角。

(2) 矿井平面联系测量的方法:主要分为几何定向和物理定向两种。几何定向又分为一井定向和两井定向两种;物理定向即陀螺定向。

矿井平面联系测量,简称"定向",其原理如图 10-2 所示。

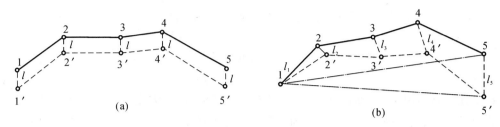

(a)　　　　　　　　　　　(b)

图 10 - 2　矿井平面联系测量

二、几何定向

(一) 一井定向

通过一个竖井进行定向,就是在井筒内挂两条吊锤线,在地面上根据控制点测定两吊锤线的坐标以及连线的方位角。在井下,根据投影点的坐标及其连线方位角,确定地下导线的起算坐标与方位角(见图10-3)。一井定向工作分为摘点(由地面向定向水平投点)和连接(地面和定向水平上与悬挂的钢丝连接)两个部分。

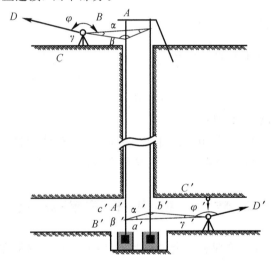

图 10 - 3　联系三角形法一井定向

1. 投点

投点是以井筒中悬挂的两根钢丝形成的竖直面将井上的点位和方向角传递到井下。

2. 连接

连接测量分为地面连接测量和井下连接测量两部分。地面连接测量是在地面测定两钢丝的坐标及其连线的方位角;井下连接测量是在定向水平根据两钢丝的距离及其连线的方位角确定井下导线起始点的坐标与起始边的方位角。

(1)连接三角形法应满足的条件。

1) 点 C 与 D 及点 C' 与 D' 要彼此通视,且 CD 与 $C'D'$ 的边长要大于 20 m。

2) 三角形的锐角 γ 和 γ' 要小于 2°。

3) a/c 与 a'/c' 的值要尽量小一些,一般应小于 1.5。

（2）连接三角形法的外业。地面连接测量是在 C 点安置经纬仪测量出 ψ,φ 和 γ 三个角度，并丈量 a,b,c 三条边的边长。同样，井下连接测量是在 C' 点安置仪器测量出 ψ',φ' 和 γ' 三个角度，并丈量 a',b',c' 三条边的边长。

（3）连接三角形的解算。

1）运用正弦定理，解算出 $\alpha,\beta,\alpha',\beta'$。

$$\sin\alpha=\frac{a\sin\gamma}{c},\quad \sin\beta=\frac{b\sin\gamma}{c} \tag{10.6}$$

$$\sin\alpha'=\frac{a'\sin\gamma'}{c'},\quad \sin\beta'=\frac{b'\sin\gamma'}{c'} \tag{10.7}$$

2）检查测量和计算成果。

首先，连接三角形的三个内角 α,β,γ 以及 α',β',γ' 的和均应为 $180°$。若有少量残差，可平均分配到 α,β 或 α',β' 上。

其次，井上丈量所得的两钢丝间的距离 $C_丈$ 与按余弦定理计算出的距离 $C_计$ 相差不大于 2 mm；井下丈量所得的两钢丝间的距离 $C'_丈$ 与计算出的距离 $C'_计$ 相差应不大于 4 mm。若符合上述要求，可在丈量的 a,b,c 及 a',b',c' 中加入改正数 V_a,V_b,V_c 及 V_a',V_b',V_c'：

$$V_a=V_c=-\frac{C_丈-C_计}{3},\quad V_b=\frac{C_丈-C_计}{3} \tag{10.8}$$

$$V_{a'}=V_{c'}=-\frac{C'_丈-C'_计}{3},\quad V_{b'}=\frac{C'_丈-C'_计}{3} \tag{10.9}$$

3）将井上、井下连接图形视为一条导线，如 $D—C—A—B—C'—D'$，按照导线的计算方法求出井下起始点 C' 的坐标及井下起始边 $C'D'$ 的方位角。

（二）两井定向

1. 概述

当矿井有两个竖井，且在顶向水平有巷道相同，并能进行测量时，就可采用两井定向（见图 10-4）。

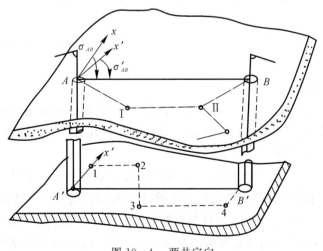

图 10-4 两井定向

两井定向测量工作也包括投点、连接测量、计算。

2. 两井定向的内业计算

（1）根据地面连接测量的成果，按照导线的计算方法，计算出地面两钢丝点 A，B 的平面坐标 (x_A,y_A)，(x_B,y_B)。

（2）计算两钢丝点 A，B 的连线在地面坐标系统中的方位角 α_{AB}：

$$\tan\alpha_{AB}=\frac{y_B-y_A}{x_B-x_A} \tag{10.10}$$

（3）以井下导线起始边 $A'1$ 为 x' 轴，A 点为坐标原点建立假定坐标系，计算井下导线各连接点在此假定坐标系中的平面坐标，设 B 点的假定坐标为 (x'_B,y'_B)。

（4）计算 A，B 连线在假定坐标系中的方位角 α'_{AB}：

$$\tan\alpha'_{AB}=\frac{y'_B-y'_A}{x'_B-x'_A} \tag{10.11}$$

（5）计算井下起始边在地面坐标系统中的方位角 α_{AI}：

$$\alpha_{AI}=\alpha_{AB}-\alpha'_{AB} \tag{10.12}$$

（6）根据 A 点的坐标 (x_A,y_A) 和计算出的 $A1$ 边的方位角 α_{AI}，计算出井下导线各点在地面坐标系统中的坐标方位。

二、陀螺定向

陀螺经纬仪是陀螺仪和定向仪组合而成的定向仪器，能直接测定真北方位角。

1. 陀螺经纬仪发展

我国西汉末年，发现了陀螺特性；

1852 年法国人 L. Foucault 创造了第一台实验陀螺仪；

1904 年德国人 H.Anschütz 制成第一台陀螺经纬仪；

1908 年德国人 M. Schuler 首次制成单转子液浮陀螺经纬仪，用于军事和航海；

1949 年德国研制出 MW1 型子午线指示仪，并于 1958 年研制出金属带悬挂陀螺灵敏部的 KT－1 陀螺经纬仪。

此后的几十年间，世界各国先后开展了陀螺经纬仪的研制工作，相继生产出多种型号的产品。

2. 陀螺经纬仪分类

液体漂浮式：将陀螺转子装在封闭的球形浮子中，采用液体漂浮电子磁定中心，陀螺转子由空气压缩涡轮机带动三相交流电机供电，全套仪器重达几百千克，一次定向需几小时，陀螺方位角一次测定中误差为 $\pm(1'\sim 2')$。

下架式（见图 10－5）：利用金属悬挂带把陀螺房悬挂在经纬仪空心轴下，悬挂带上端与经纬仪的壳体相固连；采用导流丝直接供电方式，附有携带式蓄电池组和晶体变流器。

上架式（见图 10－6）：用金属丝悬挂带把陀螺转子（装在陀螺房中）悬挂在灵敏部的顶端，灵敏部可稳定地连接在经纬仪横轴顶端的金属桥形支架上（该支架需预先制作、安装），不用时可取下。

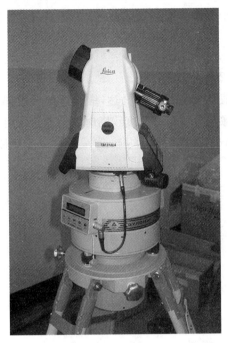

图 10 - 5　　下架陀螺全站仪

图 10 - 6　　上架陀螺全站仪

3. 陀螺经纬仪的基本原理

它是根据陀螺仪的定轴性和进动性两个基本概念特性,并考虑到陀螺仪对地球自转的相对运动,使陀螺在测站子午线附近作简谐摆动的原理而制成的。

4. 矿用陀螺经纬仪的基本结构

现在常用的矿用陀螺经纬仪大都是上架式陀螺经纬仪。

5. 陀螺经纬仪定向的方法

运用陀螺经纬仪进行矿井定向的常用方法主要有逆转点法和中天法。以逆转点法为例来说明测定井下未知边方位角的全过程。

(1) 在地面已知边上采用 $2 \sim 3$ 个测回测定仪器常数 $\Delta_{前}$。

由于仪器加工等多方面的原因,实际中的陀螺轴的平衡位置往往与测站真子午线的方向不重合,它们之间的夹角称为陀螺经纬仪的仪器常数,并用 Δ 表示。要在地面已知边上测定 Δ,关键是要测定已知边的陀螺方位角 $T_{AB陀}$。

测定 $T_{AB陀}$ 的步骤如下:

第一步,在 A 点安置陀螺经纬仪,严格整平对中,并以两个镜位观测测线方向 AB 的方向值 —— 测前方向值 M_1。

第二步,将经纬仪的视准轴大致对准北方向(对于逆转点法要求偏离陀螺子午线方向不大于 $60'$)。

第三步,测量悬挂带零位值 —— 测前零位,同时用秒表测定陀螺摆动周期。

测定零位的方法:下放陀螺灵敏部,从读数目镜中观测灵敏部的摆动,在分划板上连续读三个逆转点(即陀螺轴围绕子午线摆动时偏离子午线的两侧最远位置)的读数 a_i,估读至 0.1 格,并按下式计算零位:

$$L = \frac{1}{2}\left(\frac{a_1 + a_3}{2} + a_2\right) \tag{10.13}$$

第四步,用逆转点法精确测定陀螺北方向值 N_T,启动陀螺马达,缓慢下放灵敏部,使摆幅在 $1° \sim 3°$ 范围内。调节水平微动螺旋使光标像与分划板零刻度线随时保持重合,达到逆转点后,记下经纬仪水平度盘读数。连续记录 5 个逆转点的读数 u_1, u_2, u_3, u_4, u_5,并按下式计算 N_T:

$$N_1 = \frac{1}{2}\left(\frac{u_1 + u_3}{2} + u_2\right)$$

$$N_2 = \frac{1}{2}\left(\frac{u_2 + u_4}{2} + u_3\right)$$

$$N_3 = \frac{2}{3}\left(\frac{u_3 + u_5}{2} + u_4\right)$$

$$N_T = \frac{1}{3}(N_1 + N_2 + N_3) \tag{10.14}$$

第五步,进行测后零位规测,方法同测前零位规测。

第六步,再以两个镜位测定 AB 边的方向值 —— 测后方位值 M_2。

第七步,计算 $T_{AB陀}$。

于是可得

$$\Delta_前 = T_{AB} - T_{AB陀} = \alpha_{AB} + r_A - T_{AB陀} \tag{10.15}$$

(2)在井下定向边上采用两侧回测定陀螺方位角 $T_{AB陀}$,如图 10-7 所示。

(3)返回地面后,及时再在已知边 AB 上测定仪器常数 $\Delta_后$。

(4)计算井下未知边的坐标方位角 α_{ab}。

$$\alpha_{ab} = T_{AB陀} + \Delta_平 - \gamma_a \tag{10.16}$$

式中,γ_a 为 α 点的子午线收敛角。

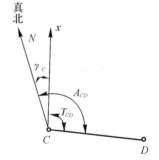

图 10-7 测定陀螺方位角

第四节 矿井高程联系测量

矿井高程联系测量又称导入标高,其目的是建立井上、井下统一高程系统。采用平硐或斜井开拓的矿井,高程联系测量可采用水准测量或三角高程测量,将地面水准点的高程传递到井下。采用竖井开拓的矿井则须采用专门的方法来传递高程,常用的竖井导入标高方法有长钢尺法、钢丝法和光电测距仪法。

1. 长钢尺法（见图 10-8）

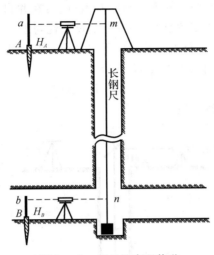

图 10-8　钢尺法高程传递

2. 钢丝法导入标高

采用钢丝法导入标高时，首先应在井筒中部悬挂一钢丝，在井下一端悬挂一重锤，使其处于自由悬挂状态（见图 10-9）；然后，在井上、井下同时用水准仪测得 A，B 处水准尺上的读数 a 和 b，并用水准仪瞄准钢丝，在钢丝上作标记（I 为钢丝上两标志间的长度）。井下水准基点 B 的高程 H 可通过下式求得：

$$H_B = H_A - I + (a - b) \tag{10.17}$$

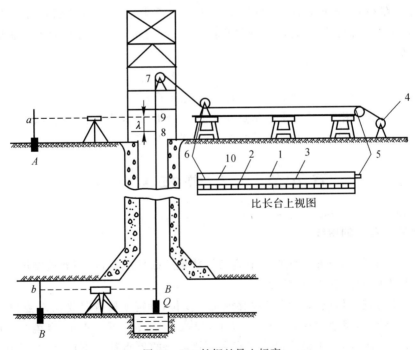

比长台上视图

图 10-9　长钢丝导入标高

3. 光电测距仪导入标高

如图 10 - 10 所示,光电测距仪导入标高的基本方法:在井口附近的地面上安置光电测距仪,在井口和井底的中部,分别安置反射镜;井上的反射镜与水平面成 45°夹角,井下的反射镜处于水平状态;通过光电测距仪分别测量出仪器中心至井上和井下反射镜的距离 I,S,从而计算出井上与井下反射镜中心间的铅垂线 H:

$$H = S - I + \Delta I \tag{10.18}$$

式中,ΔI 为光电测距仪的总改正数。

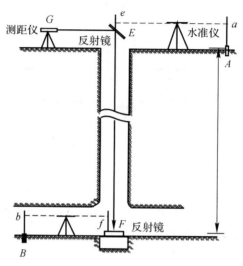

图 10 - 10　光电测距仪导入标高

然后,分别在井上、井下安置水准仪,测量出井上反射镜中心与地面水准基点间的高差 h_{AE} 和井下反射镜中心与井下水准基点间的高差 h_{FB},则可按下式计算出井下水准基点 B 的高程 H_B:

$$\left.\begin{array}{l} H_B = H_A + h_{AE} - H + h_{FB} \\ h_{AE} = a - e, \quad h_{FB} = f - b \end{array}\right\} \tag{10.19}$$

式中,a,b,e,f 分别为井上、井下水准基点和井上、井下反射镜处水准尺的读数。

运用光电测距仪导入标高也要测量两次,其互差不应超过 $H/8\,000$。

第五节　　矿井施工测量

一、标定直线巷道的中线

巷道开掘之后,最初设的中线点一般容易被放炮所破坏或变位,当巷道掘进 5 ~ 6 m 时,就应当用经纬仪重新标定一组中线点。

这时首先要检查开切点 A 是否还保存或是否变位,标定或检查时要在 A 点重新安置仪器和丈量距离。检查后,将经纬仪安置在 A 点上,如图 10 - 11 所示。用正、倒镜两个镜位给出 β 角由于仪器和测量的误差,正镜给出的 $2'$ 点和倒镜给出的 $2''$ 点往往不重合,取其中点 2 作为中线点,可以提高标设的精度。检查符合要求后,用望远镜瞄准 2 点,在此方向上再设一点 1。这

样 A,1,2 三点组成一组中线点,作为巷道掘进的方向。中线一组设三个点,是因为其中一个点移动,就可以从三点是否在一条直线上而发现。

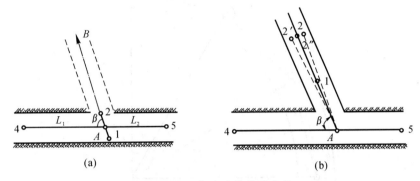

图 10-11　标定直线巷道中线

主要巷道每掘进 30 m,次要巷道每掘进 40 m 左右,应重新标设一组中线点。

二、直线巷道中线的延长及检查

在巷道掘进过程中,施工人员一般都是以中线为依据进行炮眼布置和支护,由于巷道按给出的中线方向不断向前掘进,必须及时地延设中线至掘进工作面,供施工人员掌握。具体做法如下:

（1）描线法延设中线。

（2）拉线法延设中线。

（3）经纬仪延设中线和检查测量。

主要巷道每掘进 30 ~ 40 m 以后,要用经纬仪延设一组中线点,以对拉线法、描线法延设的中线进行检查、校正。如图 10-12 所示,C,1,2 为原有一组中线点,巷道按拉线法或描线法所指示的方向向前掘进 30 ~ 40 m 后,应用经纬仪延设一组中线点 D,1,2,以保证最前面的中线点至掘进工

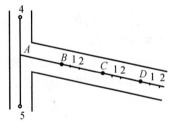

图 10-12　直线巷道中线检查

作面的距离不超过 30 ~ 40 m,防止巷道掘偏。这项工作与经纬仪导线施测结合进行。

三、标定曲线巷道的中线

在井下运输巷道方向转弯处或巷道分岔处,都有一段圆曲线巷道相连。在设计曲线巷道时,一般要给出圆曲线的起点、终点、曲率半径和中心转角等几何要素。

曲线巷道中线标定常用的是经纬仪弦线法。

如图 10-13 所示为一曲线巷道,曲线始点为 A,终点为 B,半径为 R,中心角为 α。现用弦线法来代替圆弧中心线,采用等分中心角的方法来计算标设要素。

设将曲线 n 等分,则每弦线所对圆心角为 α/n,弦长为

$$l = 2R \sin \frac{\alpha}{2n} \tag{10.20}$$

由图 10-13 可以看出,起点 A 和终点 B 处的转角为

$$\beta_A = \beta_B = 180° + \frac{\alpha}{2n} \tag{10.21}$$

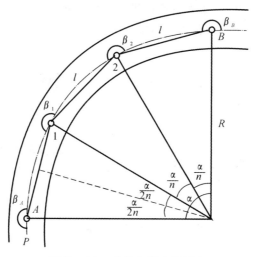

图 10－13   曲线巷道中线标定

中间各弦交点处的转角为

$$\beta_1 = \beta_2 = 180° + \frac{\alpha}{n} \qquad (10.22)$$

图 10-13 中所示为转角大于 180° 的情况。反之,则上述指向角应为 $180° - \frac{\alpha}{2n}$ 和 $180° - \frac{\alpha}{n}$。

弦长 l,转向角 β_A,β_B,β_C 称为曲线巷道中线的标定要素,根据这些要素即可在实地标定曲线巷道的中线。

为配合施工部门按设计规格施工,测量人员应以 1：5 或 1：10 的大比例尺绘制标有巷道两帮与相应段弦线相对位置的边距图。一般情况下,砌碹巷道的边距按垂直弦线方向量取(见图 10－14(a)),采用金属、水泥或木支架支护的巷道可按圆曲线半径方向给出边距(见图10－14(b))。

四、激光指向仪使用

激光器发射出的可见红橙色光束,经聚焦系统射出后,在掘进工作面形成可见的圆形光斑。激光指向仪用于矿山巷道掘进时的指向定位、掘进机推进方向的制导控制、综采工作面的定位,此外,还广泛地应用在公路、铁路、隧道、涵洞、桥梁、高层建筑、管道安装的定位、准直。

使用安装与调节:

(1) 将仪器的后罩和压紧螺母拆下,将电源线接在接线端子上,接好地线,然后将仪器重新安装好,拧紧螺钉。将固定板采用适当的方法安装在构架上,找到大约要指向的位置,将固定板安装好。

(2) 接通电源,点亮激光器。

(3) 用螺丝刀松开锁紧钉,调整调焦筒,将光斑大小调整到最佳状态,拧紧锁紧钉。

(4) 根据经纬仪所测定的方向,调整仪器上的水平、垂直调整旋钮,将光斑准确指向目标点。

注意事项:

(1) 正在使用的仪器出现故障,需停电维修。

(2) 仪器使用时,GND 应牢固可靠接地。

（3）接通电源时，请注意电源电压，应与仪器铭牌上所标注的电压值一致。

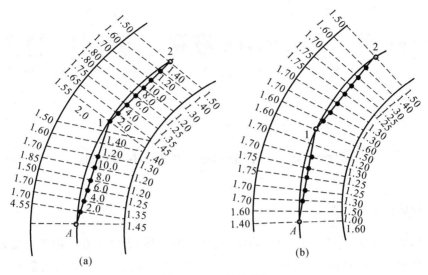

图 10-14 放样详图

五、贯通测量

一条巷道按设计要求掘进到指定的地点与另一条巷道相通，叫作巷道贯通，简称"贯通"。巷道贯通往往是一条巷道在不同的地点以两个或两个以上的工作面分段掘进，而后彼此相通的。如果两个工作面掘进方向相对，叫相向贯通；如果两个工作面掘进方向相同，叫同向贯通；如果从巷道的一端到另一端指定处掘进，叫单向贯通。

贯通测量工作一般按下列程序进行：

（1）为贯通进行的测量准备工作。

（2）计算贯通几何要素，包括开切地点的坐标，巷道中心线的方位角 α，指向角 β，巷道的倾角 δ，水平距离 ι 和倾斜距离 I。

（3）根据巷道的掘进速度、贯通距离、施工日期等，确定相同的相遇点和贯通时间。

（4）实地标定贯通巷道的中线和腰线。

（5）根据工程进度，及时延长巷道中线和腰线。

（6）巷道贯通后，应立即测量贯通的实际偏差值。

（7）重要贯通工程完成后，应对测量工作进行精确分析，做出技术总结。

习　　题

1. 简述井下导线点的选择要求。

2. 简述井下光电测距作业要求。

3. 简述井下高程测量的任务。

4. 简述井下一井定向的过程。

5. 简述井下两井定向的内业计算过程。

第十一章　MAPGIS 在矿山测量中的应用

第一节　矿山测绘技术概述

一、测绘新技术的发展

20 世纪 70 年代以来,随着电子技术和激光技术的发展,光电结合型的测绘仪器(如测距仪、全站仪、陀螺仪)对传统的测绘仪器方法产生了深刻的影响。以卫星遥感、全球定位系统为代表的空间对地观测技术在测绘科学中的应用日趋成熟,以计算机技术、系统科学为基础的地理信息系统的出现和应用为多源测绘信息的获取、分析、管理、处理及其充分应用提供了有力的技术支持,自动化、智能化的测绘系统已处于研究之中,因此可以说,现代测绘技术正在经历着一场深刻的革命。

矿山测量技术的一个重要应用领域,在广大的煤矿、金属矿山、有色矿山等的生产过程中发挥着重要的作用。矿山测量的现代任务是:在矿山勘探、设计、开发和生产运营的各个阶段,对矿区地面和地下的空间、资源(以矿产和土地资源为主)和环境信息进行采集、存储、处理、显示、利用,为合理、有效地开发资源、保护资源、保护环境、治理环境服务,为工矿区的持续发展服务。为了实现其现代任务,矿山测量必须充分应用现代测绘仪器和技术,将先进的现代技术同矿山测量的实际工作、具体特点相结合,拓宽矿山测量的生存空间和业务范围,促进矿山测量的改革和发展,适应市场经济体制和矿山体制改革的需要。全站仪、空间信息技术、惯性测量系统等现代测绘仪器技术均已在矿山测量中得到了应用并正在不断向纵深发展。

二、空间信息技术在矿山测量中的应用

空间信息技术是矿山测量实现其现代任务的重要的技术支撑和保证,以"3S"技术和其他测量仪器技术的有机结合为基础的矿区资料环境信息系统,就是空间信息技术在矿山测量中应用的综合性成果。空间信息技术的核心和主体是"3S"技术,即遥感(Remote Sensing,RS)、全球定位系统(Global Positioning System,GPS)、地理信息系统(Grographic Information System,GIS)。

遥感包括卫星遥感和航空遥感,航空遥感作为地形图测绘的重要手段已在实践中得到了广泛的应用,卫星遥感用于测图也正在研究之中并已取得一些意义重大的成果,基于遥感资料建立数字地面模型(DTM)进而应用于测绘工作已获得了较多的应用。

GPS 作为一项引起传统测绘观念重大变革的技术,已经成为大地测量的主要技术手段,也是最具潜力的全能型技术,在矿山测量、控制测量、工程测量、环境监测、防灾减灾以及交通

运输工具的导航方面发挥着重要的作用。由于 GPS 不仅具有全天候、高精度和高度灵活性的优点，而且与传统的测量技术相比，无严格的控制测量等级之分，不必考虑测点间通视，不需造标，不存在误差积累，可同时进行三维定位等优点，在外业测量模式、误差来源和数据处理方面是对传统测绘观念的革命性转变。地理信息系统作为对空间地理分布有关的数据进行采集、处理、管理、分析的计算机技术系统，其发展和应用对测绘科学的发展意义重大，是现代测绘技术的重大技术支撑。

目前，以"3S"为主导的空间信息技术将逐渐应用于矿山测量及矿山建设与生产中，对现代化采矿工业起到优质高效服务和辅助决策的作用。现代矿山测量的主要任务可概括如下：在矿山勘测、设计、开发、生产中，为开发资源、保护资源、保护环境、治理环境服务，为工矿区可持续发展服务。现代矿山测量的任务与支撑技术如图 11-1 所示。

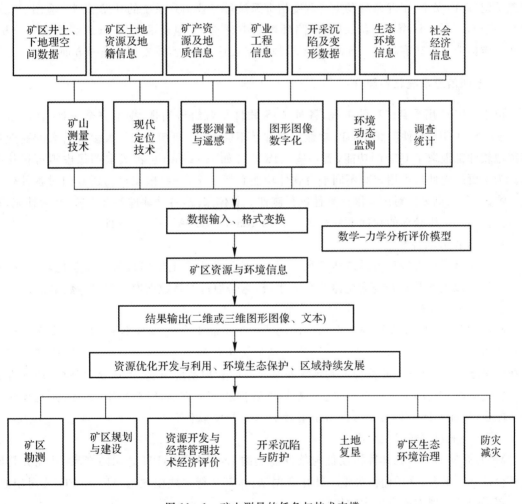

图 11-1　矿山测量的任务与技术支撑

第二节 地理信息系统在矿山测量中的应用

一、地理信息系统概述

地理信息系统是一项以计算机为基础的新兴技术,围绕着这项技术的研究、开发和应用,形成了一门交叉性、边缘性的学科,是管理和研究空间数据的技术系统,在计算机软硬件支持下,它可以对空间数据按地理坐标或空间位置进行各种处理,对数据进行有效管理,研究各种空间实体及相互关系。通过对多因素的综合分析,它可以迅速地获取满足应用需要的信息,并能以地图、图形或数据的形式表示处理的结果。

地理信息系统在矿业界出现了应用推广与理论研究并重的局面。应用研究涉及矿山地测信息系统、矿山安全、工况监测及生产调度指挥系统等专业信息系统的开发研制。应用研究还涉及基于 GIS 的矿区资源评价、开采沉陷环境影响评价、土地复垦规划、煤岩煤质资料分析、矿井地质构造及煤矿底板突水预测、煤矿通风网络表达、矿体实体模型建立等方面。

二、地理信息系统软件简介

由于 GIS 应用受到广泛的重视,各种 GIS 软件平台纷纷涌现,据不完全统计,目前有近 500 种。各种 GIS 软件厂商在 GIS 功能方面都在不断创新、相互包容。大多数著名的商业遥感图像软件都汲取了 GIS 的功能,而一些 GIS 软件如 Arc/Info 也都汲取图像虚拟可视化技术。为了更好地使广大用户对不同平台软件功能有所了解,一些国家机构还专门对各种软件进行测试,我国也多次对优秀国产软件进行测评。总体来说,各种软件各有千秋,互为补充,目前市面上用户使用较多的软件平台有 Arc/Info,Mapinfo,MAPGIS 等软件。

1. Arc/Info 软件

Arc/Info 是由美国环境系统研究所开发的,是目前世界上使用最多的商业化软件之一。Arc/Info 是以矢量数据结构为主体的 GIS 系统,它是通过关系数据库管理属性数据。

2. Mapinfo 软件

Mapinfo 是美国 MAPINFO 公司推出的适用于不同平台的 GIS 系统,在 PC 桌面平台上占有相当大的市场。Mapinfo 是以矢量数据结构为主体的 GIS 平台,对空间数据管理采用无拓扑矢量结构,具有强大的符合工业界数据库标准的管理系统,在城市规划、行政管理等方面得到广泛应用。它的主要优势是在空间数据库管理和分析方面,简单易学、实用,而且桌面制图功能强,但在 GIS 空间分析方面似乎落后于 Arc/Info 软件。

3. Intergraph MGE 软件

MGE 是实力强大的计算机硬件与软件商美国 INTERGRAPH 公司的产品,其优势是应用平台是 NT 平台,采用栅格矢量一体化数据结构,其功能模块模拟与 ARCINFO 公司相似,但在图形动态模拟方面有较大的优势。

4. GRASS 软件

GRASS 是 Unix 系统平台上的 GIS 系统,主要采用栅格数据结构,在地下水模拟方面使用很广。

5. MAPGIS 软件

MAPGIS 是中国地质大学信息工程学院武汉中地信息工程有限公司自行研制开发的地理信息系统,是国产优秀的桌面 GIS 软件,它属于矢量数据结构 GIS 平台。

三、MAPGIS 在矿山测量中的应用

1. MAPGIS 概述

MAPGIS 是一个集当代先进的图形、图像、地质、地理、遥感、测绘、人工智能、计算机科学为一体的高效大型中文智能 GIS 软件系统,是世界上最先进的 GIS 系统。

MAPGIS 的主要功能包括数据采集与编辑、空间数据管理、空间分析、数据输出等,借助这些功能可以从原始数据中图示检索或条件检索出某些实体数据,还可以进行空间叠加分析,以及对各类实体的属性数据进行统计。

MAPGIS 广泛应用于地质、矿产、地理、测绘、水利、石油、煤炭、铁道、交通、城建、规划及土地管理专业,在该系统的基础上目前已完成了城市综合管网系统、地籍管理系统、土地利用数据库管理系统、供水管网系统、煤气管道系统、城市规划系统、电力配网系统、通信管网及自动配线系统、环保与监测系统、警用电子地图系统、作战指挥系统、GPS 导航监控系统、旅游系统等一系列应用系统的开发。

2. MAPGIS 与矿山测量

MAPGIS 可以对矿山资源与环境信息进行采集、存储、处理,建立矿区数据库及软件系统,实现对信息的查询检索、综合分析、动态预测和评价、信息输出等功能,从而为矿区环境工程和矿产资源开发管理进行规划、判断和决策提供科学依据。

矿山测量工作伴随着矿山建设、生产的全过程,MAPGIS 在此过程中的作用大致分为四类:一是在生产前期工程地质勘测中的应用;二是在矿山生产规划设计中的应用;三是在矿山生产后期管理中的应用;四是 MAPGIS 具有强大的数据管理、计算、分析功能,可在矿山资源管理中发挥其功能。

3. MAPGIS 在地质勘测中的应用

矿山工程地质勘测数据可以基于 MAPGIS 的空间数据库高效地存储管理。MAPGIS 可以有效地管理矿山工程地质图,并实现图形及其属性关联,其关键问题在于图形表达编辑能力要强。MAPGIS 可以像 CAD 一样来绘制矿山资源开发所需要的柱状图,还可利用钻孔数据和柱状图,或者基于空间数据库,自动绘制剖面图和等值线图。在矿山的边坡控制和疏干排水中,MAPGIS 可以帮助矿山工作者解决矿山疏干排水、采场边坡设计与稳定性分析等工程问题。

4. MAPGIS 在矿山生产规划与设计中的应用

用 MAPGIS 技术建立境界的可视化模型是非常有效的,在传统的 GIS 软件中建立地质统计学模型可以较好地模拟开采境界和品位优化,并且实现境界的动态圈定。

利用 MAPGIS 技术可以对矿山的采场进行交互式的可视化设计。通过在 GIS 软件中建立专业的分析模型,对采场的设计效果进行分析,改进设计效果。矿山设计者可以用在 GIS 中建立的专业模型(如网络模型、动态规划模型等)优化露天矿生产系统,如用 GIS 的最佳路径分析功能来优化露天运输线路的位置和布局,缩短矿岩运距,从而降低运输成本。采用 MAPGIS 进行露天矿的设计和规划,不仅可以交互式绘制各种所需图件,而且可以建立图形

元素与其属性数据的连接,这是手工图或 CAD 图所没有的功能。

5. MAPGIS 在矿山管理中的应用

在制订矿山生产计划和调度方案方面,可以利用 MAPGIS 技术建立块状矿床模型,通过计算机可视化显示矿山的矿岩分布和当前开采状态,建立开采优化模型确定哪些块段在哪个计划期开采,则得到一个优化的开采方案。目前,国内大部分矿山采用电铲-卡车间断工艺系统,采运成本占露天矿总成本的 60% 以上。因此,基于 MAPGIS 的矿山生产调度监控系统,实现对电铲、卡车等设备的实时优化调度,使运输系统高效运行,从而提高矿山的经济效益。

二维矿图管理是目前 GIS 技术非常成熟的应用,也是 GIS 技术比较基础的应用。MAPGIS 的最终输出产品是电子矿图,MAPGIS 用于矿山的矿图管理,其实质是建立空间数据库,实现对矿图及其元素属性的存储、编辑、查询和输出,为其他高层次的应用建立基础。

6. MAPGIS 在资源管理中的应用

矿山资源储量和品位管理是矿山资源管理的基础,利用 GIS 技术进行矿山资源管理,实现矿山资源储量和上覆岩土剥离量的自动快速计算、动态管理及分析、表达,反映矿山资源的数量和分布情况,最终保证资源的合理开采和充分利用。对于矿山的伴生矿物,建立基于MAPGIS 的数据库,有利于伴生矿物的综合开发。

第三节　MAPGIS 的结构及功能

一、MAPGIS 系统的总体结构

MAPGIS 是具有国际先进水平的完整的地理信息系统,其 MAPGIS 6.7 分为"图形编辑""库管理""空间分析""图像处理"以及"实用服务"五大部分,如图 11－2 所示。根据地学信息来源多种多样、数据类型多、信息量庞大的特点,该系统采用矢量和栅格数据混合的结构,力求矢量数据和栅格数据形成一个整体的同时,又考虑栅格数据既可以和矢量数据相对独立存在,又可以作为矢量数据的属性,以满足不同问题对矢量、栅格数据的不同需要。

二、MAPGIS 的主要功能

1. 数据输入

(1)数字化输入。数字化输入也就是实现数字化过程,即实现空间信息从模拟式到数字式的转换,一般数字化输入常用的仪器为数字化仪。

(2)扫描矢量化输入。扫描矢量化子系统,通过扫描仪输入扫描图像,然后通过矢量追踪,确定实体的空间位置。对于高质量的原资料,扫描是一种省时、高效的数据输入方式。

(3)GPS 输入。GPS 是确定地球表面精确位置的新工具,它根据一系列卫星的接收信号,快速地计算地球表面特征的位置。由于 GPS 测定的三维空间位置以数字坐标表示,因此不需作任何转换,可直接输入数据库。

(4)其他数据源输入。MAPGIS 升级子系统可接收低版本数据,实现 6.X 与 5.X 版本数据的相互转换,即数据可升可降,供 MAPGIS 使用。MAPGIS 还可以接收 AUTOCAD,ARC/INFO,MAPINFO 等软件的公开格式文件。同时提供了外业测量数据直接成图功能,从而实现了数据采集、录入、成图一体化,大大提高了数据精度和作业流程。

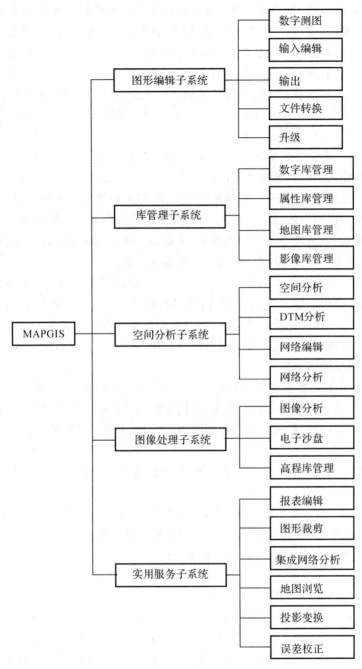

图 11-2　MAPGIS 6.7 的总体结构

2. 数据处理

输入计算机后的数据及分析、统计等生成的数据在入库、输出的过程中常常要进行数据校正、编辑、图形整饰、误差消除、坐标变换等工作。MAPGIS通过图形编辑子系统及投影变换、误差校正等系统来完成。

（1）图形编辑。该系统用来编辑修改矢量结构的点、线、区域的空间位置及其图形属性,增加或删除点、线、区域边界,并适时自动校正拓扑关系。图形编辑子系统是对图形数据库中的图形进行编辑、修改、检索、造区等,从而使输入的图形更准确、更丰富、更漂亮。

(2)投影变换。地图投影的基本问题是如何将地球表面(椭球面或圆球面)表示在地图平面上。这种表示方法有多种,而不同的投影方法实现不同图件的需要,因此在进行图形数据处理中很可能要从一个地图投影坐标系统转换到另一个投影坐标系统,该系统就是为实现这一功能服务的,它提供了20种不同投影间的相互转换及经纬网生成功能。通过图框生成功能可自动生成不同比例尺的标准图框。

(3)误差校正。在图件数字化输入过程中,通常的输入法有:扫描矢量化、数字化仪跟踪数字化、标准数据输入法等。通常由于图纸变形等因素,使输入后的图形与实际图形在位置上出现偏差,个别图元经编辑、修改后可满足精度要求,但有些图元由于发生偏移,经编辑很难达到实际要求的精度,说明图形经扫描输入或数字化输入后,存在着变形或畸变。出现变形的图形,必须经过数据校正,消除输入图形的变形,才能使之满足实际要求,该系统就是为这一目的服务的。通过该系统即可实现图形的校正,达到实际需求。

(4)镶嵌配准。图像镶嵌配准系统是一个32位专业图像处理软件,该系统以MSI图像为处理对象。本系统提供了强大的控制点编辑环境,以完成MSI图像的几何控制点的编辑处理;当图像具有足够的控制点时,MSI图像的显示引擎就能实时完成MSI图像的几何变换、重采样和灰度变换,从而实时完成图像之间的配准,图像与图形的配准,图像的镶嵌,图像几何校正,几何变换,灰度变换等功能。

(5)符号库编辑。系统库编辑子系统是为图形编辑服务的。它将图形中的文字、图形符号、注记、填充花纹及各种线型等抽取出来,单独处理;经过编辑、修改,生成子图库、线型库、填充图案库和矢量字库,自动存放到系统数据库中,供用户编辑图形时使用。

3.数据库管理

MAPGIS数据库管理分为网络数据库管理、地图库管理、属性库管理和影像库管理四个子系统。

(1)网络数据库管理,专门用于MAPGIS网络数据库的初始化、配置、监控、管理等方面。主要有表管理、权限管理、数据库维护、登录用户角色管理等部分。

(2)地图库管理。图形数据库管理子系统是地理信息系统的重要组成部分。在数据获取过程中,它用于存储和管理地图信息;在数据处理过程中,它既是资料的提供者,也可以是处理结果的归宿处;在检索和输出过程中,它是形成绘图文件或各类地理数据的数据源。图形数据库中的数据经拓扑处理,可形成拓扑数据库,用于各种空间分析。MAPGIS的图形数据库管理系统可同时管理数千幅地理底图,数据容量可达数十千兆,主要用于创建、维护地图库,在图幅进库前建立拓扑结构,对输入的地图数据进行正确性检查,根据用户的要求及图幅的质量,实现图幅配准、图幅校正和图幅接边。

(3)属性库管理。GIS系统应用领域非常广,各领域的专业属性差异甚大,以至不能用一已知属性集描述概括所有的应用专业属性。因此建立动态属性库是非常必要的。动态就是根据用户的要求能随时扩充和精简属性库的字段(属性项),修改字段的名称及类型。具备动态库及动态检索的GIS软件,就可以利用同一软件管理不同的专业属性,也就可以生成不同应用领域的GIS软件。如管网系统,可定义成"自来水管网系统""通信管网系统""煤气管网系统"等。

该系统能根据用户的需要,方便地建立一个动态属性库,从而成为一个有力的数据库管理工具。

(4)影像库管理。该系统支持海量影像数据库的管理、显示、浏览及打印;支持栅格数据与矢量数据的叠加显示;支持影像库的有损压缩和无损压缩。

4.空间分析

地理信息系统与机助制图的重要区别就是它具备对空间数据和非空间数据进行分析和查询的功能,它包括矢量空间分析、数字高程模型(DTM)、网络分析、图像分析和电子沙盘 5 个子系统。

(1)矢量空间分析。空间分析系统是 MAPGIS 的一个十分重要的部分,它通过空间叠加分析方法、属性分析方法、数据查询检索来实现 GIS 对地理数据的分析和查询。

(2)数字高程模型。该系统主要具有离散数据网格化、数据插密、绘制等值线图、绘制彩色立体图、剖面分析、面积体积量算、专业分析等功能。

(3)网络分析。MAPGIS 网络分析子系统提供方便地管理各类网络(如自来水管网、煤气管网、交通网、电讯网等)的手段,用户可以利用此系统迅速直观地构造整个网络,建立与网络元素相关的属性数据库,可以随时对网络元素及其属性进行编辑和更新;系统提供了丰富有力的网络查询检索及分析功能,用户可用鼠标指点查询,也可输入任意条件进行检索,还可以查看和输出横断面图、纵断面图和三维立体图;系统还提供网络应用中具有普遍意义的关阀搜索、最短路径、最佳路径、资源分配、最佳围堵方案等功能,从而可以有效支持紧急情况处理和辅助决策。

(4)图像分析。多源图像处理分析系统是一个新一代的 32 位专业图像(栅格数据)处理分析软件。多源图像处理分析系统能处理栅格化的二维空间分布数据,包括各种遥感数据、航测数据、航空雷达数据、各种摄影的图像数据以及通过数据化和网格化的地质图、地形图、各种地球物理、地球化学数据和其他专业图像数据。

(5)电子沙盘。电子沙盘系统是一个 32 位专业软件。该系统提供了强大的三维交互地形可视化环境,利用 DEM 数据与专业图像数据,可生成近实时的二维和三维透视景观,通过交互地调整飞行方向、观察方向、飞行观察位置、飞行高度等参数,就可生成近实时的飞行鸟瞰景观。系统提供了强大的交互工具,可实时地调节各三维透视参数和三维飞行参数;此外,系统也允许预先精确地编辑飞行路径,然后沿飞行路径进行三维场景飞行浏览。

电子沙盘系统的主要用途包括地形踏勘、野外作业设计、野外作业彩排、环境监测、可视化环境评估、地质构造识别、工程设计、野外选址(电力线路设计及选址、公路铁路设计及选址)、DEM 数据质量评估等。

5.数据的输出

如何将 GIS 的各种成果变成产品供各种用途的需要,或与其他系统进行交换,是 GIS 中不可缺少的一部分。GIS 的输出产品是指经系统处理分析,可以直接提供给用户使用的各种地图、图表、图像、数据报表或文字报告。MAPGIS 的数据输出可通过输出子系统、电子表定义输出系统来实现文本、图形、图像、报表等的输出。

(1)输出。MAPGIS 输出子系统可将编排好的图形显示到屏幕上或在指定的设备上输出,具有版面编排、矢量或栅格数据处理、不同设备的输出、光栅数据生成、光栅输出驱动、印前出版处理功能。

（2）报表定义输出。电子表定义输出系统是一个强有力的多用途报表应用程序。应用该系统可以方便地构造各种类型的表格与报表,并在表格内随意地编排各种文字信息,并根据需要打印出来。它可以实现动态数据链接,接收由其他应用程序输出的属性数据,并将这些数据以规定的报表格式打印出来。

（3）数据转换。数据文件交换子系统为 MAPGIS 系统与其他 CAD、CAM 软件系统间架设了一道桥梁,实现了不同系统间所用数据文件的交换,从而达到数据共享的目的。输入/输出交换接口提供 AutoCAD 的 DXF 文件、ARC/INFO 文件的公开格式、标准格式、E00 格式、DLG 文件与本系统内部矢量文件结构相互转换的能力。

习　　题

1.简述 MAPGIS 的主要功能。
2.绘制 MAPGIS 的总体结构图。
3.简述 MAPGIS 在矿山测量中的应用。

第十二章　摄影测量在矿山测量中的应用

第一节　摄影测量概述

一、摄影测量的概念与分类

1. 摄影测量的概念

传统的摄影测量学是利用光学摄影机摄影的像片,研究和确定被摄物体的形状、大小、位置、性质和相互关系的一门科学和技术。它包括的内容有:获取被摄物体的影像,研究单张和多张像片影像的处理方法,包括理论、设备和技术,以及将所测得的成果以图解形式或数字形式输出的方法和设备。

20世纪70年代以来,美国陆地资源卫星(Landsat)上天后,遥感技术获得了极为广泛的应用。由于它对资源勘查和环境保护等方面效益很高,很快得到了全世界的重视。在遥感技术中,除了使用可进行黑白摄影、彩色摄影、彩红外摄影的框幅式摄影机外,还使用了全景摄影机、激光扫描仪、CCD固体扫描仪及合成孔径侧视雷达等。它们提供比黑白像片丰富很多的影像信息。各种空间飞行器作为传感平台,围绕地球长期运转,为我们提供了大量多时相、多光谱、多分辨率的丰富影像信息,而且所有的航天传感器也可以用于航空遥感,于是摄影测量发展为摄影测量与遥感。为此,国际摄影测量与遥感学会(ISPRS)于1988年在日本京都召开的第十六届大会上作出定义:"摄影测量与遥感乃是对非接触传感器系统获得的影像及其数字表达进行记录、量测和解译,从而获得自然物体和环境的可靠信息的一门工艺、科学和技术。"简言之,它是影像信息获取、处理、分析和成果表达的一门信息科学。

摄影测量与遥感是对非接触传感器系统获得的影像及其数字表达进行记录、量测和解译,从而获得自然物体和环境的可靠信息的一门工艺、科学和技术。它的主要任务是用于测制各种比例尺地形图,建立地形数据库,并为各种地理信息系统和土地信息系统提供基础数据。摄影测量与遥感的主要特点是在像片上进行量测和解译,无须接触物体本身,因而很少受到自然和地理条件的限制,而且可摄得瞬间的动态物体影像。像片及其他各种类型影像均是客观物体或目标的真实反映,信息丰富、逼真,人们可以从中获得所研究物体的大量几何信息和物理信息。

2. 摄影测量的分类

按距离远近分为航天摄影测量、航空摄影测量、地面摄影测量、近景摄影测量、显微摄影测量。按用途分为地形摄影测量与非地形摄影测量,地形摄影测量主要用来测绘国家基本地形图,工程勘察设计和城镇、农业、林业、交通等各部门的规划与资源调查用图及建立相应的数据库;非地形摄影测量主要用于解决资源调查、变形监测、环境监测、军事侦察、弹道轨道、爆破及工业、建筑、考古、地质工程及生物和医学等各方面的科学技术问题。按处理手段分为模拟摄影测量、解析摄影测量和数字摄影测量,模拟摄影测量的结果通过机械或齿轮传动方式直接在绘图桌上绘出各种图件来,如地形图或各种专题图,它们必须经过数字化才能进入计算机;解析和数字摄影测量的成果是各种形式的数字产品和目视化产品,数字产品包括数字地图、数字高程模型(DEM)、数字正射影像图、测量数据库、地理信息系统(GIS)和土地信息系统(LIS)等。这里的可视化产品包括地形图、专题图、纵横剖面图、透视图、正射影像图、电子地图、动画地图等。

二、摄影测量的发展历史

摄影测量有着悠久的历史,1851—1859 年法国陆军上校劳赛达特提出和进行的交会摄影测量,被称为摄影测量学的真正起点。摄影测量的发展总体分为三个历史阶段:模拟摄影测量、解析摄影测量和数字摄影测量。

20 世纪 30 年代到 50 年代末,是模拟航空摄影测量的黄金时代,各国主要测量仪器厂所研制和生产的各种类型模拟测图仪器——光学和机械投影仪器、分工型和全能型仪器、简易型和精密型立体测图仪器——均完全是针对航空地形摄影测量的,在我国,它一直延伸到 70 年代。模拟摄影测量指的是用光学或机械方法模拟摄影过程,使两个投影器恢复摄影时的位置、姿态和相互关系,形成一个比实地缩小了的几何模型,即所谓摄影过程的几何反转,在此模型上的量测即相当于对原物体的量测。所得到的结果通过机械或齿轮传动方式直接在绘图桌上绘出各种图件来,如地形图或各种专题图。

随着计算机的问世,人们想到如何用它来完成摄影测量中复杂的几何解算和大量的数值计算。这便出现了始于 50 年代末的解析空中三角测量和解析测图仪与数控正射投影仪。到了 70 年代中期,电子计算机技术的发展使解析测图仪进入了商用阶段,并迅速在全世界获得广泛应用。解析测图仪是世界上首先实现测量成果数字化的仪器。在机助测图软件控制下,将在立体模型上测得的结果首先存在计算机中,然后再传送到数控绘图机上绘出图件。这种以数字形式存储在计算机中的地图,构成了测绘数据库和建立各种地理信息系统的基础。

解析空中三角测量是用摄影测量方法大面积地测定点位的精确方法,它是电子计算机用于摄影测量的第一项成果,经历了航带法、独立模型法和光束法平差三种方法的发展。光束法平差原理由施密特教授提出,独立模型法平差的应用则归功于阿克曼教授。在解析空中三角测量的长期研究中,人们解决了像片系统误差的补偿和观测值粗差的自动检测,从而保证了成果的高精度和高可靠性。

解析摄影测量的发展使得非地形摄影测量不再受模拟绘图仪的限制,而有了新的生命力。其中尤其是近景摄影测量,它通过对所测目标进行各种方式的摄影来研究和监测其外形和几何位置,包括不规则物体的外形测量、动态目标的轨迹测量、燃烧爆炸与晶体生长、病灶变化与细胞成长等不可接触物体的测量,广泛用于建筑工程、地质、考古、医学、生物、交通事故、公安侦破、汽车制造、采矿、冶金、船舶安装、结构物变形、粒子运动等方面。

数字摄影测量的发展起源于摄影测量自动化的实践,即利用相关技术,实现真正的自动化测图。从广义上讲,数字摄影测量指的是从摄影测量和遥感所获取的数据中,采集数字化图形或数字化影像,在计算机中进行各种数值、图形和影像处理,研究目标的几何和物理特性,从而获得各种形式的数字产品和目视化产品。随着计算机技术及其应用的发展以及数字图像处理、模式识别、人工智能、专家系统以及计算机视觉等学科的不断发展,数字摄影测量的内涵已远远超过传统摄影测量的范围,它处理的原始信息不仅可以是像片,更主要的是数字影像(如

SPOT影像)或数字化影像,它最终是以计算机视觉代替人眼的立体观测。因此,数字摄影测量是基于数字影像与摄影测量的基本原理,应用计算机技术、数字影像处理、影像匹配、模式识别等多学科的理论与方法,提取所摄对象用数字形式表达的几何与物理信息的摄影测量分支学科。在数字摄影测量中,不仅其产品是数字的,而且其中间数据的记录以及处理的原始资料均是数字的。

<h1 style="text-align:center">第二节　摄影测量基础知识与原理</h1>

一、航空摄影基本知识

1. 航空摄影与航摄像片的一般介绍

如图12-1所示,航空摄影是指安装在航摄飞机上的航摄仪从空中一定角度对地面物体进行摄影,飞行航线一般为东西方向,要求航线相邻两张像片应有60%左右的重叠度,相邻航线的像片应有30%左右的重叠度,航摄机在摄影曝光的瞬间物镜主光轴保持垂直地面。

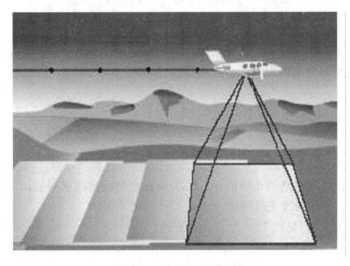

图12-1　航空摄影

摄影比例尺是指航摄像片上一线段为l与地面上相应线段的水平距L之比。由于摄影像片有倾角,地形有起伏,所以摄影比例尺在像片上处处不等。我们一般指的摄影比例尺,是把摄影像片当作水平像片,地面取平均高程,这时像片上的一线段l与地面上相应线段的水平距L之比,称为摄影比例尺$1/m$,即

$$\frac{1}{m} = \frac{l}{L} = \frac{f}{H} \tag{12.1}$$

式中,f为航摄机主距;H为平均高程面的航摄高度,称为航高。

比例尺越大,像片地面分辨率越高,但工作量和费用相应提高。当我们选定了摄影机和摄影比例尺后,即m和f为已知,航空摄影时就要求按计算的航高H飞行摄影,以获取要求的摄影像片。飞行中很难精确确定航高,但差异一般不得大于5%。同一航线内,各摄影站的航高差不得大于50 m。

飞行完毕后,将感光的底片进行摄影处理,得到航摄底片,称为负片。利用负片接触晒印在相纸上,得到正片。对像片进行色调、重叠度、航线弯曲等方面的检查与评定,不合要求时要重摄或补摄。

航摄像片是地面景物的摄影构像,这种影像是由地面上各点发出的光线通过航空摄影机物镜投射到底片感光层上形成的,这些光线汇聚于物镜中心 S,称为摄影中心。因此,航摄像片是所摄地面景物的中心投影。已感光的底片经摄影处理后,得到的是负片,利用负片接触晒印在相纸上,得到的是正片,通常将负片和正片统称为像片。航摄像片为量测像片,有光学框标和机械框标。航摄像片的大小为 18 cm×18 cm,23 cm×23 cm,30 cm×30 cm。

2. 物理因素引起的像片影像误差及处理

造成影像误差的物理因素主要有摄影机物镜畸变、摄影感光材料变形、大气折光及地球曲率。

(1)摄影机物镜畸变的影响。公式表达:

$$\left.\begin{aligned}\Delta r &= \kappa_0 r + \kappa_1 r^3 + \kappa_2 r^5 + \kappa_3 r^7 + \cdots \\ \Delta x &= -x(\kappa_0 r^2 + \kappa_1 r^4 + \kappa_3 r^6 + \cdots) \\ \Delta y &= -y(\kappa_0 r^2 + \kappa_1 r^4 + \kappa_3 r^6 + \cdots) \\ r &= \sqrt{x^2 + y^2}\end{aligned}\right\} \tag{12.2}$$

其中,κ_0,κ_1,κ_2,κ_3 为物镜畸变差改正系数;Δr 为畸变差;Δx,Δy 分别为像点坐标改正值。

(2)摄影感光材料变形的影响。公式表达:

$$\left.\begin{aligned}x &= x' \frac{L_x}{l_x} \\ y &= y' \frac{L_y}{l_y}\end{aligned}\right\} \tag{12.3}$$

其中,L_x,L_y 为框标之间距离的正确值;l_x,l_y 为框标之间距离的量测值;x',y' 为像点坐标的量测值;x,y 为像点坐标的改正后的值。

(3)大气折光的影响(见图 12-2)。公式表达:

$$\left.\begin{aligned}\Delta r &= -f\left(1 + \frac{r_2}{f_2}\right) r_f \\ \mathrm{d}x &= \frac{x}{r} \Delta r \\ \mathrm{d}y &= \frac{y}{r} \Delta r\end{aligned}\right\} \tag{12.4}$$

其中,Δr 为大气折光引起的像点改正数;r 为像点半径;r_f 为折光差角。

(4)地球曲率的影响(见图 12-3)。公式表达:

$$\left.\begin{aligned}\Delta r &= -\frac{H}{2f^2 R} r^3 \\ \delta_x &= x \frac{\Delta r}{r} = x\left(\frac{x}{f}\right)^2 \frac{H}{2R} \\ \delta_y &= y \frac{\Delta r}{r} = y\left(\frac{r}{f}\right)^2 \frac{H}{2R}\end{aligned}\right\} \tag{12.5}$$

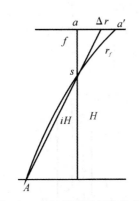
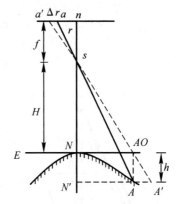

图 12-2　大气折光引起的像点位移　　　　图 12-3 地球曲率引起的像点位移

其中，Δr 为地球弯曲引起的像点改正数；r 为像点半径；δ_x，δ_y 分别为像点改正值；R 为地球曲率半径。

3. 中心投影透视变换成图

航摄像片是地面景物的中心投影构像，地图在小范围内可认为是地面景物的正射投影，这是两种不同性质的投影。影像信息的摄影测量处理，就是要把中心投影的影像，变换为正射投影的地图信息，如图 12-4 所示。

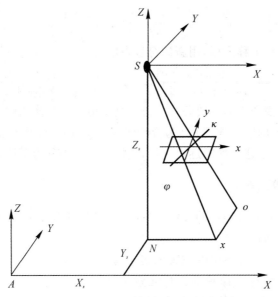

图 12-4　摄影测量中心投影构像

如图12-5所示，中心投影的特点是摄影光线均交于同一点 S；地图是正射投影，所有投影光线相互平行并与投影面正交。由于投影的差异，只有在地面水平且像片也水平时，这两种投影方无差异。对于平坦地区而言，要将中心投影的像片变为正射投影的地图，就要将具有倾角的像片变为水平的像片，这种变换称为中心投影的变换。

将倾斜投影的像片变为水平投影的像片，是一种平面对平面的投影变换，此时 Z 为常数 H。用此条件代入中心投影构像方程式，得

$$X_A - X_S = H \dfrac{a_1 x + a_2 y - a_3 f}{c_1 x + c_2 y - c_3 f} \left.\right\}$$
$$Y_A - Y_S = H \dfrac{b_1 x + b_2 y - b_3 f}{c_1 x + c_2 y - c_3 f}$$

(12.6)

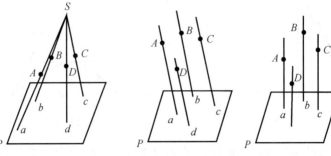

图 12 - 5　中心投影与水平投影

上式中除 H 为常数外，$c_3 f$ 也为常数，各项除以 $-c_3 f$，并将 H 常数乘进，新的系数用新的符号表示，得

$$X_A - X_S = \dfrac{a_{11} x + a_{12} y + a_{13}}{a_{31} x + a_{32} y + 1} \left.\right\}$$
$$Y_A - Y_S = \dfrac{a_{21} x + a_{22} y + a_{23}}{a_{31} x + a_{32} y + 1}$$

(12.7)

上式左边的坐标为一平移坐标，用新的符号表示，得

$$\overline{X} = \dfrac{a_{11} x + a_{12} y + a_{13}}{a_{31} x + a_{32} y + 1}, \quad \overline{Y} = \dfrac{a_{21} x + a_{22} y + a_{23}}{a_{31} x + a_{32} y + 1}$$

(12.8)

上式为中心投影平面变换的一般公式。摄影测量中将任意倾角的像片变为规定比例尺的水平像片（即规定比例尺的影像地图）称为像片纠正，上式即为像片纠正的变换原理。

对于高差大的地区，上述变换需逐点进行，或按不同高程分为不同带面，进行像片纠正。

二、像片的内外方位元素

用摄影测量方法研究被摄物体的几何信息和物理信息时，必须建立该物体与像片之间的数学关系。为此，首先要确定航空摄影瞬间摄影中心与像片在地面设定的空间坐标系中的位置和姿态，描述这些位置和姿态的参数称为像片的方位元素。其中，表示摄影中心与像片之间相关位置的参数称为内方位元素，表示摄影中心和像片在地面坐标系中的位置和姿态的参数称为外方位元素。

1. 内方位元素

内方位元素师描述摄影中心与像片之间相关位置的参数，包括三个参数，即摄影中心 S 到像片的垂距 f 及像主点 O 在像空间坐标系中的坐标 x_0, y_0，如图 12 - 6 所示。

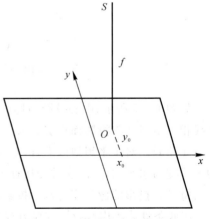

图 12 - 6　像片的内方位元素

在摄影测量作业中,将像片装入投影镜箱后,若保持摄影时的三个内方位元素值,并用灯光照明,即可得到与摄影时完全相似的投影光束,它是建立测图所需要的立体模型的基础。

内方位元素值一般视为已知,它由制造厂家通过摄影机鉴定设备检验得到,检验的数据写在仪器说明书上。在制造摄影机时,一般应将像主点置于框标连线交点上,但安装中有误差,所以内方位元素中的 x_0,y_0 是一个微小值。内方位元素值的正确与否,直接影响测图的精度,因此对航摄机须作定期的鉴定。

2. 外方位元素

在恢复了内方位元素的基础上,确定摄影光束在摄影瞬间的空间位置和姿态的参数,称为外方位元素。一张像片的外方位元素包括 6 个参数,其中有 3 个是直线元素,用于描述摄影中心的空间坐标值;另外 3 个是角元素,用于表达像片面的空间姿态。

(1) 三个直线元素。 三个直线元素是反映摄影瞬间,摄影中心 S 在选定的地面空间坐标系中的坐标值,用 X_S,Y_S,Z_S 表示。通常选用地面摄影测量坐标系,其中 X_{tP} 轴取与 X_t 轴重合,轴取与轴重合,构成右手直角坐标系,如图 12-7 所示。

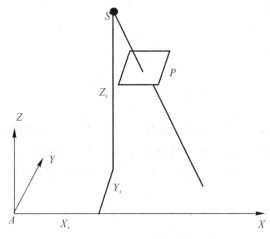

图 12-7　三个直线外方位元素

(2) 三个角元素。外方位三个角元素可看作是摄影机光轴从起始的铅垂方向绕空间坐标轴某种次序连续三次旋转形成的。先绕第一轴旋转一个角度,其余两轴的空间方位随同变化;再绕变动后的第二轴旋转一个角,两次旋转的结果达到恢复摄影机主光轴的空间方位;最后绕经过两次变动后的第三轴旋转一个角度,亦即像片在其自身平面内绕像主点旋转一个角度。

所谓第一轴是绕它旋转第一个角度的轴,也称为主轴,它的空间方位是不变的。第二轴也称为副轴,当绕主轴旋转时,其空间方位也发生变化。根据不同仪器的设计需要,角元素有以下三种表达形式。

1) 以 Y 轴为主轴的 $\varphi-\omega-\kappa$ 系统。以摄影中心 S 为原点,建立像空间辅助坐标系 $S-XYZ$,与地面摄影测量坐标系 $D-X_{tP}Y_{tP}Z_{tP}$ 轴系相互平行,如图 12-8 所示。其中 φ 表示航向倾角,它是指主光轴 So 在 XZ 平面的投影与 Z 轴的夹角;ω 表示旁向倾角,它是指主光轴与其在 XZ 平面上的投影之间的夹角;κ 表示像片旋角,它是指 YSo 平面在像片上的交线与像平面坐标系的 y 轴之间的夹角。

φ 角可理解为绕主轴(Y)旋转形成的一个角度;ω 是绕副轴(绕 Y 轴旋转 φ 角后的 X 轴,图中未表示）旋转形成的角度；κ 角是绕第三轴（经过 φ,ω 角旋转后的 Z 轴，即主光轴 So）旋转的角度。

转角的正负号：国际上规定绕轴逆时针方向旋转为正，反之为负。我国习惯上规定 φ 角顺时针方向旋转为正，ω,κ 角以逆时针方向旋转为正。

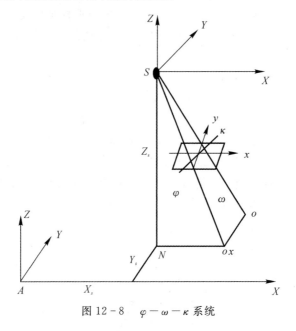

图 12-8 $\varphi-\omega-\kappa$ 系统

2）以 X 轴为主轴的 $\omega'-\varphi'-\kappa'$ 系统。如图 12-9 所示，ω' 表示旁向倾角，它是指主光轴 So 在 YZ 平面上的投影与 Z 轴的夹角；φ' 表示航向倾角，它是指主光轴 So 与其在 XZ 平面的投影之间的夹角；κ' 表示像片旋角，它是指像平面上 x 轴与 XSo 平面在像平面上的交线之间的夹角。

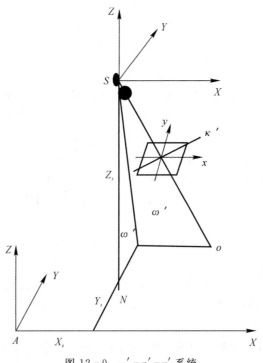

图 12-9 $\omega'-\varphi'-\kappa'$ 系统

3）以 Z 轴为主轴的 A-α-κ_v 系统。如图 12-10 所示，A 表示像片主垂面的方向角，亦即摄影方向线与 Y_{tP} 轴之间的夹角；α 表示像片倾角，它是指主光轴 So 与铅垂光线 S_N 之间的夹角；κ_v 表示像片旋角，它是指像片上主纵线与像片 y 轴之间的夹角。

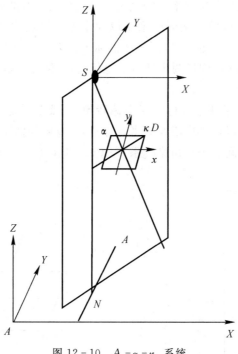

图 12-10　A-α-κ_v 系统

主垂面的方向角 A 可理解为绕主轴 Z 顺时针方向旋转得到的；像片倾角 α 是绕副轴（旋转 A 角后的 X 轴，图中未表示）逆时针方向旋转得到的，而 κ_v 角是像片经过 A，α 角旋转后的主光轴 So 逆时针方向旋转得到的，图中表示的角度均为正角。

上面讲述的三种角元素表达方式中，用模拟摄影测量仪器处理单张像片时，多采用 A-α-κ_v 系统；立体测图中，则采用 φ-ω-κ 或 ω'-φ'-κ' 系统；在解析摄影测量中，则都采用 φ-ω-κ 系统。

综上所述，当求得像片的内外方位元素后，就能在室内恢复摄影光束的形状和空间位置，重建被摄景物的立体模型，用以获取地面景物的几何和物理信息。

三、摄影测量常用的坐标系和坐标变换

摄影测量几何处理的任务是根据像片上像点的位置确定相应的地面点的空间位置，为此，首先必须选择适当的坐标系来定量地描述像点和地面点，然后才能够实现坐标系的变换，从像方的量测值求出相应点在物方的坐标。摄影测量中常用的坐标系有两大类，一类是用于描述像点的位置，称为像方空间坐标系；另一类是用于描述地面点的位置，称为物方空间坐标系。

1. 像方空间坐标系

（1）像平面坐标系。像平面坐标系用以表示像点在像平面上的位置，通常采用右手坐标系。x，y 轴的选择按需要而定，在解析和数字摄影测量中，常根据框标来确定平面坐标系，称为像框标坐标系。

如图 12-11 所示,以像片上对边框标的连线作为 x,y 轴,其交点 P 作为坐标原点,与航线方向相近的连线为 x 轴。在坐标量测中,像点坐标值常采用此坐标系表示。若框标位于像片的四个角,则以对角框标连线夹角的平分线确定 x,y 轴,交点为坐标原点。

在摄影测量解析计算中,像点坐标应采用以像主点为原点的像平面坐标系中的坐标,为此,当像主点与框标连线交点不重合时,须将像框标坐标系平移至像主点。当像主点在像框标坐标系中的坐标为 (x_0,y_0) 时,则量测出的像点坐标 x,y 化算到以像主点为原点的像平面坐标系中的坐标为 $(x-x_0,y-y_0)$。

(2)像空间坐标系。为了便于进行空间坐标转换,需要建立起描述像点在像空间位置的坐标系,即像空间坐标系。以摄影中心 S 为坐标原点,x,y 轴与像平面坐标系的 x,y 轴平行,z 轴与主光轴重合,形成像空间右手直角坐标系 $s\text{-}xyz$,如图 12-12 所示。

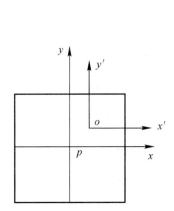

图 12-11　像平面坐标系

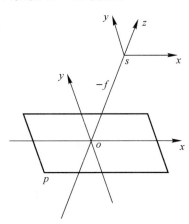

图 12-12　像空间坐标系

在这个坐标系中,每个像点的 z 坐标都等于 $-f$,而 (x,y) 坐标也就是像点的像平面坐标 (x,y),因此,像点的像空间坐标表示为 $(x,y,-f)$。像空间坐标系是随着像片的空间位置而定,所以每张像点的像空间坐标系是各自独立的。

(3)像空间辅助坐标系。像点的空间坐标可直接以像平面坐标求得,但这种坐标的特点是每张像片的像空间坐标系不统一,这给计算带来困难。为此,需要建立一种相对统一的坐标系,称为像空间辅助坐标系,用 $S\text{-}XYZ$ 表示,如图 12-13 所示。此坐标系的原点仍选在摄影中心 S,坐标轴系的选择视需要而定,通常有三种选取方法:一是铅垂方向为 Z 轴,航向为 X 轴,构成右手直角坐标系;二是以每条航线内第一张像片的像空间坐标系作为像空间辅助坐标系;三是以每个像片对的左片摄影中心为坐标原点,摄影基线方向为 X 轴,以摄影基线及左片主光轴构成的面为 XZ 平面,构成右手直角坐标系。

2. 物方空间坐标系

物方空间坐标系用于描述地面点在物方空间的位置,如图 12-14 所示。物方空间坐标系包括以下三种坐标系。

(1)摄影测量坐标系。将像空间辅助坐标系 $S\text{-}XYZ$ 沿着 Z 轴反方向平移至地面点 P,得到的坐标系 $P\text{-}X_PY_PZ_P$ 称为摄影测量坐标系。由于它与像空间辅助坐标系平行,因此很容易由像点的像空间辅助坐标求得相应的地面点的摄影测量坐标。

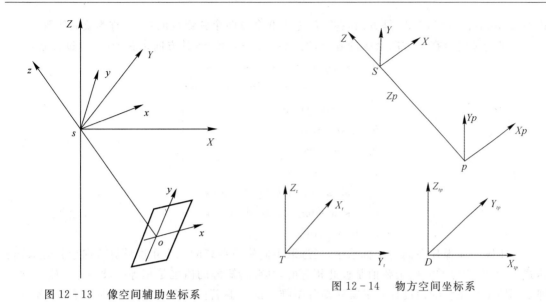

图 12-13 像空间辅助坐标系　　　　图 12-14 物方空间坐标系

（2）地面测量坐标系。地面测量坐标系通常指地图投影坐标系,也就是国家测图所采用的高斯-克吕格 3° 带或 6° 带投影的平面直角坐标系和高程系,两者组成的空间直角坐标系是左手系,用 $T - X_tY_tZ_t$ 表示。摄影测量方法求得的地面点坐标最后要以此坐标形式提供给用户使用。

（3）地面摄影测量坐标系。由于摄影测量坐标系采用的是右手系,而地面测量坐标系采用的是左手系,这给由摄影测量坐标系到地面测量坐标系的转换带来了困难。为此,在摄影测量坐标系与地面测量坐标系之间建立一种过渡性的坐标系,称为地面摄影测量坐标系,用 $D - X_{tp}Y_{tp}Z_{tp}$ 表示,其坐标原点在测区内某一个地面点上,主轴方向大致一致,但为水平,轴铅垂,构成右手直角坐标系。摄影测量中,首先将摄影测量坐标系转换成地面摄影测量坐标系,最后再转换成地面测量坐标系。

3. 像点坐标在不同坐标系中的变换

为了利用像点坐标计算相应的地面点坐标,首先需要建立像点在不同的空间直角坐标系之间的坐标变换关系。

（1）像点平面坐标变换。像点的平面坐标系常以像主点 O 为原点,但坐标轴有不同的选择,像点 a 在两个不同坐标系中坐标的变换,可以采用正交变换完成,如果原点的位置也有不同,加入原点的坐标平移量就可以了。

（2）像点空间坐标变换。像点空间坐标的变换通常是指像空间坐标系和像空间辅助坐标系之间坐标的变换。它可以看作是一个坐标系按照三个角元素顺次地旋转至另一个坐标系。

设像点 a 在像空间坐标系的坐标为 $(x, y, -f)$,而在像空间辅助坐标系的坐标为 (X, Y, Z),当这两个坐标系方向余弦确定后,像点坐标变换关系式为

$$\begin{bmatrix} X \\ Y \\ Z \end{bmatrix} = \begin{bmatrix} a_1 & a_2 & a_3 \\ b_1 & b_2 & b_3 \\ c_1 & c_2 & c_3 \end{bmatrix} \begin{bmatrix} x \\ y \\ -f \end{bmatrix} = \boldsymbol{R} \begin{bmatrix} x \\ y \\ -f \end{bmatrix} \tag{12.9}$$

式中,$a_i,b_i,c_i(i=1,2,3)$是方向余弦,$\boldsymbol{R}$是由9个方向余弦组成的矩阵,称为旋转矩阵。

转换的关键就在于方向余弦的确定,对于$\varphi-\omega-\kappa$系统,其方向余弦为(推导过程略)

$$\left.\begin{array}{l}
a_1=\cos\varphi\cos\kappa-\sin\varphi\sin\omega\sin\kappa \\
-a_2=\cos\varphi\sin\kappa-\sin\varphi\sin\omega\cos\kappa \\
a_3=-\sin\varphi\cos\omega \\
b_1=\cos\omega\sin\kappa \\
b_2=\cos\omega\cos\kappa \\
b_3=-\sin\omega \\
c_1=\sin\varphi\cos\kappa+\cos\varphi\sin\omega\sin\kappa \\
c_2=\sin\varphi\sin\kappa+\cos\varphi\sin\omega\cos\kappa \\
c_3=\cos\varphi\cos\omega
\end{array}\right\} \quad (12.10)$$

对于同一张像片在同一坐标系中,当选取不同旋角系统的三个角度计算方向余弦时,其表达式不同,但相应的方向余弦值是彼此相等的,其旋转矩阵的值也是相等的,即$R_1=R_2=R_3$,即由不同旋角系统的角度计算的旋转矩阵是唯一的。假若两个坐标轴系已确定了,那么不论采用何种转角系统,坐标轴之间的方向余弦也是确定不变的,其旋转矩阵也是相等的。

四、解析摄影测量

1.单张像片解析

摄影测量与遥感的实质是根据被测物体的影像反演其几何和物理属性。从几何角度,即根据影像空间的像点位置重建物体在目标空间的几何模型,在单张像片上,物体的构像规律以及物体与影像之间的几何和数学关系是传统摄影测量学的理论基础,并可以间接地应用于其他传感器的遥感图像,只需要按照各种传感器自身的成像特点对相应的数学模型作适当的修改。

在前面我们介绍了摄影测量常用的坐标系及其转换方法,这些都是单张像片解析的基础。我们也了解了航摄像片是地面景物的中心投影,地图则是地面景物的正射投影,可以通过共线方程式完成像点与地面点的转化,可是只有在地面水平且航摄像片也水平的时候,中心投影才能与正射投影等效。而当航摄像片有倾角或地面有高差时,所摄的像片与上述理想情况有差异。这种差异反映为一个地面点在地面水平的水平像片上的构像与地面起伏时或倾斜像片上构像的点位不同,这种点位的差异称为像点位移,它包括像片倾斜引起的位移和地形起伏引起的位移,其结果是使像片上的几何图形与地面上的几何图形产生变形以及像片上影像比例尺处处不同。通过对因为像片倾斜所引起的像点位移的规律研究可以发现,因为像片倾斜引起的位移表现为水平的地平面上任意一正方形在倾斜像片上的构像变为任意四边形;反之,像片上的一正方形影像对应于地面上的景物不一定是正方形,摄影测量中对这种变形的改正称为像片纠正。通过对因为地形起伏所引起的像点位移的规律研究可以发现,像片上任意一点都存在像点位移,且位移的大小随点位的不同而不同,由此导致一张像片上不同点位的比例尺不相等。摄影测量中将因为地形起伏引起的像点位移称为投影差。

引起像点位移的因素还有很多,例如摄影物镜的畸变差、大气折光、地球曲率、底片变形等等,但这些因素引起的像点位移对每张像片的影响都有相同的规律,属于系统误差。

了解了单张像片的解析,就了解了整个摄影测量的基础,同时,也了解了制作正射影像图(DOM)时需要改正的误差和需要的条件,了解了影响和提高正射影像图制作精度的原因和途径。

2.双像解析摄影测量

通过上面的介绍可知,单张像片只能确定地面点的方向,不能确定地面点的三维坐标,而有了立体像对,则可以构成模型,解求地面点的空间位置。立体模型是双像解析摄影测量的基础,用数学或模拟的方法重建地面立体模型,从而获取地面的三维信息,是摄影测量的主要任务。

当我们用双眼观察空间远近不同的 2 个点 A,B 的时候,双眼内产生生理视差,得到立体视觉,从而可以判断 2 个点的远近。如果我们在双眼前各放置一块玻璃片,如图 12-15 中的 P 和 P',则 A 和 B 两点分别得到影像 a,b 和 a',b'。如果玻璃上有感光材料,则景物分别记录在 P 和 P' 片上。当移开实物 A,B 后,各眼观看各自玻璃上的构像,仍能看到与实物一样的空间景物,这就是人造立体视觉。用上述方法观察到的立体与实物相似,称为正立体效应。如果把左右像片对调,或者把像对在原位各转 $180°$,这样产生的生理视差就改变了符号,导致观察到的立体远近正好与实际景物相反,称为反立体效应。

人造视觉必须符合自然界立体观察的四个条件:

(1) 两张像片必须是在两个不同位置对同一景物摄取的立体像对;

(2) 每只眼睛必须只能观察像对的一张像片;

(3) 两像片上相同景物的连线与眼基线应大致水平;

(4) 两像片的比例尺相近(差别小于 15%),否则需要通过 ZOOM 系统进行调节。

根据人造立体视觉原理,在摄影测量中,规定摄影时保持 60% 以上的像片重叠度,保证同一地面景物在相邻的两张像片上都有影像,利用相邻像片组成的像对,进行双眼观察(左眼看左片,右眼看右片),同样可以获得所摄地面的立体模型,并进行量测,这样就奠定了立体摄影测量的基础,也是双像解析摄影测量量取像点坐标的依据。

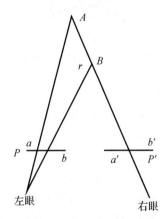

图 12-15　人造立体视觉像主点

在人造立体视觉必须满足的四个条件中,第 A,C,D 三个条件都比较好满足,关键是如何满足条件 B。常用的方法有立体镜观测、叠映影像、双目镜观测光路。在现代的数字摄影测量中,常用的是叠映影像的立体观察,它是将两张像片叠映在同一个承影面上,然后通过某种方式使得观察者左、右眼分别只能看到一张像片的影像,从而得到立体效应。常用的方法有红绿互补法、光闸法、偏振光法和液晶闪闭法。现代摄影测量广泛应用的是液晶闪闭法,它主要由液晶眼镜和红外发生器组成,红外发生器的一端与图形显示卡相连,图像显示软件按照一定的频率交替显示左、右图像,红外发生器则同步地发射红外线,控制液晶眼镜的左、右镜片交替地闪闭,从而达到左、右眼睛各看一张像片的目的。

当完成了人造立体视觉后,就可以借助测量的测标和量测计算工具来进行立体量测。如图 12-16 所示,在两张已安置好的像对,眼睛可以清晰地观察到立体,在两张像片上放置两个相同的标志作为测标,如图中的 T 字形。两测标可在像片上作 x 和 y 方向的共同移动和相对移动,借助两测标在 x、y 方向的共同移动,使得其中的左测标对准左像片上某一像点 a,然后左测标保持不动,使右测标在 x、y 方向作相对移动,达到对准右像片上的同名像点 a'。这样,在立体观察下,能看出一个空间的测标切于立体模型 A 点上。此时,记录下左、右像点的坐标 (x_1,y_2),(x_2,y_2),得到像点坐标量测值。其中,同名像点的 x 坐标之差 x_1-x_2 和 y 坐标之差 y_1-y_2 分别称为左右视差和上下视差,分别用 p、q 表示。这时如果左右移动右测标,可观察到空间测标相对于立体模型表面作升降运动,或沉入立体模型内部,或浮于模型上方。因此,立体坐标量测就是要使左、右测标同时对准左、右同名像点,使测标切准模型点的表面,这就是摄影测量中的像点坐标立体量测的原理。

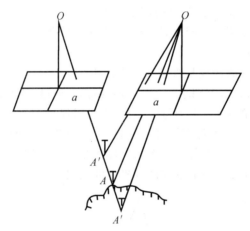

图 12-16　立体坐标量测

3. 数字摄影测量的关键技术介绍

前面已经介绍了数字摄影测量的定义与发展,它是基于数字影像与摄影测量的基本原理,应用计算机技术、数字影像处理、影像匹配、模式识别等多学科的理论与方法,提取所摄对象用数学方式表达的几何与物理信息的摄影测量分支学科。数字摄影测量除了能够完成模拟以及解析摄影测量的一切任务外,还可以完成影像位移的去除、任意方式的纠正、反差的扩展、附加参数、系统误差的改正等多种有利于改善摄影测量精度的功能,同时可以完成多幅影像的比较分析、图像识别、影像数字相关、数字正射影像、数字高程模型的生成以及数据库管理等独特的功能,正是这些新的发展,将数字摄影测量带入了一个崭新的应用领域。

目前数字摄影测量系统仍然处于发展的时期,其自动化功能仅限于几何处理,即可以进行自动内定向、相对定向,自动建立数字高程模型、制作数字正射影像图等,但是有很多工作还是采用半自动或人工的方式进行,特别是地物的测绘,目前全部是人工交互的方式,虽然在道路、房屋等人工地物的自动、半自动提取方面有一些可喜的进展,但距离实用化还有很长的一段距离。因此加强和提高目标的自动提取方法研究,提高数字摄影测量的自动化程度,是未来努力的方向。

第三节　数字摄影测量的设计与实施

数字摄影测量广泛应用于国民经济社会发展的诸多领域,特别是在国家基础测绘和空间数据库建立方面发挥着不可替代的作用。其产品概括来讲主要有数字栅格地图(DRG)、数字线画图(DLG)、数字正射影像图(DOM)、数字高程模型(DEM)等。一般情况下,一个完整的摄影测量流程总体上包括航空摄影、航空摄影测量外业、航空摄影测量内业三个工序。

一、数字摄影测量的设计

1. 数字摄影测量技术设计

航空摄影技术设计主要包括两个方面,一个是由用户单位根据对航摄资料的使用要求,选择和确定航摄技术要求参数;另一个是航摄单位根据自身的技术力量和物质条件,在确认可以完成用户单位所提出的所有技术要求后,进行航摄技术计算。

(1)划定航摄区域的范围和计算摄区面积。根据任务的要求,在图上标出摄区范围或给出相应的坐标。一般情况下,当摄区范围较小时,可根据地形图上的公里格网计算摄区面积;当摄区面积较大时,利用现有的绘图软件直接在计算机上进行量测。

(2)规定航空摄影比例尺。根据成图比例尺的大小选择摄影比例尺,在保证满足使用要求的前提下,尽可能缩小航摄比例尺,以便提高经济效益,降低航摄经费。

(3)规定航摄仪型号和焦距。航摄仪的选择主要考虑像幅的大小以及是否需要像移补偿装置。在条件许可的情况下,应尽可能采用像移补偿装置和23 cm×23 cm像幅的航摄仪。航摄仪焦距的选择主要考虑成图方法和测区的地形特征。

(4)规定航摄胶片的型号。使用几何变形小、稳定性强、伸缩率低、颗粒分解力高、曝光的宽度大、色调分明、解译效果好的航摄胶片。随着数码航空摄影技术的发展,是否采用数码航空摄影也需要在技术设计的时候进行规定。

(5)规定对重叠度的要求。一般规定航向重叠度应该控制在60%～65%之间,旁向重叠度控制在30%左右。

(6)规定冲洗条件。根据任务的要求,结合航摄单位的实际情况选定冲洗条件。

(7)提供航摄资料的名称和数量。一般情况下,应提供的航摄资料有全套航摄负片、航摄像片(根据用户单位的需要提供1～2套)、像片索引图(主要用于在后续的摄影测量工作中查找资料,目前主要以绘图软件制作为主,一般数量为1套)、航摄质量鉴定表(一般为1份)、航摄仪鉴定数据表(一般为1份)。

2. 数字摄影测量技术计算

(1)划分射影分区和选定航线方向。当航摄区域的面积较大、航线较长或摄区内地形变化较大时,应将摄区划分成若干个摄影分区。摄影航线的方向原则上均沿东西方向敷设,因为航线方向与图廓线平行,有利于航测作业。在特殊情况下,如线路、河流、过境线、海岛、特殊地形条件等,也可按南北或任意方向敷设航线。划分摄影分区时还应注意航摄分区的界限应与成图轮廓相一致;当航摄比例尺小于1:7 000时,航摄分区内的地形高差不得大于1/4航高;当航线比例尺大于或等于1:7 000时,航摄分区内的地形高差不得大于1/6航高。

(2)计算航高 H。由于确定航高的起算平面不同,飞机的飞行高度可以用相对航高(飞机相对于飞机场的航高)、航摄航高(飞机相对于摄影分区平均平面(基准面)的高度)、绝对航高(飞机相对于海平面的高度)、真实航高(飞机在一瞬间相对于实际地面的高度)表示。在航摄技术计算中,首先计算摄影航高,其次计算摄影分区平均基准面的高程(在大比例尺城市航空摄影时,要特别注意建筑物、高压线和烟囱等的高度),最后计算绝对航高。航摄时,驾驶员一般是根据绝对航高进行飞行的,相对航高和真实航高在一般情况下无须计算。

(3) 计算重叠度。在重叠度计算中,应考虑地形改正数,防止航线之间产生航空漏洞。

(4) 计算摄影基线 Bx 和航线间隔 By 的长度。

(5) 计算每条航线的像片数。由于像片数不可能有小数,因此计算时每逢余数都自动进行取整。

(6) 计算摄影分区的航线数。航摄技术计算工作结束后,应在航摄数据及航线图一并递交给领航员,以便为航摄领航做好充分的准备。

二、数字摄影测量的实施

数字摄影测量的实施中主要涉及三个单位:用户单位、航摄单位和当地航空主管部门。

1. 提出技术要求

在航摄规范中,对大部分技术要求都有明确规定,但对其中的个别项目,用户单位应根据本单位的实际条件和对资料的使用要求进行仔细的分析,这是用户单位在向航摄单位要求航摄任务前必须认真考虑的问题。一般用户单位应在以下 8 个方面提出具体的要求:

(1) 划定摄区范围,并在"航摄计划用图"上用框线标出;

(2) 规定航摄比例尺;

(3) 规定航摄仪型号和焦距;

(4) 规定航摄胶片的型号;

(5) 规定对重叠度的要求(航向重叠度 q_x 和旁向重叠度 q_y);

(6) 规定冲洗条件(手冲或机冲);

(7) 执行任务的季节和期限;

(8) 所需提供航摄资料的名称和数量。

2. 与航摄单位签订技术合同

用户单位在确定了技术方案后,应与航摄单位进行具体协商。确定各项技术指标与期限,航摄计划用图是航摄单位进行航摄技术计算的依据。如果用户单位希望提高技术指标而航摄单位又具有相应的技术力量和物质条件时,某些技术指标也可以进行调整。但是验收航摄资料时是根据合同进行的。

3. 申请升空权

用户单位和航摄单位签订合同后,航摄单位应向当地航空主管部门申请升空权。申请时应附有摄区略图,在略图上要标出经纬度。此外,在申请报告上还应说明摄影高度和航摄日期等具体数据。

4. 数字摄影测量实施

航摄准备工作结束后,按照实施航空摄影的规定日期,调机进驻摄区附近的机场,并等待良好的天气以便进行航空摄影。

航空摄影时,在飞机飞进摄区,航空达到规定的高度后,对每一条航线进行拍摄,直到整个摄区摄完为止。凡是摄区中没有被像片覆盖的区域称为"绝对漏洞";虽被像片覆盖,但没有达到规定重叠度要求的区域称为"相对漏洞"。航摄中不允许产生任何形式的漏洞,一旦出现都必须进行返工。航摄完毕后,要在最短的时间内冲洗,以便检查航摄质量,确定是否需要返工。

5.送审与资料验收

航摄工作完成后,航摄单位将负片送当地航空主管部门进行安全保密检查。之后,用户单位按合同进行资料验收,包括检查资料是否齐全,以及检查飞行质量和摄影质量。

第四节　几种常见的航摄仪

目前广泛用于生产的航摄仪有 RC 型、RMK 型、LMK 型光学航摄仪以及 DMC 系列、UC 系列、ADS 系列数码航摄仪。

对于各种类型的航摄仪都要求在整个相框内影像应具有清晰而精确的几何特性和良好的判读性能。要满足这一要求,物镜的分解力要求很高,最大畸变差应小于 15 μm,色差的校正范围要求在 400～900 nm 之间,物镜透光率要强,焦面照度要分布均匀,为了保证光学影像的反差,镜筒的散光要消除到最低限度。

一、ADS 航摄仪

ADS 数码航摄仪是瑞士徕卡公司出产的,该型号航摄仪采用三个全色线阵 CCD 传感器、四个多光谱线阵 CCD,其中全色传感器每个为 2 像素×12 000 像素,交错 3.25 μm,多光谱传感器每个为 12 000 像素,像素尺寸为 6.5 μm。ADS 摄影仪 64°,26°,42°三个视场角,数据率为 45 Mb/s,数据压缩率为 2～20,仪器质量为 70 kg,输入电压为 28 V,耗电量为 820～920 W。ADS 是中间线阵沿飞行方向单片成像成无缝航线,其宽覆盖可以节省航线、飞行时间,数据流程无须像片处理和扫描。其影像合成主要依赖于 GPS 加惯导系统,没有像移补偿,实际分辨率被限制在 20 cm。不适用于大比例尺测图和工程应用,适合于遥感应用、制作中等精度正射产品。ADS40 航摄仪的工作原理如图 12-17 所示。

1.ADS40 十三大技术创新

(1)自动成像时间控制以获得高质量的数字影像;

(2)高分辨率全色波段的交错 CCD 线阵;

(3)非对称 CCD 线阵;

(4)高信噪比的温度控制的聚焦面;

(5)RGB 分光纠正;

(6)广角大覆盖面;

(7)高质量光学滤镜;

(8)高分辨率 CCD;

(9)FCMS 全自动操作软件;

(10)图形 MMI 易于操作;

(11)触摸屏操作平台;

图 12-17　ADS40 航摄仪工作原理

(12) 密封的存储器；

(13) 高数据流。

2. ADS40 性能特点

(1)传感器三合一,包括黑白、彩色和假彩色；

(2)宽覆盖,节省航线和飞行时间；

(3)普通镜头和聚焦面,包括统一的传感器,易于光谱信息校正；

(4)通过分光器得到完美的 RGB 校正；

(5)从三线立体数据得到高质量的 DTM 数据；

(6)减少地面控制,利用聚焦面、IMU 和 GPS 数据,减少错误；

(7)数据流程无须像片处理和扫描。

二、RC 航摄仪

RC 航摄仪现在应用的主要有 RC10,RC20 和 RC30 等几种型号,这几种型号的光学系统基本上相同,但 RC20 和 RC30 具有像移补偿装置,像幅均为 23 cm×23 cm。RC30 航摄仪的工作原理如图 12-18 所示。

RC 航摄仪在结构上有一个重要特点,即座架、镜筒和控制器是基本部件,但镜箱体中不包括摄影物镜,暗盒和物镜筒都是可以替换的,此外,压片板不在暗盒上,而是设置在镜筒体上,因此,RC 型航摄仪的暗盒对每一种型号而言都是通用的。

图 12-18　RC30 航摄仪工作原理

习　　题

1.简述摄影测量的分类。

2.简述摄影测量技术设计。

3.解释概念:摄影比例尺、内方位元素、外方位元素。

第十三章 变形测量

1. 变形测量相关概念

绝对变形：物体的平移称为"物体的绝对变形"。

相对变形：物体的旋转、伸缩、弯曲、扭转等称为"物体的相对变形"。

变形体：变形测量的具体对象（物体）称为变形体。

变形测量：对建筑物、构筑物及其地基或一定范围内岩体及土体的位移、沉降、倾斜、挠度、裂缝等所进行的测量工作。

2. 变形测量的任务

(1)应用各种测量手段，测定变形体的形状、位置在时空中的变化特征，并解释其发生的原因。

(2)变形测量不仅研究变形体的变形（绝对变形和相对变形），而且研究变形与空间位置、时间和力的关系。

几何分析：变形与空间、时间的关系分析。

变形物理解释：变形与力的关系分析。

3. 变形测量的实用意义

采矿引起地面变形也会造成很大的损失，尤其是"三下开采"，造成地面建筑物毁坏，铁路、公路不能正常使用，水库失事的例子很多。1875年德国的约翰·载梅尔矿，由于地表塌陷使铁路的钢轨悬空，影响列车运行。1895年德国柏留克城地面突然塌陷，毁坏了31所房屋。1916年日本海下采煤时，海水沿着由于开采而扩大的构造裂缝溃入井下，使得矿井全部淹没，237人死亡。地震对于人类的生存构成最大的威胁。1923年9月1日，日本东京发生了8.2级地震，强震引起的次生灾害——大火，几乎焚毁了半个东京，死亡10万人。1960年5月2日，智利8.5级大地震，引起了横扫太平洋的海啸，巨浪直驱日本，将大渔船掀上陆地的房顶，这次地震死亡近7 000人。1976年7月28日，我国唐山7.8级大地震，是迄今为止世界地震史上最悲惨的一页，死亡24万余人，重伤16万人，整个唐山市夷为平地。

所以，变形测量的科学意义包括更好地理解变形的机理、验证有关工程设计的理论，以及建立正确的预报变形的理论和方法。

壳板块位移的监测，用以验证板块的边界、板块的相对位移和嵌入，地壳抬高和降低的理论；断层相对位移的监测，验证断层活动与地震的关系；工程建筑物的变形、扭转和摆动，验证工程设计理论的正确性；对病害地质的滑坡、崩塌的监测，验证岩土力学理论的正确性，如此等等。有的变形测量是在科学实验场或实验室进行的，这些变形测量更是专门为了验证工程结构、工程材料强度、物理性质等理论问题，或从实验中通过分析、探索而启发理论思路，或从中取得经验公式的参数。

4. 工程变形测量的内容

它包括垂直沉降测量、平面位移测量、挠度测量、裂缝测量、震动测量等。

5. 变形测量的方法

第一类：常规大地测量方法。这种方法测量精度高，应用灵活，适用于不同变形体和不同的工作环境，但是野外工作量大，而且不易实现自动和连续监测。

第二类：摄影测量方法。它可以同时测量许多点，做大面积的复测，尤其适用于动态式的变形观测，外业简单，但精度较低。

第三类：专门测量方法。专门测量手段的最大优点是容易实现连续自动监测及遥测，而且相对精度高，但测量范围较小，提供的是局部变形信息。

第四类：空间测量技术。空间测量技术可以提供大范围变形信息，是研究地壳形变及地表下沉等全球性变形的主要手段。

6. 变形测量的特点

(1)重复观测，根据重复观测结果的差别分析所需的变形信息。

(2)精度要求高。

(3)任何一种测量技术都有可能用于变形测量，例如大坝变形测量需要多种测量技术的综合运用。

(4)变形测量的目的是获取变形分析中的参数，而不是点的坐标。点的坐标只是变形测量中非常重要的中间结果。

(5)变形测量的前提不是对变形体的变形规律一无所知，而是了解不够。因此，在制订变形测量方案之前，应进行充分的调查研究，掌握人们对该变形体或同类变形体的变形规律已有的研究成果。

(6)变形体的变形一般很小，所以变形测量数据处理的首要任务是将变形值与测量误差区分开，然后对变形值进行几何分析与物理分析。在对变形体进行长期观察过程中，多次观测数据的处理与管理是一件重要且复杂的工作。

(7)变形分析模型的建立需要相关学科知识。

7. 简单举例

图 13-1(a) 所示为沉降测量的最简单示例，由两期观测 $h^{[1]}, h^{[2]}$ 得相应高程：

$$H_1^{[1]} = H_A + h^{[1]}, \quad H_1^{[2]} = H_A + h^{[2]}$$

从而可得沉降量

$$s_1 = H_1^{[1]} - H_1^{[2]} = h^{[1]} - h^{[2]} \tag{13.1}$$

及其精度

$$m_{s_1} = \pm\sqrt{m_{h^{[1]}}^2 + m_{h^{[2]}}^2} = \sqrt{2}\, m_h \tag{13.2}$$

在没有精差情况下，当 $|s_1| \geqslant \Delta_{s_1 极限} = 2m_{s_1} = 2\sqrt{2}\, m_h$ 时，说明点 1 发生显著下沉(或上升)。否则，称"未发现显著变形"等。

图 13-1(b) 所示为倾斜测量的最简单示例。由两期观测 $h^{[1]}, h^{[2]}$ 可得倾斜变化量

$$\alpha_{12} = \frac{s_1 - s_2}{L} = \frac{h^{[1]} - h^{[2]}}{L} \tag{13.3}$$

及其精度

$$m_{\alpha_{12}} = \frac{\sqrt{2}\, m_h}{L} \tag{13.4}$$

在没有精差情况下,当 $|\alpha_{12}| \geqslant 2m_{\alpha_{12}} = \dfrac{2\sqrt{2}\,m_h}{L}$ 时,说明 1,2 两点间的倾斜发生了显著变化。否则,称"未发现显著变化"等。

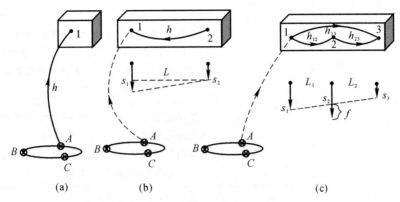

图 13-1 变形测量简单示例

在图 13-1(c) 中,记 $L = L_1 + L_2$,则挠度定义为

$$f = \frac{s_2 - \dfrac{L_2 s_1 + L_1 s_3}{L}}{L} \tag{13.5}$$

或写成

$$f = \frac{L_2(s_2 - s_1) + L_1(s_2 - s_3)}{L^2} = \frac{L_2 h_{12} + L_1 h_{32}}{L^2} \tag{13.6}$$

或当 $L_1 = L_2$ 时写成

$$f = \frac{h_{12} + h_{32}}{2L} \tag{13.7}$$

其精度为

$$m_f = \frac{m_h}{\sqrt{2}\,L} \tag{13.8}$$

为了规范生产,我国《建筑变形测量规范》(JGJ8—2016)将建筑变形测量划分为 5 个等级,如表 13-1 所列;并规定了大坝变形测量观测周期,如表 13-2 所列。

表 13-1 建筑变形测量的等级、精度指标及其适用范围

等级	沉降监测点测站高差中误差/mm	位移监测点坐标中误差/mm	主要适用范围
特等	0.05	0.3	特高精度要求的变形测量
一等	0.15	1.0	地基基础设计为甲级的建筑的变形测量;重要的古建筑、历史建筑的变形测量;重要的城市基础设施的变形测量等

续 表

等级	沉降监测点测站高差中误差/mm	位移监测点坐标中误差/mm	主要适用范围
二等	0.5	3.0	地基基础设计为甲、乙级的建筑的变形测量;重要场地的边坡监测;重要的基坑监测;重要管线的变形测量;地下工程施工及运营中的变形测量;重要的城市基础设施的变形测量等
三等	1.5	10.0	地基基础设计为乙、丙级的建筑的变形测量;一般场地的边坡监测;一般的基坑监测,地表、道路及一般管线的变形测量;一般的城市基础设施的变形测量;日照变形测量;风振变形测量等
四等	3.0	20.0	精度要求低的变形测量

注:(1)沉降监测点测站高差中误差:对水准测量,为其测站高差中误差;对静力水准测量、三角高程测量,为相邻沉降监测点间等价的高差中误差;

(2)位称监测点坐标中误差:指的是监测点相对于基准点或工作基点的坐标中误差、监测点相对于基准线的偏差中误差、建筑上某点相对于其底部对应点的水平位移分量中误差等。坐标中误差为其点位中误差的 $\frac{1}{\sqrt{2}}$ 倍。

表 13–2 大坝变形测量观测周期

变形种类		水库蓄水前	水库蓄水	水库蓄水后(2~3 年)	正常运营
混凝土坝	沉降	1 个月	1 个月	3~6 个月	半年
	相对水平位移	半个月	1 周	半个月	1 个月
	绝对水平位移	0.5~1 个月	1 季度	1 季度	6~12 个月
土石坝	沉降、水平位移	1 季度	1 个月	1 季度	半年

习 题

1.简述变形测量的方法。

2.简述变形测量的特点。

3.简述建筑变形测量的等级。

参 考 文 献

[1] 顾孝烈,鲍峰,程效军. 测量学[M]. 3 版. 上海:同济大学出版社,2009.
[2] 陈社杰. 测量学与矿山测量[M]. 北京:冶金工业出版社,2007.
[3] 李生平. 建筑工程测量学[M]. 北京:高等教育出版社,2002.
[4] 许能生,吴清海. 工程测量[M]. 北京:科学出版社,2004.
[5] 何沛锋. 矿山测量[M]. 北京:中国矿业大学出版社,2005.
[6] 张国良. 矿山测量学[M]. 北京:中国矿业大学出版社,2001.
[7] 国家测绘局. GPS 测量规范[M]. 北京:中国标准出版社,2001.
[8] 高井祥. 测量学[M]. 北京:中国矿业大学出版社,2004.
[9] 刘福臻. 数字化测图教程[M]. 成都:西南交通大学出版社,2008.